高等职业教育新目录新专标电子与信息大类教材

# 大数据平台部署与运维

郭建磊　刘　学　王立军　主　编

電子工業出版社
Publishing House of Electronics Industry
北京 • BEIJING

## 内 容 简 介

本书围绕 Hadoop 大数据平台及其生态系统组件的部署与运维，采用“任务驱动+知识准备+任务实施+考核评价”的项目化模式组织各单元的内容。全书分为 11 个单元，主要内容包括大数据简介、Hadoop 伪分布式安装部署、Hadoop 集群部署与监控、HDFS 分布式存储、使用 MapReduce 实现电商销售数据的统计、Hadoop 高可用集群规划部署、分布式数据库 HBase 部署与应用、数据仓库 Hive 部署与应用、Spark 计算框架部署、Flink 流式计算框架部署与操作、O2O 外卖服务大数据平台部署运维综合实训。

本书可作为高等职业院校大数据及计算机相关专业的专业课教材，也可作为大数据培训班的辅导教材，还可供从事大数据技术及应用的专业人员和广大大数据平台爱好者自学选用参考。



**图书在版编目（CIP）数据**

大数据平台部署与运维 / 郭建磊，刘学，王立军主编. —北京：电子工业出版社，2023.6

ISBN 978-7-121-44884-3

Ⅰ. ①大… Ⅱ. ①郭… ②刘… ③王… Ⅲ. ①数据处理－高等学校－教材 Ⅳ. ①TP274

中国国家版本馆 CIP 数据核字（2023）第 006693 号

责任编辑：魏建波
印　　刷：三河市良远印务有限公司
装　　订：三河市良远印务有限公司
出版发行：电子工业出版社
　　　　　北京市海淀区万寿路 173 信箱　邮编：100036
开　　本：787×1092　1/16　印张：18.25　字数：464 千字
版　　次：2023 年 6 月第 1 版
印　　次：2023 年 6 月第 1 次印刷
定　　价：52.00 元

凡所购买电子工业出版社图书有缺损问题，请向购买书店调换。若书店售缺，请与本社发行部联系，联系及邮购电话：（010）88254888，88258888。

质量投诉请发邮件至 zlts@phei.com.cn，盗版侵权举报请发邮件至 dbqq@phei.com.cn。

本书咨询联系方式：（010）88254609，hzh@phei.com.cn。

# 前　　言

大数据是 21 世纪的“钻石矿”，大数据产业已成为新的经济增长点。数字经济的蓬勃发展及产业数字化、网络化、智能化发展新趋势，对大数据人才都有较大的需求，同时对人才培养质量提出了更高的要求。本书以党的二十大精神为指引，充分发挥教材的铸魂育人功能，深入贯彻落实党的二十大精神，由职业院校教师和企业高级工程师倾力合作打造，为深入实施科教兴国战略，强化现代化建设人才支撑贡献力量。

根据人力资源和社会保障部发布的《新职业——大数据工程技术人员就业景气现状分析报告》，中国大数据行业人才需求规模未来 5 年内将保持 30%～40%的增速，需求总量预计为 2000 万左右。从大数据技术类岗位典型工作任务分析情况来看，大数据平台部署与配置、系统运维等为主要的典型工作任务，重要程度较高。本书聚焦 Hadoop 大数据平台及其生态系统组件的部署与运维，采用项目化“任务驱动+知识准备+任务实施+考核评价”的模式展开各项目单元的内容。全书分为 11 个单元，主要内容包括大数据简介、Hadoop 伪分布式安装部署、Hadoop 集群部署与监控、HDFS 分布式存储、使用 MapReduce 实现电商销售数据的统计、Hadoop 高可用集群规划部署、分布式数据库 HBase 部署与应用、数据仓库 Hive 部署与应用、Spark 计算框架部署、Flink 流式计算框架部署与操作、O2O 外卖服务大数据平台部署运维综合实训。

本书由多所高校教师和企业专家共同撰写，以培养大数据平台运维能力为中心，将大数据实施与运维职业岗位能力要求、1+X 职业技能等级要求、大数据技术与应用技能竞赛内容科学地融入课程学习任务，实现“岗课赛证”相融互通。本书基于教学过程项目化的理念，对课程开发的思路与步骤进行了梳理和阐述，希望能对广大高等职业院校、应用型本科院校的课程教学提供切实的帮助。

本书由郭建磊、刘学、王立军担任主编，董蕾、张治斌、罗清彩、李存冰担任副主编，参与编写的人员还有王晓恒、刘长升、刘成杭、王淼、秦娜、姚锦森和林建。其中，郭建磊编写单元 7、单元 8 和单元 10，刘学、张治斌编写单元 9，王立军、刘长升编写单元 3 和单元 4，王淼、秦娜编写单元 1，王晓恒编写单元 6，罗清彩、刘成杭编写单元 11，姚锦森、李存冰编写单元 5，林建编写单元 2。北京汇智元创科技有限公司、浪潮优派科技教育有限公司在本书的编写过程中提供了大量的技术支持和案例。同时，本书在写作过程中得到了山东电子职业技术学院、北京信息职业技术学院的支持与帮助，在此谨对他们的无私奉献表示衷心的感谢。同时，特别感谢北京汇智元创科技有限公司的资助，为本书的正式出版和发行提供了全力保障和后勤服务！

由于大数据技术发展极其迅速，新技术和新平台层出不穷，且编者水平有限，书中疏漏和不足之处在所难免，承蒙读者不吝告知，将不胜感激。

编　者

# 目　　录

# 单元 1　大数据简介

## 学习目标

通过本单元的学习，学生应能够理解大数据的由来、大数据的发展历程、大数据常用组件和大数据的应用场景。对大数据及大数据技术有初步的了解。

## 知识图谱

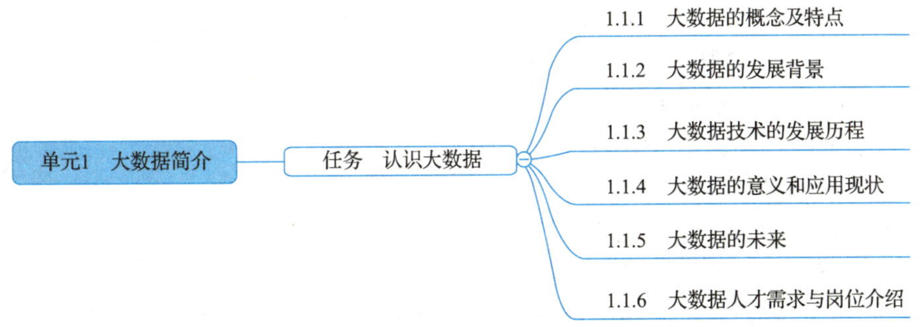


## 任务　认识大数据

### 任务情境

**【任务场景】**

认识大数据

在我们使用电商软件购买商品时，你是否曾经思考过，为什么每次自己浏览过的商品，就会出现在首页推荐或其他应用软件的广告中呢？

当我们在电商软件上浏览商品时，软件后台会收集你的浏览记录，包括用户账号、商品类别等信息。此刻，如果你是技术人员，你会如何将浏览数据存放起来呢？在传统开发思维中很多人会选择关系型数据库。

但是一天几百、几千亿的商品浏览数据，主机需要多大的磁盘才能完成数据留存呢？关系型数据库能处理这么多的数据吗？如何实时高效地分析出用户的浏览偏好？又如何实时反馈给用户呢？

中国古人有“结绳记事”“刻痕记数”，远古时代人们需要准备石头、树木记载相应的数据；在公元前 8000 年至公元前 3500 年间，两河流域有苏美尔人的计数泥板，此时需要准备泥版；而后出现了纸张，出现了文档；信息时代有了电子表格、数据库，各类存储介质大显身手。

而当今，数据无所不在，所需准备的，是打开思维，融入大数据时代！

**【任务布置】**

本任务的主要内容包括理解并掌握大数据的概念和特点，了解大数据的发展背景和大数据技术的发展历程，把握大数据的发展趋势，了解大数据的相关岗位和人才需求，为后续更好地开展大数据技术学习打下基础。

## 知识准备

### 1.1.1 大数据的概念及特点

#### 1. 大数据的概念

近几年来，随着计算机和信息技术的迅猛发展和普及应用，行业应用系统的规模迅速扩大，行业应用所产生的数据呈爆炸性增长。首先我们观察下面一组单位。

1）1970 年：超大规模数据库（GB=$10^9$ 字节）。

2）21 世纪初：海量数据（massive data）（TB=$10^{12}$ 字节）。

3）2008 年：大数据（big data）（PB=$10^{12}$ 字节）。

4）现在实际的数据量已经达到：ZB=$10^3$EB=$10^6$PB=$10^{21}$ 字节。

5）新单位：1YB=$10^3$ZB=$10^{24}$ 字节。

6）YB 之后的单位：按顺序为 BB、NB、DB。

由此可见，数据已远远超出了现有传统的计算技术和信息系统的处理能力，因此，寻求有效的数据处理技术、方法和手段已经成为现实世界的迫切需求。

而我们常说的大数据技术，其实起源于 Google 发表的 3 篇论文，分别是分布式文件系统（Distributed File System，DFS）、大数据分布式计算框架 MapReduce 和 NoSQL 数据库系统 BigTable。我们知道搜索引擎主要就做两件事情，一个是网页抓取，另一个是索引构建，而在这个过程中，有大量的数据需要存储和计算。这 3 篇论文其实就是用来解决这个问题的，一个文件系统、一个计算框架、一个数据库系统。

所以，大数据的定义，是指无法在一定时间范围内用常规软件工具进行捕捉、管理和处理的数据集合，是需要新处理模式才能具有更强的决策力、洞察发现力和流程优化能力的海量、高增长率和多样化的信息资产。

#### 2. 大数据的特点

大数据是什么？其实很简单，大数据其实就是海量资料、巨量资料，这些巨量资料来源于世界各地随时产生的数据，在大数据时代，任何微小的数据都可能产生不可思议的价值。在维克托·迈尔-舍恩伯格及肯尼斯·库克耶编写的《大数据时代》中提到了大数据的3 个特征：Volume 海量、Velocity 快速、Variety 异构。另外，随着大数据技术的成熟和应用场景的不断增加，另一个特征也越来越突出，即 Value 价值。这就是常说的大数据的 4V

特征，如图 1-1 所示。

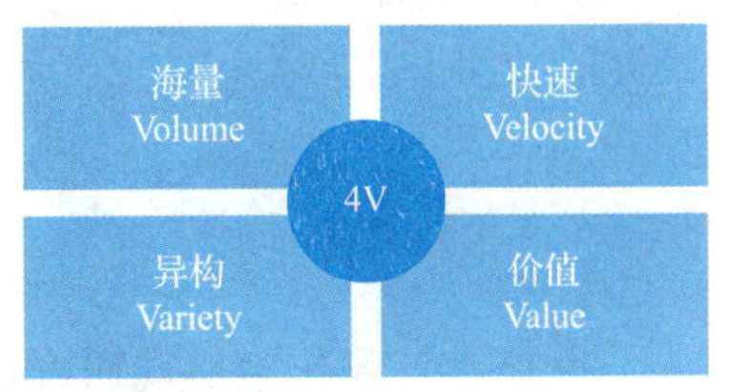


图 1-1　大数据的 4V 特征

（1）海量

大数据的特征首先就体现为“大”，从先 Map3 时代，一个小小的 MB 级别的 Map3 就可以满足很多人的需求，然而随着时间的推移，存储单位从过去的 GB 到 TB，乃至现在的 PB、EB 级别。只有数据体量达到了 PB 级别以上，才能被称为大数据。1PB 等于 1024TB，1TB 等于 1024GB，那么 1PB 等于 1024×1024GB 的数据。随着信息技术的高速发展，数据开始爆发性增长。社交网络（微博、Twitter、Facebook）、移动网络、各种智能工具、服务工具等，都成为数据的来源。淘宝网近 4 亿的会员每天产生的商品交易数据约为 20TB；Facebook 约 10 亿的用户每天产生的日志数据超过 300TB。迫切需要智能的算法、强大的数据处理平台和新的数据处理技术，来统计、分析、预测和实时处理如此大规模的数据。

（2）快速

快速是指通过算法对数据的逻辑处理速度非常快，可从各种类型的数据中快速获得高价值的信息，这一点也是和传统的数据挖掘技术有着本质的不同。大数据的产生非常迅速，主要通过互联网进行传输。生活中每个人都离不开互联网，也就是说，每个人每天都在向大数据提供大量的资料。并且这些数据是需要及时处理的，因为花费大量资本去存储作用较小的历史数据是非常不划算的，对于一个平台而言，也许保存的数据只有过去几天或一个月之内的数据，再远的数据就要及时清理，不然代价太大。基于这种情况，大数据对处理速度有着非常严格的要求，服务器中大量的资源都用于处理和计算数据，很多平台都需要做到实时分析。数据无时无刻不在产生，谁的速度更快，谁就有优势。

（3）异构

如果只有单一的数据，那么这些数据就没有了价值，如只有单一的个人数据，或者单一的用户提交数据，这些数据还不能称为大数据。广泛的数据来源，决定了大数据形式的多样性。例如，当前的上网用户中，年龄、学历、爱好、性格等每个人的特征都不一样，这个也就是大数据的多样性，如果扩展到全国，那么数据的多样性会更强，每个地区，每个时间段，都会存在各种各样的数据多样性。任何形式的数据都可以产生作用，目前应用最广泛的就是推荐系统，如淘宝、网易云音乐、今日头条等，这些平台都会通过对用户的日志数据进行分析，从而进一步推荐用户喜欢的东西。日志数据是结构化明显的数据，还有一些数据结构化不明显，如图片、音频、视频等，这些数据因果关系弱，就需要人工对其进行标注。

（4）价值

价值也是大数据的核心特征。在现实世界所产生的数据中，有价值的数据所占比例很小。相比于传统的小数据，大数据最大的价值在于通过从大量不相关的各种类型的数据中，挖掘出对未来趋势与模式预测分析有价值的数据，并通过机器学习方法、人工智能方法或数据挖掘方法深度分析，发现新规律和新知识。当有 1PB 以上的全国所有年龄为 20～35 岁的年轻人的上网数据时，那么它自然就有了商业价值，如通过分析这些数据，我们就知道这些人的爱好，进而指导产品的发展方向等。如果有了全国几百万病人的数据，根据这些数据进行分析就能预测疾病的发生，这些都是大数据的价值。大数据运用之广泛，如运用于农业、金融、医疗等各领域，从而最终达到改善社会治理、提高生产效率、推进科学研究的效果。

### 1.1.2 大数据的发展背景

1997 年，美国宇航局研究员迈克尔·考克斯和大卫·埃尔斯沃斯首次使用“大数据”这一术语来描述 20 世纪 90 年代的挑战：超级计算机生成大量的信息——在迈克尔·考克斯和大卫·埃尔斯沃斯案例中，模拟飞机周围的气流——是不能被处理和可视化的。数据集通常之大，超出了主存储器、本地磁盘，甚至远程磁盘的承载能力，这称为“大数据问题”。

2008 年 9 月 4 日，《自然》（Nature）刊登了一个名为“Big Data”的专辑。2011 年 5 月，美国著名咨询公司麦肯锡（McKinsey）发布《大数据：创新、竞争和生产力的下一个前沿》的报告，首次提出了“大数据”概念，认为数据已经成为经济社会发展的重要推动力。大数据指的是大小超出常规的数据库工具获取、存储、管理和分析能力的数据集。

2012 年 3 月，中华人民共和国科学技术部发布的“十二五国家科技计划信息技术领域 2013 年度备选项目征集指南”把大数据研究列在首位。中国分别举办了第一届（2011 年）和第二届（2012 年）“大数据世界论坛”。IT 时代周刊等举办了“大数据 2012 论坛”，中国计算机学会举办了“CNCC2012 大数据论坛”。中华人民共和国科学技术部，863 计划信息技术领域 2015 年备选项目包括超级计算机、大数据、云计算、信息安全、第五代移动通信系统（5G）等。

2015 年 8 月 31 日，中华人民共和国国务院正式印发《促进大数据发展行动纲要》。

为了贯彻落实《中华人民共和国国民经济和社会发展第十三个五年规划纲要》和《促进大数据发展行动纲要》，加快实施国家大数据战略，推动大数据产业健康快速发展，2017 年中华人民共和国工业和信息化部编制了《大数据产业发展规划（2016—2020 年）》；2017 年十九大报告中提出要推动大数据与实体经济深度融合。

2020 年在《关于构建更加完善的要素市场化配置体制机制的意见》中，大数据被正式列为新型生产要素。

2021 年，在《“十四五”发展规划》中，提出完善大数据标准体系建设。

2021 年 6 月，我国正式发布《中华人民共和国数据安全法》，于 2021 年 9 月 1 日起正式施行。

### 1.1.3 大数据技术的发展历程

大数据技术的体系庞大且复杂，基础的技术包含数据的采集、数据预处理、分布式存储、NoSQL 数据库、数据仓库、机器学习、并行计算、可视化等各种技术范畴和不同的技术层面。这里列举其中一些。

1）文件存储：Hadoop HDFS、Tachyon、KFS。

2）离线计算：Hadoop MapReduce、Spark。

3）流式、实时计算：Storm、Spark Streaming、S4、HeronK-V、NoSQL。

4）数据库：HBase、Redis、MongoDB。

5）资源管理：YARN、Mesos。

6）日志收集：Flume、Scribe、Logstash、Kibana。

7）消息系统：Kafka、StormMQ、ZeroMQ、RabbitMQ。

8）分布式协调服务：ZooKeeper。

9）集群管理与监控：Ambari、Ganglia、Nagios、Cloudera Manager。

10）数据挖掘、机器学习：Mahout、Spark MLLib。

11）数据同步：Sqoop。

12）任务调度：Oozie。

13）查询分析：Hive、Impala、Pig、Presto、Phoenix、SparkSQL、Drill、Flink、Kylin、Druid。

Hadoop 的生态圈和核心组件如图 1-2 所示。

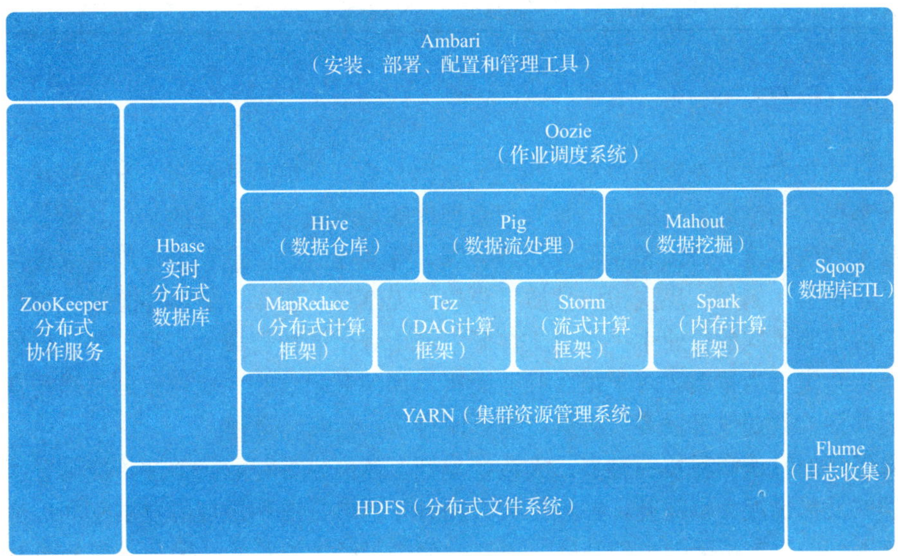


图 1-2　Hadoop 的生态圈和核心组件

大数据主流技术的发展历程如表 1-1 所示。

表 1-1　大数据主流技术的发展历程

| 时间 | 事件 |
|---|---|
| 2002 年 10 月 | Doug Cutting 和 Mike Cafarella 创建了开源网页爬虫项目 Nutch |
| 2003 年 10 月 | Google 发表 Google File System 论文 |
| 2004 年 10 月 | Google 发表 MapReduce 论文 |
| 2006 年 2 月 | Hadoop 项目正式启动以支持 MapReduce 和 HDFS 的独立发展 |
| 2006 年 11 月 | Google 发表 Bigtable 论文，这最终激发了 Hbase 的创建 |
| 2007 年 10 月 | 第一个 Hadoop 用户组会议召开，社区贡献开始急剧上升 |
| 2008 年 1 月 | Hadoop 成为 Apache 顶级项目 |
| 2008 年 6 月 | Hadoop 的第一个 SQL 框架——Hive 成为 Hadoop 的子项目 |
| 2008 年 11 月 | Apache Pig 的最初版本发布 |

（续表）

| 时间 | 事件 |
|---|---|
| 2009 年 10 月 | 首届 Hadoop World 大会在纽约召开 |
| 2010 年 5 月 | HBase 脱离 Hadoop 项目，成为 Apache 顶级项目 |
| 2010 年 9 月 | Hive（Facebook）脱离 Hadoop，成为 Apache 顶级项目 |
| 2010 年 9 月 | Pig 脱离 Hadoop，成为 Apache 顶级项目 |
| 2010～2011 年 | 扩大的 Hadoop 社区忙于建立大量的新组件（Crunch、Sqoop、Flume、Oozie 等）来扩展 Hadoop 的使用场景和可用性 |
| 2011 年 1 月 | ZooKeeper 脱离 Hadoop，成为 Apache 顶级项目 |
| 2012 年 3 月 | 重要功能 HDFS NameNode HA 被加入 Hadoop 主版本 |
| 2012 年 8 月 | 另外一个重要的企业适用功能 YARN 成为 Hadoop 子项目 |
| 2012 年 10 月 | 第一个 Hadoop 原生 MPP 查询引擎 Impala 加入 Hadoop 生态 |
| 2014 年 2 月 | Spark 逐渐代替 MapReduce 成为 Hadoop 的默认执行引擎，并成为 Apache 基金会顶级项目 |
| 2017 年 12 月 | 继 Hadoop 3.0.0 的 4 个 Alpha 版本和一个 Beta 版本后，第一个可用的 Hadoop 3.0.0 版本发布 |

### 1.1.4 大数据的意义和应用现状

大数据的主要作用是辅助决策。利用大数据分析，能够总结经验、发现规律、预测趋势，这些都可以为辅助决策服务。有人把数据比喻为蕴藏信息能量的矿产。像传统矿产一样，本身不产生价值，必须和其他具体的领域、行业相结合，能够给使用需求提供帮助之后，才具有价值。例如，煤炭按照性质有焦煤、无烟煤、肥煤、贫煤等分类，每种煤炭资源都可以应用到不同的行业中；而露天煤矿、深山煤矿的挖掘成本又不一样。价值含量、挖掘成本比数量更为重要。对于很多行业而言，如何利用这些大规模数据是赢得竞争的关键。我们掌握的数据信息越多，决策才能更加科学、精确、合理。

随着经济的发展和科技的进步，大数据受到了越来越多行业的关注，应用了大数据的行业和领域发展速度大幅提升，并且还大大提升了这些行业和领域的发展空间。大数据的应用除给人们的生产生活带来便利外，还有效促进了经济的发展，提升了综合国力。

#### 1. 金融行业

大数据最早是从金融领域开始应用的，金融领域因为其自身的发展特性，存在着海量的数据，随着经济水平的不断提升，金融领域面临的数据分析难度越来越高，传统的分析方式已经难以满足行业之中的分析需求，大数据时代的到来为金融领域带来了福音，金融领域通过大数据技术对其海量的用户数据加以分析，从用户的信用、历史记录等多个维护分析用户的多维情况，进而对用户进行定向的服务，使自身获得更加有益的发展。

#### 2. 电商行业

在电商领域中，因为大数据的应用，使其运营模式发生了一定的变化，电商平台多利用数据对消费者的需求进行分析，从而预测消费者未来的消费情况，进而预测未来的销售情况，使企业在经营决策上有数据可依并可获得更多的经济效益，在一定程度上提高了企业的竞争力。在国际方面，Amazon 平台中采用的推荐算法被认为是非常成功的。在国内，比较大型的电子商务平台网站有淘宝网（包括天猫商城）、京东商城、当当网、苏宁易购等。

### 3. 在线社交

数据对于在线社交也有着非常重要的影响。通过来源于网络的大数据，可以让用户在即时通信上得到最大的便捷，如微博、共享空间等。在线社交中的大数据对于用户的活动能够进行直接反应，形成非常有效的用户信息交互。通过大数据的使用，在社交平台上能够根据用户自身的情况将用户分组，向用户推荐自己关心的信息或与自己相关的群组，能够从社交结构上对用户信息进行综合分析并提供对用户非常有价值的相关信息。对用户群体之间相互关系的有效分析，能够最大限度地帮助用户找到自己感兴趣的话题或事物。社交网络中大数据的应用，最直接的体现就是对用户数据的收集和处理，从而进行相关信息的推荐，以及在线教育等。Facebook 保存着两类最宝贵的数据：一类是用户之间的社交网络关系，另一类是用户的偏好信息。Facebook 推出了一个称为 Instant Personalization 的推荐 API（Application Programming Interface，应用程序接口），它能根据用户好友喜欢的信息，给用户推荐他们的好友最喜欢的物品。很多网站都使用了 Facebook 的推荐 API 来实现网站的个性化。

### 4. 交通行业

大数据在交通方面的应用也较为广泛，随着互联网技术的不断成熟，智慧城市在很多城市得到了积极的倡导和推广。智慧城市就是利用大数据技术来协助管理城市，在管理城市中，利用摄像头、传感器等各类传导设备实时对城市情况进行监控，进而上传到智慧城市平台中，准确地将城市整体的信息分析出来，使城市的管理工作更加智能化、科学化、规范化。

### 5. 医疗行业

大数据在医疗领域的应用主要体现在医药研发和商业模式方面。传统的药物使用情况的副作用分析往往基于临床的跟踪和分析，而大数据时代的发展使药物副作用方面的样本采集获得了很大的扩展，避开了传统方法的弊端，使药物副作用分析在操作上更加简单。同时，在药品研究上，通过大数据可以分析人们对于医疗用品的需求趋势，相关的企业可以从市场的需求出发，制订科学、合理的生产计划，使企业的发展更加顺畅。

### 6. 物联网

物联网不仅能够为大数据提供非常有效的数据支持，同时也能够为大数据的应用提供足够的市场空间。物联网中的所有货品，都能够产生数据并通过数据交换进行市场消费。但是在物联网中的货品无论是数量还是种类都非常多，对于物联网的具体要求及应用物联网的方式也有极大的差异性。例如，在物流企业中的正常的营运过程中，需要对物联网所提供的大数据进行有效的应用，从而进行货品配送车辆的跟踪与调配。在物流企业中，通常会在配送车辆上安装传感器或 GPS（Global Positioning System，全球定位系统）等进行车辆定位，这样不仅能够全程监控配送过程，同时也能够在配送出现意外时进行及时处理。并且这种跟踪定位，也能够在第一时间为车辆的行进选择最快捷的路线，让配送工作变得更加高效、快速。

#### 7. 政府部门

大数据也可以应用于政府部门，政府部门自身就具有海量的数据，依靠传统的数据分析方式已经难以满足互联网时代下剧增的数据量的分析需求。政府部门通过使用大数据，可以提高自身的管理能力、转变管理的方式，从而打造服务型的政府。

大数据技术在社会的发展中具有重要的作用，现阶段，大数据技术在发展中依旧还有一些挑战，这些挑战随着大数据、物联网、区块链等方面的技术发展也不断得到完善。在社会的不断发展中，大数据技术的应用将进入更多的行业和领域，科技的不断发展，也使大数据技术越来越完善，为经济发展贡献更大的力量。

### 1.1.5 大数据的未来

大数据技术目前正处在落地应用的初期，从大数据自身发展和行业发展的趋势来看，大数据未来的前景还是不错的，具体如下。

1）大数据自身能够创造出更多的价值。大数据相关技术紧紧围绕数据价值化展开，数据价值化将开辟出广大的市场空间，重点在于数据本身将为整个信息化社会赋能。随着大数据的落地应用，大数据的价值将逐渐得到体现。目前在互联网领域，大数据技术已经得到了较为广泛的应用。

2）大数据推动科技领域的发展。大数据的发展正在推动科技领域的发展进程，大数据的影响不仅仅体现在互联网领域，也体现在金融、教育、医疗等诸多领域。在人工智能研发领域，大数据也起到了重要的作用，尤其在机器学习、计算机视觉和自然语言处理等方面，大数据正在成为智能化社会的基础。

3）大数据产业链逐渐形成。经过近些年的发展，大数据已经初步形成了一个较为完整的产业链，包括数据采集、整理、传输、存储、分析、呈现和应用，众多企业开始参与到大数据产业链中，并形成了一定的产业规模，相信随着大数据的不断发展，相关产业规模会进一步扩大。

4）产业互联网将推动大数据落地。当前互联网正在从消费互联网向产业互联网过渡，产业互联网将利用大数据、物联网、人工智能等技术来赋能广大的传统产业，可以说产业互联网的发展空间非常大。而大数据则是产业互联网发展的一个重点，大数据能否落地到传统行业，关乎产业互联网的发展进程，所以在产业互联网阶段，大数据将逐渐落地，也必然落地。

### 1.1.6 大数据人才需求与岗位介绍

进入数字时代、贯彻新发展理念，全方位、深层次激活数据要素潜能、释放数据要素价值将驱动大数据产业高质量发展。2018～2022 年，中国大数据产业规模呈现逐年增长的趋势；2020 年底，中国大数据产业规模为 6388 亿元，较 2018 年增长 2003.5 亿元；2021 年，中国大数据产业规模为 7512.3 亿元。

大数据产业是战略新型产业和知识密集型产业，大数据企业对大数据高端人才和复合人才的需求旺盛。大数据的主要就业方向如下。

### 1. Hadoop 大数据开发方向

大数据开发工程师的市场需求旺盛，目前 IT 培训机构的重点对应岗位为大数据开发工程师、爬虫工程师、数据分析师等。

### 2. 数据挖掘、数据分析和机器学习方向

数据挖掘、数据分析和机器学习的起点高、难度大，市面上只有很少的培训机构在做。对应岗位为数据科学家、数据挖掘工程师、机器学习工程师等。

### 3. 大数据运维和云计算方向

大数据运维和云计算方向更偏向于 Linux、云计算学科，对应岗位为大数据运维工程师。

根据 2020 年大数据人才需求与就业岗位分析，排名靠前的大数据岗位如下：大数据架构师、大数据工程师、系统研发人员、数据产品经理、应用开发人员、数据分析师、数据科学家、机器学习工程师、数据挖掘分析师、数据建模师。

## 任务实施

以每 3～5 位学生为单位划分调研小组，各小组调研并讨论以下问题，形成总结报告，并选取小组进行展示。

1）每时每刻发生在我们身边的大数据服务都有哪些？

2）大数据技术涉及哪些方面？

3）你期望将来从事的大数据岗位是什么？

## 任务评价

任务考核评价表

| 任务名称：认识大数据 | | | | | |
|---|---|---|---|---|---|
| 班级： | 学号： | 姓名： | | 日期： | |
| 评价内容 | 评价标准 | 评价方式 | | 分值 | 得分 |
| | | 小组评价（权重为 0.3） | 导师评价（权重为 0.7） | | |
| 职业素养 | 1）遵守学校管理规定、遵守纪律，按时完成工作任务<br>2）考勤情况<br>3）工作态度积极、勤学好问 | | | 20 | |
| 专业能力 | 1）了解大数据的概念和特点<br>2）了解大数据的发展背景<br>3）了解大数据技术的发展历程<br>4）了解大数据的人才需求 | | | 70 | |

（续表）

| 评价内容 | 评价标准 | 评价方式 | | 分值 | 得分 |
|---|---|---|---|---|---|
| | | 小组评价（权重为0.3） | 导师评价（权重为0.7） | | |
| 创新能力 | 1）能提出新方法或应用新技术等<br>2）其他类型的创新性业绩 | | | 10 | |
| 总分合计 | | | | | |
| 指导教师综合评语 | 指导教师签名： 日期： | | | | |

## 拓展小课堂

大数据产业发展和国家战略：大数据产业是指大数据的产业集群、产业园区，涵盖大数据技术产品研发、工业大数据、行业大数据、大数据产业主体、大数据安全保障、大数据产业服务体系等组成的大数据工业园区。2021 年 7 月 13 日，中国互联网协会发布了《中国互联网发展报告（2021）》，在大数据领域，2020 年我国大数据产业规模达到了 718.7 亿元，增幅领跑全球数据市场。我国大数据企业主要分布在北京、广东、上海、浙江等经济发达省份。2021 年 11 月 30 日，中华人民共和国工业和信息化部发布的《“十四五”大数据产业发展规划》提出，到 2025 年我国大数据产业测算规模突破 3 万亿元，年均复合增长率保持在 25%左右，创新力强、附加值高、自主可控的现代化大数据产业体系基本形成。大数据产业规模快速增长需要大量人才，预计到 2025 年，大数据核心人才缺口将高达 230 万人。所以，不负青春，强国有我！学好大数据技术，为产业发展贡献自己的力量。

## 单元总结

本单元的主要任务是对大数据及大数据技术有初步的了解，理解大数据的由来、大数据的发展历程、大数据的常用组件和大数据的应用场景，树立明确的学习目标，以及良好的学习观和学习态度。

## 在线测试

### 一、单选题

1. 下列关于大数据和云计算的关系，叙述不正确的是（　　）。
   A. 云计算改变了 IT，而大数据改变了业务
   B. 云计算是大数据的 IT 基础，大数据须有云计算作为基础架构才能高效运行
   C. 通过大数据的业务需求，为云计算的落地找到了实际应用
   D. 云计算和大数据互为基础
2. 大数据的应用最早起源于（　　）行业。
   A. 金融　　B. 互联网　　C. 公共管理　　D. 电信

3．大数据对系统的要求，不包括下列的（　　）。

A．高并发读写要求　　B．大数据对系统性能无太大要求

C．海量数据的高效率存储要求　　D．高可扩展性和高可用性

4．Hadoop 大数据存储和处理数据思想起源于（　　）企业。

A．百度　　B．Google　　C．Facebook　　D．Twitter

5．下列不属于大数据常用的平台组件是（　　）。

A．Hadoop　　B．HBase　　C．Spark　　D．Java

### 二、多选题

1．大数据的特点包括（　　）。

A．巨大的数据量　　B．多结构化数据

C．增长速度快　　D．价值密度高

2．大数据的价值体现在（　　）。

A．企业可以利用大数据实现精准营销　　B．企业能够使用大数据进行服务转型

C．能够促进企业转型升级　　D．辅助社会管理

### 三、判断题

1．只要数据量达到 TB 级以上，就可以称为大数据。（　　）

2．当前在我们的日常生活中大数据服务已随处可见。（　　）

## 技能训练

1）通过对本单元的学习，请对本单元最初的任务场景发表自己的想法。

2）请根据日常生活中大数据技术的应用，做一个《大数据技术在日常生活应用分析》的报告，要求至少包含 2 个应用场景的介绍和分析。

# 单元 2　Hadoop 伪分布式安装部署

## 学习目标

通过本单元的学习，学生应了解 Hadoop 的发展历程和生态系统中各组件的功能，理解 Hadoop 的原理与体系架构，理解 Hadoop 的核心组成，掌握 Hadoop 伪分布式安装的步骤，能够通过启动、关闭等命令操作 Hadoop，并通过 Web UI 监控 Hadoop 的运行。

## 知识图谱

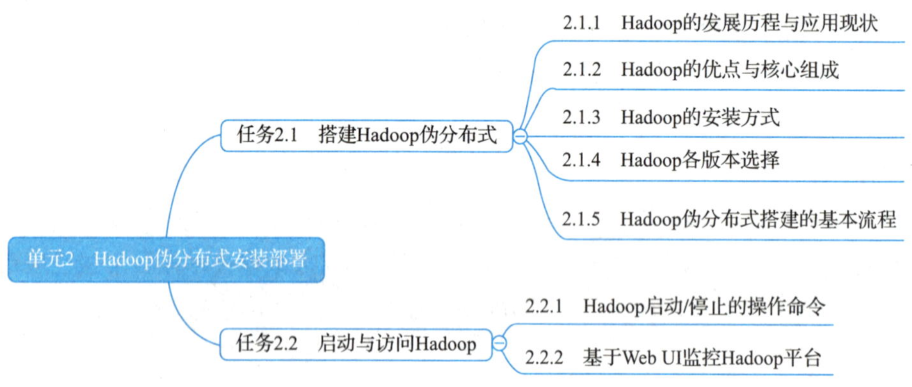


## 任务 2.1　搭建 Hadoop 伪分布式

### 任务情境

**【任务场景】**

Linux 环境配置

经理：我们公司现在数据量不断上升，现有的架构需要升级，小张你有什么意见？

小张：Hadoop 适合应用于大数据存储和大数据分析的应用，适合于服务器几千台到几万台的集群运行，支持 PB 级的存储容量。Hadoop 典型的应用有搜索、日志处理、推荐系统、数据分析、视频图像分析、数据保存等。

经理：好，那你先在服务器上搭建一下。

【任务布置】

Hadoop 是由 Java 语言开发的，所以 Hadoop 的部署和运行都依赖 JDK，因此必须先将部署前的基础环境准备完成。本任务要求在单节点上部署伪分布式 Hadoop。一般在测试场景下经常会部署单节点的伪分布式 Hadoop，理解并掌握 Hadoop 伪分布式的安装部署，可以为后续生产环境下部署 Hadoop 分布式集群打下基础。

## 知识准备

### 2.1.1　Hadoop 的发展历程与应用现状

In pioneer days they used oxen for heavy pulling, and when one ox couldn't budge a log, they didn't try to grow a larger ox. We shouldn't be trying for bigger computers, but for more systems of computers.（在拓荒时期，他们用牛来拉重物，当一头牛不能移动一根原木时，他们就不会试图让一头牛长得更大。我们不应该尝试更大的计算机，而是尝试更多的计算机系统。）

这句话是美国著名的计算机科学家 Grace Hopper 常说的一句话，他解释了为什么会出现分布式计算平台。

#### 1. Hadoop 概述

Hadoop 是 Apache 软件基金会旗下的一个开源分布式存储和计算平台，是基于 Java 语言开发的，有很好的跨平台性。以 Hadoop 分布式文件系统（Hadoop Distributed File System，HDFS）和 MapReduce（Google MapReduce 的开源实现）为核心的 Hadoop 为用户提供了系统底层细节透明的分布式基础架构。HDFS 的高容错性、高伸缩性等优点允许用户将 Hadoop 部署在低廉的硬件上，形成分布式系统；MapReduce 分布式编程模型允许用户在不了解分布式系统底层细节的情况下开发并行应用程序。所以用户可以利用 Hadoop 轻松地组织计算机资源，从而搭建自己的分布式计算平台，并且可以充分利用集群的计算和存储能力，完成海量数据的处理。经过业界和学术界长达 10 年的锤炼，Hadoop 3.0 已经问世。Hadoop 在实际的数据处理和分析任务中担当着不可替代的角色。

Hadoop 这个名称不是一个缩写，它是一个虚构的名称。该项目的创建者 Doug Cutting 解释 Hadoop 的得名：“这个名字是我孩子给一个棕黄色的大象玩具命名的。我的命名标准就是简短、容易发音和拼写，没有太多的意义，并且不会被用于别处。小孩子恰恰是这方面的高手。”Hadoop 的发音是[hædu:p]。

因其在分布式环境下提供了高效的、海量的数据的优秀处理能力，Hadoop 被公认为大数据行业中的标准开源软件。大多数主流的厂商，如 Google、Yahoo、微软、淘宝等公司是围绕 Hadoop 提供开发工具、开源软件、商业化工具或技术服务的。

#### 2. Hadoop 的发展历程

1）2002 年，Hadoop 的源头是 Apache Nutch 搜索引擎项目。

2）2003 年，Google 发布了关于 DFS 的论文。

3）2004 年，Nutch 的开发者发布了 NDFS，Google 公司发表了 MapReduce，最初版本问世。

4）2005 年，Nutch 移植到新的框架，Hadoop 在 20 个节点上稳定运行。

5）2006 年，Doug Cutting 加入 Yahoo，Apache Hadoop 项目正式启动以支持 MapReduce 和 HDFS 从 Nutch 中独立处理发展。Yahoo 建立了一个 300 个节点的 Hadoop 研究集群。

6）2007 年，研究集群达到两个 1000 个节点的集群。

7）2008 年，Hadoop 成为 Apache 顶级项目。Hive 成为 Apache 子项目。

8）2009 年，Cloudera 推出 CDH（Cloudera's Distribution Including Apache Hadoop），MapReduce 和 HDFS 成为 Hadoop 项目的独立子项目，Avro 和 Chukwa 成为 Hadoop 新的子项目。

9）2010 年，Avro 脱离 Hadoop 项目，成为 Apache 顶级项目；HBase 脱离 Hadoop 项目，成为 Apache 顶级项目；Hive（Facebook）脱离 Hadoop，成为 Apache 顶级项目；Pig 脱离 Hadoop，成为 Apache 顶级项目。

10）2011 年，Hadoop 1.0 问世，标志着 Hadoop 已经初具生成规模。

11）2013 年，Hadoop 2.0 问世，正式进入 2.×时代。

12）2016 年，Hadoop 3.0 问世，正式进入 3.×时代。

### 3. Hadoop 的应用现状

由于 Hadoop 优势突出，基于 Hadoop 的应用已经遍地开花，尤其是在互联网领域。Yahoo 是 Hadoop 的最大支持者，有超过 10 万的核心 CPU（Central Processing Unit，中央处理器）在运行 Hadoop；Facebook 使用 Hadoop 存储内部日志与多维数据，并以此作为报告、分析和机器学习的数据源；Adobe 主要使用 Hadoop 及 HBase，用于支撑社会服务计算，以及结构化的数据存储和处理；百度 Hadoop 机器总数达上万台，在 Hadoop 的基础上还开发了自己的日志分析平台；中国移动研究院基于 Hadoop 的“大云”（BigCloud）系统对数据进行分析并对外提供服务。

Hadoop 经过多年的发展已经构建起了一个较为庞大的技术生态，很多商用的大数据平台也是基于 Hadoop 来构建的，所以当前很多想进入大数据领域发展的技术人员，也会从 Hadoop 开始学起。

Hadoop 目前已经取得了非常突出的成绩。随着互联网的发展，新的业务模式还将不断涌现，Hadoop 的应用也会从互联网领域向电信、电子商务、银行、生物制药等领域拓展。相信在未来，Hadoop 将会在更多的领域中扮演幕后英雄，为我们提供更加快捷优质的服务。Apache Hadoop 官方网站页面如图 2-1 所示。

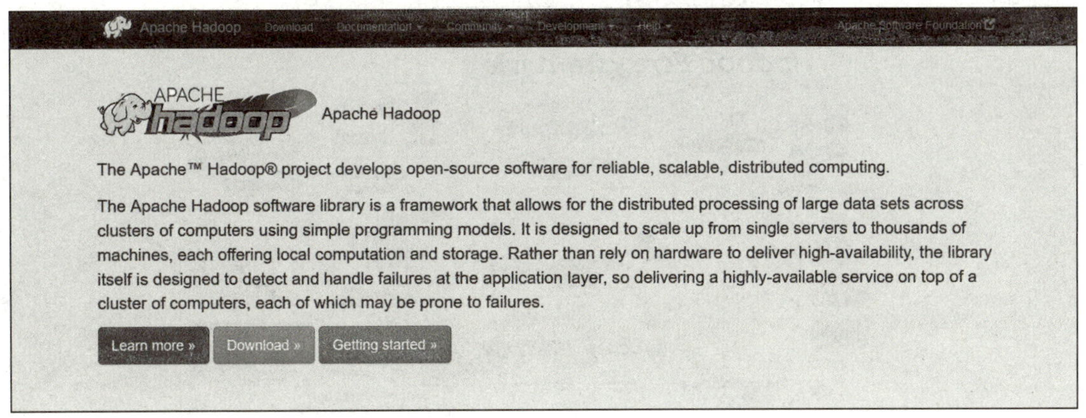


图 2-1　Apache Hadoop 官方网站页面

### 2.1.2　Hadoop 的优点与核心组成

#### 1. Hadoop 的优点

Hadoop 是一个能让用户轻松开发和运行处理大数据的分布式平台。它主要有以下几个优点。

1）高可靠性。Hadoop 按位存储和处理数据的能力值得人们信赖。

2）高扩展性。Hadoop 是在可用的计算机集群间分配数据并完成计算任务的，这些集群可以方便地扩展到数以千计的节点中。

3）高效性。Hadoop 能够在节点之间动态地移动数据，并保证各节点的动态平衡，因此处理速度非常快。

4）高容错性。Hadoop 能够自动保存数据的多份副本，并且能够自动将失败的任务重新分配。

#### 2. Hadoop 的核心组成

在当下，Hadoop 已经形成了一个庞大的体系，有数据的地方大多数会看到 Hadoop 的身影。目前的 Hadoop 逐渐演化出来两种分类，广义的 Hadoop 和狭义的 Hadoop。

狭义的 Hadoop 主要包括三大部分：HDFS（分布式文件系统）、MapReduce（分布式计算系统）、YARN（资源管理器）。

广义的 Hadoop 是指 Hadoop 的生态系统，Hadoop 的生态系统是一个庞大的体系，如图 2-2 所示。Hadoop 只是其中最重要、最基础的部分，生态系统中的每个子系统只负责解决某个特定的问题域。

（1）HDFS

HDFS 是 Hadoop 的存储系统，能够实现对文件进行操作，如删除文件、移动文件等。HDFS 提供了高可靠性（多副本实现）、高扩展性（添加机器进行线性扩展）、高吞吐率的数据存储服务。按照官方说法，HDFS 是被设计成能够运行在通用硬件上的分布式文件系统，所以 Hadoop 集群可以部署在普通的机器上，并不需要部署在价格昂贵的小型机或其他机器上，能够大大减少公司的成本。

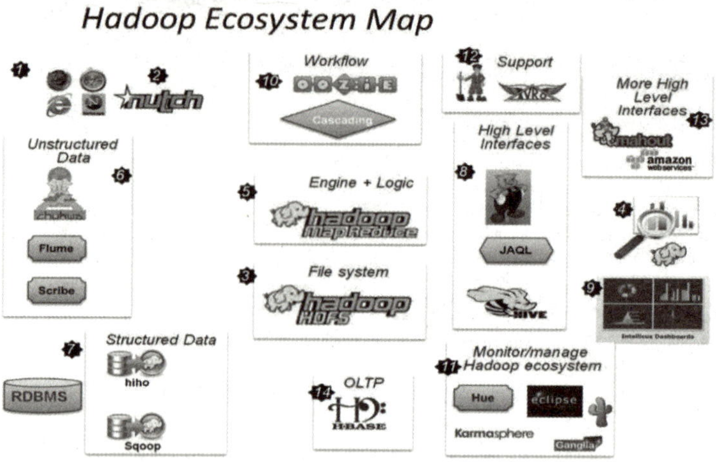

图 2-2　Hadoop 的生态系统

HDFS 采用了主从（master/worker）结构模型，一个 HDFS 集群环境是由一个 NameNode 和若干个 DataNode 组成的。NameNode 作为主服务器，整理文件系统命名空间和客户端对文件的访问操作，DataNode 管理存储的数据。HDFS 是以数据块进行存储数据的，数据块存储在 DataNode 中。为了避免数据丢失，HDFS 默认采用 3 个冗余备份，会把一个备份放到 NameNode 指定的 DataNode 上，一份放到与指定 DataNode 不在同一台机器的 DataNode 上，一份放到同一机架的其他 DateNode 节点上。这种策略可减少跨机架副本的个数，提高写的性能，是一个比较好的权衡。

（2）MapReduce

MapReduce 是一个分布式、并行处理的编程模型，使用它编程人员可以将自己的程序部署到分布式系统中。MapReduce 采用了“分而治之”的基本思想，它将一个大的任务分解成多个小的任务，分发到集群中的不同计算机中，提高完成效率。在早期的 MapReduce 框架中，由一个单独运行在主节点上的 JobTracker 进程和运行在集群中每台计算机上的 TaskTracker 进程共同组成。主节点的 JobTracker 用于任务调度，它将这些任务分布到不同的从节点 TaskTracker 上。主节点通过心跳机制监控它们的任务执行情况，重新执行之前的失败任务。从节点仅负责主节点指派的任务。

需要注意的是，由 MapReduce 执行的数据集必须是可以分解的，可以将其分解成多个单独执行。

（3）YARN

YARN 是在 Hadoop 2.×中诞生的，它主要针对 Hadoop 1.×中的 JobTracker 和 TaskTracker 模型进行优化，主要负责整个系统化的资源管理和调度，并且在 YARN 上能够运行不同类型的执行框架。

（4）Hive 基于 Hadoop 的数据仓库

Hive 是基于 Hadoop 的一个数据仓库工具，由 Facebook 开源。Hive 让不熟悉 MapReduce 的开发人员编写数据查询语句（SQL 语句），它会将其翻译为 Hadoop 中的 MapReduce 作业，并提交到 Hadoop 集群中运行。

（5）HBase

HBase（分布式数据库）是建立在 HDFS 之上，提供高可靠性、高性能、列存储、可伸缩、实时读写的数据库系统。HBase 是 Googoe BigTable 的开源实现，通过 Java 语言进行编程，主要用来存储非结构化和半结构化的松散数据。

（6）ZooKeeper

ZooKeeper（分布式协作服务）是 Hadoop 的分布式应用程序协调服务，是 Hadoop 和 HBase 的重要组件，提供的功能包括配置维护、域名服务、分布式同步、组服务等。ZooKeeper 的目标就是封装好复杂、易出错的关键服务，将简单易用的接口和性能高效、功能稳定的系统提供给用户。

（7）Sqoop

Sqoop（数据同步工具）是一个连通性工具，用于在关系型数据库和数据仓库（Hive）与 Hadoop 之间进行数据转移。可以将一个关系型数据库中的数据导入 Hadoop 的 HDFS 中，也可以将 HDFS 的数据导入关系型数据库中。Sqoop 底层是通过 MapReduce 作业来实现的。

（8）Pig

Pig（基于 Hadoop 的数据流系统）是一个用于并行计算的高级数据流语言和执行框架，它是构建在 Hadoop 之上的数据仓库，定义了一种数据流语言——Pig Latin。Pig 数据处理语言是以数据流的方式完成排序、过滤、求和、关联等操作的。

（9）Mahout

Mahout（数据挖掘算法库）是机器学习和数据挖掘的库，它实现了三大算法，即推荐、聚类、分类。

（10）Flume

Flume（日志收集工具）是 Cloudera 开源的日志收集系统，它具有分布式、高可靠、高容错、易于定制和扩展的特点，是基于流式数据流的简单而灵活的架构。它具有可靠的可靠性机制及许多故障转移和恢复机制，具有强大的容错性和容错能力。

（11）Oozie

Oozie（作业流调度系统）是一个用于管理 Apache Hadoop 作业的工作流调度程序系统，能够提供对 Hadoop MapReduce 和 Pig Jobs 的任务调度与协调。Oozie 工作流是放置在控制依赖 DAG（Directed Acyclic Graph，有向无环图）中的一组动作，需要部署到 Java Servlet 容器中运行。

### 2.1.3　Hadoop 的安装方式

Hadoop 的安装部署模式有以下 3 种。

1）单机部署，Hadoop 的默认模式，即非分布式模式（本地模式），没有守护进程，不分主从节点，这种部署方式非常少用。

2）伪分布式部署，主从节点都在一台主机上，可用在本机模拟一个主节点、一个从节点的集群。本单元以伪分布式部署模式进行 Hadoop 搭建。

3）完全分布式集群部署，有多个节点，主从进程分别在不同的机器上运行。后续单元会详细介绍 Hadoop 完全分布式集群搭建的过程。

### 2.1.4 Hadoop 各版本选择

#### 1. Hadoop 1.0

2011 年，Hadoop 1.0 问世，由分布式存储系统 HDFS 和分布式计算框架 MapReduce 组成。其中，HDFS 由一个 NameNode 和多个 DateNode 组成，MapReduce 由一个 JobTracker 和多个 TaskTracker 组成。

在实际的使用过程中，Hadoop 1.×逐渐暴露出以下问题。

1）主节点故障问题，HDFS 和 MapReduce 都是主从结构，它们的主节点都是单节点结构，一旦主节点出现问题，将导致集群瘫痪。

2）注销速度问题，MapReduce 的主节点 JobTracker 完成太多任务，当 MapReduce 任务非常多时，造成非常大的内存开销。

3）服务器利用率不高，MapReduce 主要分为两个阶段，一个是 Map，另一个是 Reduce。在 MapReduce 执行时，大部分 Reduce 任务需要等待 Map 任务完成计算后才能开始。

4）存储文件格式单一问题，HDFS 存储的数据都是按照 Block 来存储的，整个存储只有这一个格式，而企业的数据是多种多样的，存储起来不但麻烦还造成资源的浪费。

MapReduce 1.0 采用 Master/Worker 主从架构。用于执行 MapReduce 任务的机器角色有两个，即 JobTracker 和 TaskTracker，如图 2-3 组成。它的编程模型是将任务分为 Map 和 Reduce 两个阶段。它的数据处理引擎由 MapTask 和 ReduceTask 组成，分别负责 Map 阶段逻辑和 Reduce 阶段逻辑的处理。它的运行时环境有一个主节点的 JobTracker 和若干个从节点的 TaskTracker 两类服务组。该框架在扩展性、容错性和多框架支持等方面存在不足，这也促使了 MapReduce 2.0 的产生。

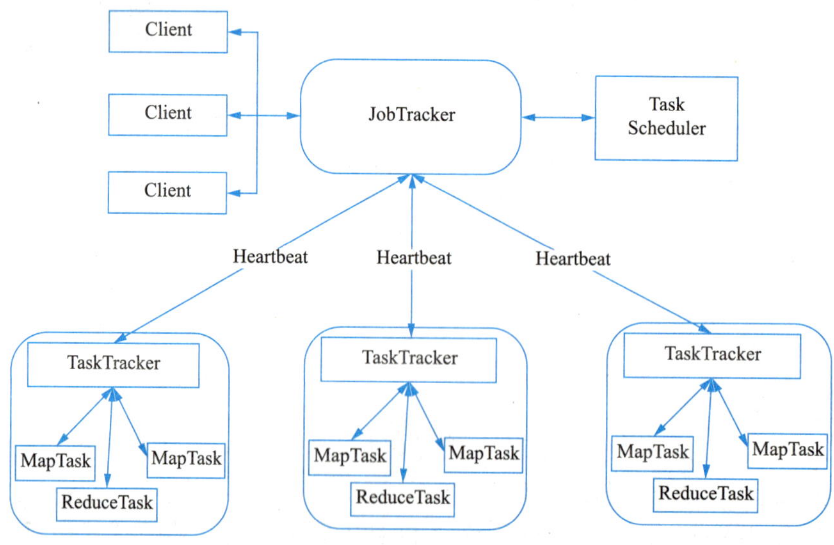


图 2-3　MapReduce 1.0 架构

MapReduce 1.0 架构中的关键字如表 2-1 所示。

表 2-1　MapReduce 1.0 架构中的关键字

| 关键词 | 含义 |
|---|---|
| Client | 客户端 |
| JobTracker | Master 节点，负责资源监控和作业调度，并监管所有的 TaskTracker |
| TaskTracker | Worker 节点，接收 JobTracker 发送过来的命令并执行相应的操作 |
| TaskScheduler | 任务调度器 |
| Hearbeat | 心跳机制 |
| MapTask | 解析每条数据记录，传递给用户编写的 map( )，并执行，将输出结果写入本地磁盘（如果为 map-only 作业，直接写入 HDFS） |
| ReduceTask | 从 MapTask 的执行结果可知，远程读取输入数据，对数据进行排序，将数据按照分组传递给用户编写的 reduce( )函数执行 |

HDFS 1.0 架构由 3 个组件构成，即 NameNode、DataNode 和 SecondaryNameNode。HDFS 1.0 架构如图 2-4 所示。HDFS 1.0 架构中的关键字如表 2-2 所示。

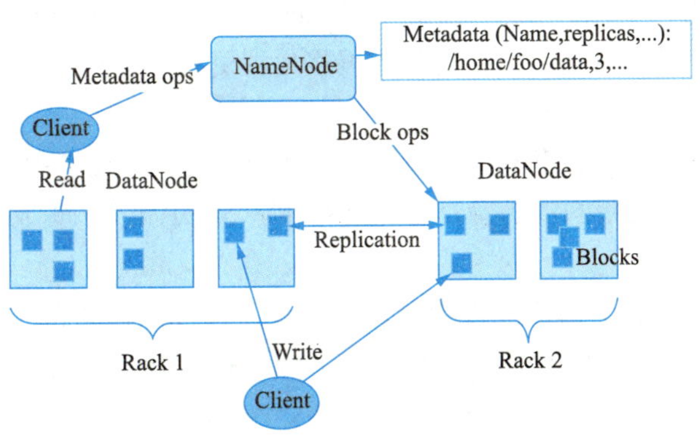


图 2-4　HDFS 1.0 架构

表 2-2　HDFS 1.0 架构中的关键字

| 关键词 | 含义 |
|---|---|
| NameNode | 名称节点，管理文件系统命名空间的主服务器 |
| DataNode | 数据节点，存储文件块 |
| Replication | 文件块的副本，目的是确保数据存储的可靠性 |
| Rack | 翻译为“机架”，可以理解为两个处于不同地方的机群，每个机群内部有自己的连接方式 |
| Client | 通过指令或代码操作的一端都是客户端 |
| Client 的 Read | 从 HDFS 下载文件到本地 |
| Client 的 Write | 上传文件到 HDFS 上 |

### 2. Hadoop 2.0

Hadoop 1.0 到 Hadoop 2.0 的架构变化图如图 2-5 所示。

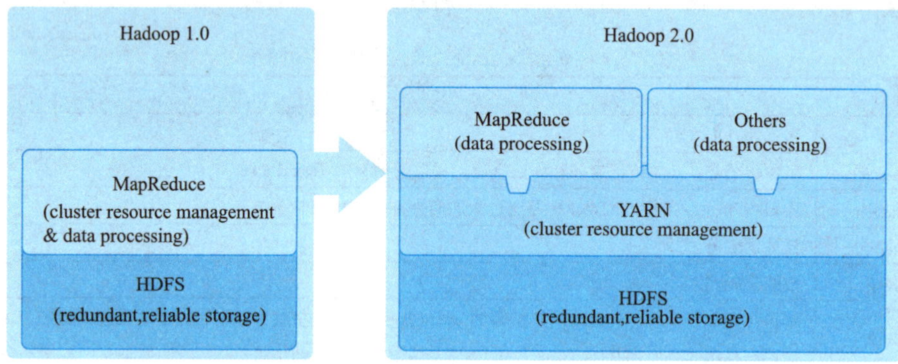


图 2-5　Hadoop 1.0 到 Hadoop 2.0 的架构变化图

2013 年，Hadoop 2.0 问世，Hadoop 2.0 是为了解决 Hadoop 1.0 中出现的问题而提出的，内核主要由 HDFS、MapReduce 和 YARN 这 3 个系统组成。

Hadoop 2.0 针对 Hadoop 1.0 中 HDFS 主节点故障问题，提出了 HDFS Federation，兼容多个 NameNode，让多个 NameNode 分管不同的目录来进行访问的隔离和节点的横向扩展，这样就解决了 HDFS 单节点问题；针对 MapReduce 主节点故障和框架支持问题，先将 MapReduce 的功能分开，只保留数据处理，再将集群资源管理放到 YARN 中，诞生了全新的通用资源管理框架——YARN。

在 MapReduce 2.0 中，具有和 MapReduce 1.0 相同的编程模型和数据引擎处理，但是在运行时，环境上引入全新的资源管理框架 YARN，MapReduce 变成了一个纯粹的计算框架，不再负责管理。

YARN 是 Hadoop 2.0 中的资源管理系统，负责资源管理和调度。它将 JobTracker 的资源管理和作业调度拆分成两个独立的进程，即 ApplicationMaster 和 ResourceManager。

在 Hadoop 2.×中对 HDFS 做了改进，可以使 NameNode 横向扩展成多个，每个 NameNode 分管部分目录，诞生了 HDFS Federation。Hadoop 问题优化详情如表 2-3 所示。

表 2-3　Hadoop 问题优化详情

| 组件 | Hadoop 1.0 的问题 | Hadoop 2.0 的改进 |
| --- | --- | --- |
| HDFS | 单一名称节点，存在单点失效问题 | 设计了 HDFS HA，提供名称节点热备机制 |
| HDFS | 单一命名空间，无法实现资源隔离 | 设计了 HDFS Federation，管理多个命名空间 |
| MapReduce | 资源管理效率低 | 设计了新的资源管理框架 YARN |

### 3. Hadoop 3.0

2016 年，Hadoop 3.0 问世，Hadoop 3.0 中引入了一些重要的功能和优化，包括 HDFS 可擦除编码、多 NameNode 支持、MR Native Task 优化、YARN 基于 cgroup 的内存和磁盘 I/O 隔离、YARN container resizing 等。

Hadoop 3.0 的新特性如下。

1）Java 版本升级。Hadoop 3.0 要求 Java 版本不低于 1.8，以往的 Java 版本不再支持。Hadoop 各版本和 JDK 的对应关系如表 2-4 所示。

表 2-4　Hadoop 各版本和 JDK 的对应关系

| Hadoop 版本 | JDK 1.6 | JDK 1.7 | JDK 1.8 |
| --- | --- | --- | --- |
| Hadoop 1.× | √ | × | × |
| Hadoop 2.× | √ | √ | × |
| Hadoop 3.× | × | × | √ |

2）部分服务默认端口修改。在以往版本中，多个 Hadoop 服务的默认端口在 Linux 临时端口范围内（32768～61000）。这意味着在启动时，服务有时会由于与另一个应用程序冲突而无法绑定到端口。Hadoop 2.0 和 Hadoop 3.0 默认端口比较如表 2-5 所示。

表 2-5　Hadoop 2.0 和 Hadoop 3.0 默认端口比较

| 分类 | 应用 | Haddop 2.× port | Haddop 3.× port |
| --- | --- | --- | --- |
| NN ports | NameNode | 8020/9000 | 9820 |
|  | NN HTTP UI | 50070 | 9870 |
|  | NN HTTPS UI | 50470 | 9871 |
| SNN ports | SNN HTTP | 50091 | 9869 |
|  | SNN HTTP UI | 50090 | 9868 |
| DN ports | DN IPC | 50020 | 9867 |
|  | DN | 50010 | 9866 |
|  | DN HTTP UI | 50075 | 9864 |
|  | DN HTTPS UI | 50475 | 9865 |

3）HDFS 支持纠删码。纠删码是一种持久存储数据的方法，与复制相比，它可显著地节省空间。与标准 HDFS 复制的 3 倍开销相比，像 Reed-Solomon (10,4) 这样的标准编码具有 1.4 倍的空间开销。纠删码的执行过程如图 2-6 所示。

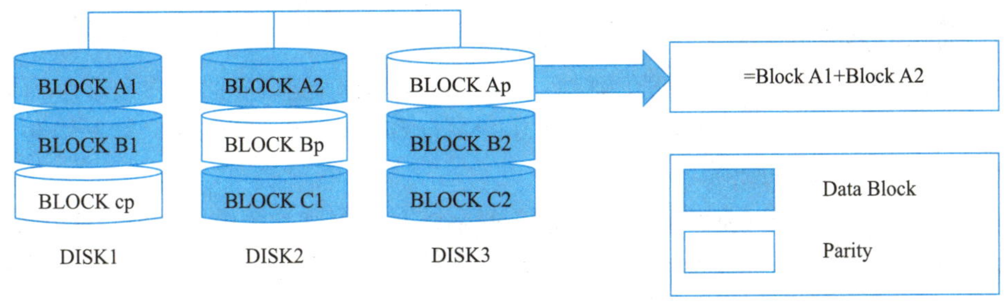


图 2-6　纠删码的执行过程

4）YARN 时间线服务 v.2。Hadoop 3.0 引入 YARN Timeline Service v.2 是为了解决两个主要问题：提高 Timeline Service 的可扩展性和可靠性，以及通过引入流和聚合来增强可用性。时间线执行过程如图 2-7 所示。

5）Shell 脚本重写。Hadoop 的 Shell 脚本被重写，修补了许多长期存在的 Bug，并增加了一些新的特性。

6）重构 Hadoop Client Jar 包。2.×版本中可用的 hadoop-client Maven 工件将 Hadoop 的传递依赖项拉到 Hadoop 应用程序的类路径上。如果这些传递依赖的版本与应用程序使用的版本冲突，这可能会出现问题。3.×版本中也添加了新的 hadoop-client-api 和 hadoop-client-runtime 工件，将 Hadoop 的依赖项隐藏到单个 jar 中。这避免了将 Hadoop 的依赖项泄漏到应用程序的类路径上。

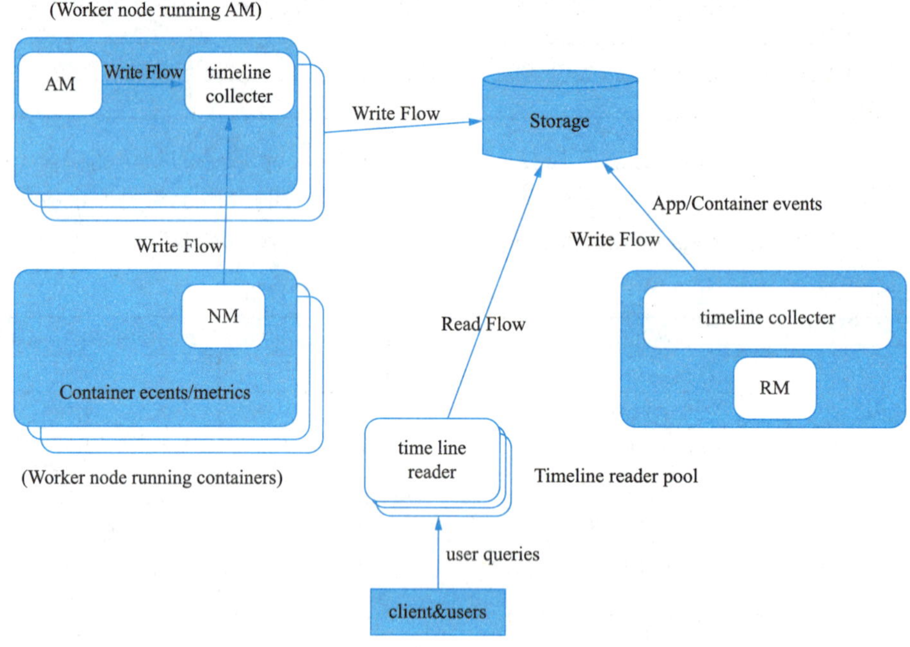


图 2-7　时间线执行过程

7）MapReduce 任务级原生优化。对 Map 阶段的输出收集器增加了本地实现，对于洗牌密集型工作，可以提高 30%以上的性能。

8）支持两个以上的 NameNode。HDFS NameNode 高可用性的初始实现由单个活动 NameNode 和单个备用 NameNode 提供。通过将编辑复制到法定数量的 3 个 JournalNode，该架构能够容忍系统中任何一个节点的故障。

但是，某些部署需要更高程度的容错。这是由这个新功能启用的，它允许用户运行多个备用 NameNode。例如，通过配置 3 个 NameNode 和 5 个 JournalNode，集群能够容忍两个节点而不是一个节点的故障。

9）支持与 Microsoft Azure Data Lake 和 Aliyun 对象存储系统进行集成。Hadoop 现在支持与 Microsoft Azure Data Lake 和 Aliyun 对象存储系统的集成，替代 Hadoop 兼容的文件系统。

10）DataNode 内的平衡器。单个 DataNode 管理多个磁盘。在正常写入操作期间，磁盘将被均匀填充。但是，添加或替换磁盘可能会导致 DataNode 内数据的严重偏斜。旧的 HDFS 平衡器不能处理，旧的 HDFS 平衡器处理 DN 之间而非内部的数据偏斜。

11）重新设计的守护进程和任务堆管理。对 Hadoop 守护进程和 MapReduce 任务的堆管理进行了一系列更改。现在可以根据主机的内存大小进行自动调整，并且不推荐使用 HADOOP_HEAPSIZE 变量。简化了 Map 和 Reduce 任务堆空间的配置，在任务中不再需要以 Java 选项的方式进行指定。

12）S3Guard：S3A 文件系统客户端的一致性和元数据缓存。向 Amazon S3 存储的 S3A 客户端添加了一项可选功能，即能够使用 DynamoDB 表作为文件和目录元数据的快速且一致的存储。

13）基于 HDFS 路由器的联合。HDFS 基于路由器的联邦添加了一个 RPC（Remote Procedure Call，远程过程调用）路由层，该层提供多个 HDFS 命名空间的联合视图。这与现有的 ViewFs 和 HDFS 联合功能类似，不同之处在于安装表由路由层而不是客户端在服务器端进行管理，简化了现有 HDFS 客户端对联邦群集的访问。

14）基于 API 的 Capacity Scheduler 队列配置。容量调度程序 OrgQueue 提供了 REST API 来更改配置，用户可以调用该 API 来修改队列配置。这使管理员可以在队列的管理队列 ACL（Access Control List，访问控制列表）中实现队列配置管理的自动化。

15）YARN 资源类型。YARN 资源模型是一种支持用户定义的可数资源类型，可用资源不限于 CPU 和内存等。例如，集群管理员可以定义 GPU、软件许可证或本地附加存储等资源，然后可以根据这些资源的可用性来安排 YARN 任务。

## 2.1.5　Hadoop 伪分布式搭建的基本流程

Hadoop 的伪分布式模式，是指在一个节点（即一台主机或服务器）上安装、部署 HDFS 和 MapReduce+YARN。实际上，伪分布式模式可以看作是单节点的完全分布式模式。Hadoop 伪分布式部署环境基础如表 2-6 所示。

表 2-6　Hadoop 伪分布式部署环境基础

| 编号 | 软件基础 | 版本号 |
|---|---|---|
| 1 | 操作系统 | CentOS 7 |
| 2 | 主机名称 | localhost |
| 3 | JDK | 1.8 |
| 4 | Hadoop | 3.1.1 |

【小提示】相对路径与绝对路径。

请务必注意命令中的相对路径与绝对路径，本文后续出现的./bin/...和./etc/...等包含./的路径，均为相对路径。以/usr/local/hadoop 为当前目录，如在/usr/local/hadoop 目录中执行./bin/hadoop version 等同于执行/usr/local/hadoop/bin/hadoop version。可以将相对路径改为绝对路径来执行，但如果是在主文件夹中执行./bin/hadoop version，则执行的会是/home/hadoop/bin/hadoop version，这就不是我们想要的了。

### 1. 防火墙配置

CentOS 7 使用 firewalld 命令来操作防火墙，防火墙常用命令如表 2-7 所示。在 Hadoop 伪分布式搭建中，一般选在局域网中进行搭建，没有安全性考虑，因此关闭防火墙一般也不会存在安全隐患。

表 2-7　防火墙常用命令

| 命令 | 解释 |
|---|---|
| systemctl enable firewalld.service | 设置开机启用防火墙 |
| systemctl disable firewalld.service | 设置开机禁用防火墙 |
| systemctl start firewalld | 启动防火墙 |
| systemctl stop firewalld | 关闭防火墙 |
| systemctl status firewalld | 检查防火墙状态 |

### 2. SELinux 配置

SELinux 是安全增强型 Linux（security-enhanced Linux）的简称，它是一个 Linux 内核模块，也是 Linux 的一个安全子系统。为了避免在安装过程中出现各种错误，建议关闭此配置。

临时关闭 SELinux，不用重启机器，命令如下：

```
[root@localhost /]# setenforce 0
```

在配置文件中永久关闭 SELinux，修改 SELINUX 的值为 disabled，需要重启机器，命令如下：

```
[root@localhost /]# vim /etc/sysconfig/selinux
# This file controls the state of SELinux on the system.
# SELINUX=can take one of these three values:
# disabled - SELinux security policy is enforced.
# disabled - SELinux prints warnings instead of disabled.
# disabled - No SELinux policy is loaded.
SELINUX=disabled
# SELINUXTYPE= can take one of three values:
# targeted - Targeted processes are protected,
# minimum - Modification of targeted policy. Only selected processes are
protected.
# mls - Multi Level Security protection.
SELINUXTYPE=targeted
```

### 3. 主机名配置

临时修改主机名，重启网卡服务会自动还原，命令如下：

```
[root@localhost /]# hostname localhost
```

若提示 hostname: you must be root to change the host name，则切换到 root 用户再次执行。

永久修改主机名，修改/etc/hostname 文件，命令如下：

```
[root@localhost /]# vim /etc/hostname
localhost
```

### 4. SSH 免密登录配置

不管是 Hadoop 的伪分布还是全分布，Hadoop 的名称节点（NameNode）都需要启动集群中所有机器的 Hadoop 守护进程，而这个过程可以通过 SSH（Secure Shell，安全外壳）登录来实现。由于 Hadoop 并没有提供 SSH 输入密码登录的形式，所以为了能够顺利登录每台机器，就需要对其进行 SSH 的免密登录配置。

免密登录的原理（serverA 到 serverB）如下。

1）首先在 serverA 上生成一对秘钥（ssh-keygen）。

2）将公钥复制到 serverB，重命名为 authorized_keys。

3）serverA 向 serverB 发送一个连接请求，信息包括用户名、IP。

4）serverB 接收到请求，会从 authorized_keys 中查找是否有相同的用户名、IP，如果有则 serverB 会随机生成一个字符串。

5）使用公钥进行加密，再发送到 serverA。

6）serverA 接收到 serverB 发来的信息后，会使用私钥进行解密，然后将解密后的字符串发送给 serverB。

7）serverB 接收到 serverA 发来的信息后，会与先前生成的字符串进行比对，如果一致，则允许免密登录。

### 5. JDK 1.8 配置

Hadoop 是基于 Java 语言开发的，使用 Java 首先要安装 JDK（Java development kit），即 Java 开发工具，安装完 JDK 还需要配置环境变量（PATH、CLASSPATH、JAVA_HOME）。

在 Linux 操作系统中配置环境变量时，是在/etc/profile 文件中进行配置的，添加 JAVA_HOME（JDK 安装目录，yum 默认安装在/usr/local/jdk）和 path，路径使用 source 命令使环境变量生效。

Hadoop 3.1.1 支持的版本为 JDK 1.8 以上。

### 6. Hadoop 3.1.1 伪分布式安装配置

本单元选择的是 3.1.1 版本，Hadoop 3 可以通过 Hadoop 官网下载所需的版本，请下载 hadoop-3.1.1.tar.gz 格式文件，这种格式已经编译好，另一个包含 src 的则是 Hadoop 源代码，需要进行编译才可以使用。Hadoop 目录如图 2-8 所示。

```
[root@localhost hadoop]#11-h
total 184K
-rw-r--r--   1  root  root  183   11月  18  21:32~
drwxr-xr-x  2  1000  1001  183   8月   2   2018 bin
drwxr-xr-x  3  1000  1001  20    11月  15  16:13 etc
drwxr-xr-x  2  1000  1001  106   8月   2   2018 include
drwxr-xr-x  3  1000  1001  20    8月   2   2018 lib
drwxr-xr-x  4  1000  1001  288   8月   2   2018 libexec
-rw-r--r--   1  1000  1001  144K  7月   29  2018 LICENSE.txt
drwxr-xr-x  3  root  root  4.0K  12月  3   17:34 logs
-rw-r--r--   1  1000  1001  22K   7月   29  2018 NOTICE.txt
-rw-r--r--   1  1000  1001  1.4K  8月   29  2018 README.txt
drwxr-xr-x  3  1000  1001  4.0K  8月   2   2018 sbin
drwxr-xr-x  4  1000  1001  31    8月   2   2018 share
```

图 2-8　Hadoop 目录

由图 2-8 可知，Hadoop 目录一共有 8 个，bin 和 sbin 是可执行文件的目录，etc 是配置文件目录，include、lib 和 libexec 均是存放一些类库的目录，share 是存放一些共享类库和 jar 包的目录。

在安装 Hadoop 后，需要对 Hadoop 进行配置，这些配置文件存放在 Hadoop 目录下的./etc/hadoop 文件夹中。

（1）配置 hadoop-env.sh 文件

配置 Hadoop 中的 JAVA_HOME，Hadoop 3.1.1 版本是在 54 行，可以用 vim 打开 hadoop-env.sh 文件，使用“:set number”命令显示行号，设置 jdk 环境变量：export JAVA_HOME=/usr/local/jdk。

（2）配置 core-site.xml 文件

默认情况下，Hadoop 将数据保存在/tmp 下，当格式化系统时，/tmp 中的内容将被自动清空，所以我们需要制定自己的一个 Hadoop 的目录，用来存放数据。另外，需要配置 Hadoop 所使用的默认文件系统，以及 Namenode 进程所在的主机，命令如下：

```
<configuration>
    <!--指定 Hadoop 所使用的文件系统 schema（URI）、HDFS（NameNode）的地址-->
    <property>
        <name>fs.defaultFS</name>
        <value>hdfs://localhost:9000</value>
    </property>
    <!--指定 Hadoop 运行时产生文件的存储目录-->
    <property>
        <name>hadoop.tmp.dir</name>
        <value>/var/hadoop/tmp</value>
    </property>
</configuration>
```

**【小提示】**各目录一定是非/tmp 下的目录，否则默认是在/tmp 中，如果在虚拟机环境操作，则每次重启后会删除/tmp 中的文件；该文件在 Hadoop 启动时会自动创建。

（3）配置 hdfs-site.xml 文件

该文件指定与 HDFS 相关的配置信息，需要修改 HDFS 默认的块的副本属性，因为 HDFS 默认情况下每个数据块保存 3 个副本，而在伪分布式模式下运行时，由于只有一个数据节点，所以需要将副本个数改为 1，否则 Hadoop 程序会报错。命令如下：

```
<configuration>
     <!--指定 HDFS 储存数据的副本数目，默认情况下为 3-->
    <property>
        <name>dfs.replication</name>
        <value>1</value>
    </property>
    <!--设置默认端口，如果不加上会导致启动 Hadoop 3.1.0 后无法访问 50070 端口查看 HDFS 
管理界面-->
    <property>
        <name>dfs.http.address</name>
```

```
        <value>localhost:50070</value>
    </property>
</configuration>
```

（4）配置 mapred-site.xml 文件

该文件指定与 mapreduce 相关的配置信息，命令如下：

```
<configuration>
<!--指定 mapreduce 运行在哪种计算框架上-->
<property>
        <name>mapreduce.framework.name</name>
        <value>yarn</value>
</property>
</configuration>
```

（5）配置 yarn-site.xml 文件

命令如下：

```
<configuration>
    <!--指定 YARNResourceManager 的地址-->
    <property>
        <name>yarn.resourcemanager.hostname</name>
        <value>node1</value>
    </property>
    <!--指定 Reducer 获取数据的方式-->
    <property>
        <name>yarn.nodemanager.aux-services</name>
        <value>mapreduce_shuffle</value>
    </property>
</configuration>
```

### 7. HDFS 格式化配置

首次启动前需要进行格式化。格式化的本质是进行文件系统的初始化操作，创建一些 Hadoop 自己所需要的文件。格式化之后且启动成功后，后续再也不需要进行格式化。格式化的操作在 HDFS 集群的主角色（NameNode）所在的机器上进行。

使用“hadoop namenode -format”命令格式化 NameNode。

### 8. 启动伪分布 Hadoop

Hadoop 在格式化成功以后，接着开启 NameNode 和 DataNode 守护进程，在 Hadoop 目录下通过“./sbin/start-dfs.sh”命令启动。

若出现如下 SSH 的提示“Are you sure you want to continue connecting”，则输入“yes”即可。

启动完成后，可以通过命令 jps 来判断是否启动成功，若成功则会列出如下进程：NameNode、DataNode、NodeManager、ResourceManager 和 SecondaryNameNode（如果

SecondaryNameNode 没有启动，则运行 sbin/stop-dfs.sh 关闭进程，然后再次尝试启动）。如果没有 NameNode 或 DataNode，那就是配置不成功，请仔细检查之前的操作步骤，或通过查看启动日志排查原因。

通过查看启动日志分析启动失败的原因。

1）启动时会提示“localhost: starting namenode, logging to /usr/local/hadoop/logs/hadoop-hadoop-namenode-dblab.out”，其中 localhost 对应主机名，但启动的日志信息是记录在 /usr/local/hadoop/logs/hadoop-hadoop-namenode-dblab.log 中的，所以应查看扩展名为.log 的文件。

2）每一次的启动日志都是追加在日志文件之后，所以需要到最后进行查看，查看记录的时间即可。

3）一般出错提示会在最后面，也就是写着 Fatal、Error 或 Java Exception 的位置。

4）可以在网上搜索出错的信息，看能否找到一些相关的解决方法。

### 9. 通过 Web UI 监控 Hadoop 平台

当 Hadoop 成功启动并通过 jps 可以看到指定进程后，可以访问 Web 界面来查看 HDFS 和 MapReduce 的相关信息。

### 10. 常见问题汇总

1）检查 Hadoop 时找不到${JAVA_HOME}。

解决方案：通过修改~/.bashrc 文件解决，在文件末尾追加代码，暴露 JAVA_HOME 变量。

命令如下：

```
export JAVA_HOME=/usr/lib/jdk
export JRE_HOME=${JAVA_HOME}/jre
```

2）启动 Hadoop 集群时还有可能会报如下错误信息。

```
[root@localhost sbin]# start-all.sh
Starting namenodes on [hadoop]
ERROR: Attempting to operate on hdfs namenode as root
ERROR: but there is no HDFS_NAMENODE_USER defined. Aborting operation.
Starting datanodes
ERROR: Attempting to operate on hdfs datanode as root
ERROR: but there is no HDFS_DATANODE_USER defined. Aborting operation.
Starting secondary namenodes [hadoop]
ERROR: Attempting to operate on hdfs secondarynamenode as root
ERROR: but there is no HDFS_SECONDARYNAMENODE_USER defined. Aborting
operation.
2018-07-16 05:45:04,628 WARN util.NativeCodeLoader: Unable to load
native-hadoop library for your platform... using builtin-java classes where
applicable
Starting resourcemanager
```

```
ERROR: Attempting to operate on yarn resourcemanager as root
ERROR: but there is no YARN_RESOURCEMANAGER_USER defined. Aborting operation.
Starting nodemanagers
ERROR: Attempting to operate on yarn nodemanager as root
ERROR: but there is no YARN_NODEMANAGER_USER defined. Aborting operation.
```

解决方案：这是因为缺少用户定义而造成的，通过修改/etc/profile 文件，使其生效。

命令如下：

```
[root@localhost hadoop]# vim /etc/profile #添加如下几行
export HDFS_NAMENODE_USER=root
export HDFS_DATANODE_USER=root
export HDFS_SECONDARYNAMENODE_USER=root
export YARN_RESOURCEMANAGER_USER=root
export YARN_NODEMANAGER_USER=root
[root@localhost hadoop]# source /etc/profile
```

3）不管是启动还是关闭 Hadoop 集群，系统都会报如下警告：

```
WARN util.NativeCodeLoader: Unable to load native-hadoop library for your
platform... using builtin-java classes where applicable
```

解决方案：先查看我们安装的 Hadoop 是否是 64 位的，出现以下信息表示 Hadoop 是 64 位的。

```
[root@localhost hadoop]# file /usr/local/hadoop/lib/native/
libhadoop.so.1.0.0
/usr/local/hadoop/lib/native/libhadoop.so.1.0.0: ELF 64-bit LSB shared
object, x86-64, version 1 (SYSV), dynamically linked,
BuildID[sha1]=8d84d1f56b8c218d2a33512179fabffbf237816a, not stripped
```

永久解决方案：在文件末尾添加如下内容，保存退出。

```
[root@localhost hadoop]# vi /usr/local/hadoop/etc/hadoop/log4j.properties
log4j.logger.org.apache.hadoop.util.NativeCodeLoader=Error
```

4）启动 Hadoop 后发现无法访问 50070 端口。

解决方案：可能是 NameNode 初始化默认端口失效，手动修改配置文件设置默认端口。重新格式化 NameNode，启动 Hadoop。

命令如下：

```
[root@localhost hadoop]# vim hdfs-site.xml
#添加
<property>
  <name>dfs.http.address</name>
  <value>0.0.0.0:50070</value>
</property>
```

5）Hadoop 集群启动后，使用“jps”进行查看，结果没有 DataNode 进程。

原因：在第一次格式化 HDFS 后，启动并使用了 Hadoop，后来又重新执行了格式化命令（hdfs namenode-format），这时 NameNode 的 clusterID 会重新生成，而 DataNode 的 clusterID 保持不变。因此就会造成 DataNode 与 NameNode 之间的 ID 不一致。

解决方法：删除 dfs.data.dir（在 core-site.xml 中配置了此目录位置）目录中的所有文件，重新格式化，然后重新启动。

命令如下：

```
[root@localhost ~]# stop-all.sh
...
[root@localhost ~]# rm -rf /var/hadoop/tmp/
[root@localhost ~]# hdfs namenode -format
...
[root@localhost ~]# start-all.sh
...
```

## 任务实施

**【工作流程】**

搭建 Hadoop 伪分布式的基本工作流程包括以下内容。

搭建 Hadoop 伪分布式

1）关闭防火墙。

2）关闭 SELinux。

3）修改主机名称，并配置主机名和 IP 地址的映射。

4）配置 SSH 免密登录。

5）安装配置 JDK 1.8。

6）安装配置 Hadoop。

**【操作步骤】**

1）关闭防火墙，命令如下：

```
#查看防火墙状态
[root@localhost /]# systemctl status firewalld
● firewalld.service - firewalld - dynamic firewall daemon
   Loaded: loaded (/usr/lib/systemd/system/firewalld.service; disabled;
vendor preset: enabled)
   Active: active (running) since Thu 2021-11-18 12:39:24 UTC; 1s ago
     Docs: man:firewalld(1)
 Main PID: 31240 (firewalld)
    Tasks: 2
   Memory: 28.1M
   CGroup: /system.slice/firewalld.service
           └─31240 /usr/bin/python2 -Es /usr/sbin/firewalld --nofork --nopid
#关闭防火墙
[root@localhost  /]# systemctl stop firewalld
```

```
#禁止开机启动
[root@localhost  /]# systemctl disable firewalld
```

2）关闭 SELinux，命令如下：

```
[root@localhost  /]# /usr/sbin/sestatus -v
SELinux status:   enforcing
#临时关闭 SELinux
[root@localhost  /]# setenforce 0
```

3）修改主机名称，并配置主机名和 IP 地址的映射，命令如下：

```
[root@localhost  /]# hostname
localhost
#临时修改主机名称
[root@localhost  /]# hostname localhost
#配置主机名与 IP 地址的映射,在文件末尾添加主机名与 IP 之间的映射关系
[root@localhost  /]# vim /etc/hosts
当前主机 IP localhost
```

4）配置 SSH 免密登录，命令如下：

```
#生成秘钥
[root@localhost  /]ssh-keygen -t rsa
#输入后按照提示按 Enter 键,直到完成命令
Generating public/private rsa key pair.
Enter file in which to save the key (/root/.ssh/id_rsa): #直接按 Enter 键
Enter passphrase (empty for no passphrase): #直接按 Enter 键
Enter same passphrase again: #直接按 Enter 键
Your identification has been saved in /root/.ssh/id_rsa.
Your public key has been saved in /root/.ssh/id_rsa.pub.
The key fingerprint is:
SHA256:9NevFFklAS5HaUGJtVrfAlbYk82bStTwPvHIWY7as38 root@node1
The key's randomart image is:
+---[RSA 2048]----+
|         +*O*=.|
|        .o=+=o+|
|      . ..O  +=|
|     . . * *.%o|
|      S o o %o+|
|         . + +.|
|          . + .|
|           . +E|
|            o.o|
+----[SHA256]-----+
#复制 id_rsa.pub,创建密钥文件 authorized_keys
[root@localhost  /]#cp ~/.ssh/id_rsa.pub ~/.ssh/authorized_keys
```

```
#验证免密登录,可以正常进入,无须输入密码视为配置成功
[root@localhost  /]# ssh localhost
```

5）安装配置 JDK 1.8，命令如下：

```
#检查 JDK 是否安装
[root@localhost  /]# java -version
#上传已下载好的 JKD 压缩包到/usr/local 目录下
[root@localhost  /]#cd /usr/local
#解压 JDK 压缩包
[root@localhost  /]#tar zxvf jdk-8u112-linux-x64.tar.gz
#修改文件名称,方便填写
[root@localhost  /]#mv jdk1.8.0_112 jdk
#设置环境变量,添加 2 行内容
[root@localhost  /]# vim /etc/profile
export JAVA_HOME=/usr/local/jdk
export PATH=.:$JAVA_HOME/bin:$PATH
#使配置的环境变量生效
[root@localhost  /]# source /etc/profile
[root@localhost  /]# java -version
java version "1.8.0_112"
Java(TM) SE Runtime Environment (build 1.8.0_112-b15)
Java HotSpot(TM) 64-Bit Server VM (build 25.112-b15, mixed mode)
```

6）安装配置 Hadoop 3.1.1，命令如下：

```
#上传 Hadoop 压缩包到/usr/local 目录下并解压 Hadoop 压缩包
[root@localhost  /]# tar -zxvf hadoop-3.1.1.tar.gz -C /usr/local/
[root@localhost  /]# mv hadoop-3.1.1 hadoop
#设置环境变量,添加以下几行内容
[root@ ocalhost  /]# vim /etc/profile
export HADOOP_HOME=/usr/local/hadoop
export PATH=.:$HADOOP_HOME/bin:$HADOOP_HOME/sbin:$PATH
#hadoop-3.1.1 必须添加如下 5 个变量否则启动报错
export HDFS_NAMENODE_USER=root
export HDFS_DATANODE_USER=root
export HDFS_SECONDARYNAMENODE_USER=root
export YARN_RESOURCEMANAGER_USER=root
export YARN_NODEMANAGER_USER=root
[root@localhost  /]# source /etc/profile
[root@localhost  /]# hadoop version
Hadoop 3.1.1
Source code repository https://github***.com/apache/hadoop -r
2b9a8c1d3a2caf1e733d57f346af3ff0d5ba529c
Compiled by leftnoteasy on 2018-08-02T04:26Z
Compiled with protoc 2.5.0
```

```
From source with checksum f76ac55e5b5ff0382a9f7df36a3ca5a0
This command was run using /usr/local/hadoop/share/hadoop/common/hadoop-common-3.1.1.jar
```

修改 Hadoop 配置文件，这些配置文件都放在/usr/local/hadoop/etc/hadoop 目录下。

① 修改 hadoop-env.sh 文件，命令如下：

```
#编辑文件,设置 JAVA_HOME 绝对路径（JDK 1.8 安装路径）
[root@localhost  /]# vim hadoop-env.sh
export JAVA_HOME=/usr/local/jdk
```

② 修改 core-site.xml 文件（Hadoop-HDFS 系统内核文件），命令如下：

```
[root@localhost  /]# vim  core-site.xml
<configuration>
   <property>
      <name>fs.defaultFS</name>
      <value>hdfs://localhost:9000</value>
   </property>
   <property>
      <name>hadoop.tmp.dir</name>
      <value>/var/hadoop/tmp</value>
   </property>
</configuration>
```

③ 修改 hdfs-site.xml 文件，命令如下：

```
[root@localhost /]# vim hdfs-site.xml
<configuration>
   <property>
      <name>dfs.replication</name>
      <value>1</value>
   </property>
   <property>
      <name>dfs.http.address</name>
      <value>localhost:50070</value>
   </property>
</configuration>
```

④ 修改 mapred-site.xml 文件，命令如下：

```
[root@localhost /]# vim mapred-site.xml
<configuration>
<property>
      <name>mapreduce.framework.name</name>
      <value>yarn</value>
</property>
</configuration>
```

⑤ 修改 yarn-site.xml 文件，命令如下：

```
[root@localhost /]# vim yarn-site.xml
#将 configuration 标签中的内容修改为如下内容
<configuration>
    <!--指定 YARNResourceManager 的地址-->
    <property>
        <name>yarn.resourcemanager.hostname</name>
        <value>localhost</value>
    </property>
    <property>
        <name>yarn.nodemanager.aux-services</name>
        <value>mapreduce_shuffle</value>
    </property>
</configuration>
```

## 任务评价

任务考核评价表

| 任务名称：搭建 Hadoop 伪分布式 | | | | | |
|---|---|---|---|---|---|
| 班级： | 学号： | 姓名： | | 日期： | |
| 评价内容 | 评价标准 | 评价方式 | | 分值 | 得分 |
| | | 小组评价（权重为 0.3） | 导师评价（权重为 0.7） | | |
| 职业素养 | 1）遵守学校管理规定，遵守纪律，按时完成工作任务<br>2）考勤情况<br>3）工作态度积极、勤学好问 | | | 20 | |
| 专业能力 | 1）掌握 Hadoop 伪分布式环境搭建的方法<br>2）能正确搭建 Hadoop 伪分布式环境<br>3）能正确完成所有的搭建步骤<br>4）能理解 Hadoop 的原理与体系架构 | | | 70 | |
| 创新能力 | 1）能提出新方法或应用新技术等<br>2）其他类型的创新性业绩 | | | 10 | |
| 总分合计 | | | | | |
| 指导教师综合评语 | 指导教师签名：　　　　日期： | | | | |

# 任务 2.2　启动与访问 Hadoop

## 任务情境

启动关闭 Hadoop 操作

**【任务场景】**

经理：小张，Hadoop 平台搭建得怎么样了？在搭建过程中有没有遇到问题？

小张：经理，Hadoop 平台搭建好了，这次搭建的是伪分布式模式的，部署在了单节点。

经理：好的，那你启动访问一下，向大家展示一下 Hadoop 的相关使用，并介绍 Hadoop We UI 监控页面。

小张：好的，经理。

**【任务布置】**

在任务 2.1 中，我们已经在单节点上部署了 Hadoop 的伪分布式模式，但是并没有进行启动测试。本任务要格式化 NameNode 并启动 Hadoop，要求掌握 Hadoop 相关启动命令，了解 Hadoop 常见问题的处理方法，了解 Hadoop UI 监控相关功能，为后续生产环境下部署 Hadoop 分布式集群打下基础。

## 知识准备

### 2.2.1　Hadoop 启动/停止的操作命令

Hadoop 启动/停止的常用命令如表 2-8 所示。

表 2-8　Hadoop 启动/停止的常用命令

| 命令 | 功能 |
| --- | --- |
| sbin/start-all.sh | 启动所有的 Hadoop 守护进程，包括 NameNode、SecondaryNameNode、DataNode、ResourceManager、NodeManager |
| sbin/stop-all.sh | 停止所有的 Hadoop 守护进程，包括 NameNode、SecondaryNameNode、DataNode、ResourceManager、NodeManager |
| sbin/start-dfs.sh | 启动 Hadoop HDFS 守护进程 NameNode、SecondaryNameNode、DataNode |
| sbin/stop-dfs.sh | 停止 Hadoop HDFS 守护进程 NameNode、SecondaryNameNode、DataNode |
| sbin/hadoop-daemons.sh start namenode | 单独启动 NameNode 守护进程 |
| sbin/hadoop-daemons.sh stop namenode | 单独停止 NameNode 守护进程 |
| sbin/hadoop-daemons.sh start datanode | 单独启动 DataNode 守护进程 |
| sbin/hadoop-daemons.sh stop datanode | 单独停止 DataNode 守护进程 |
| sbin/hadoop-daemons.sh start secondarynamenode | 单独启动 SecondaryNameNode 守护进程 |
| sbin/hadoop-daemons.sh stop secondarynamenode | 单独停止 SecondaryNameNode 守护进程 |
| sbin/start-yarn.sh | 启动 ResourceManager、NodeManager |
| sbin/stop-yarn.sh | 停止 ResourceManager、NodeManager |
| sbin/yarn-daemon.sh start resourcemanager | 单独启动 ResourceManager |
| sbin/yarn-daemons.sh start nodemanager | 单独启动 NodeManager |
| sbin/yarn-daemon.sh stop resourcemanager | 单独停止 ResourceManager |
| sbin/yarn-daemons.sh stopnodemanager | 单独停止 NodeManager |

## 2.2.2 基于 Web UI 监控 Hadoop 平台

### 1. HDFS UI 监控

启动 Hadoop 之后，可以通过 50070 端口访问 HDFS 的监控页面，打开浏览器，在地址栏中输入 localhost:50070，即可看到 HDFS 的监控页面，如图 2-9 所示。

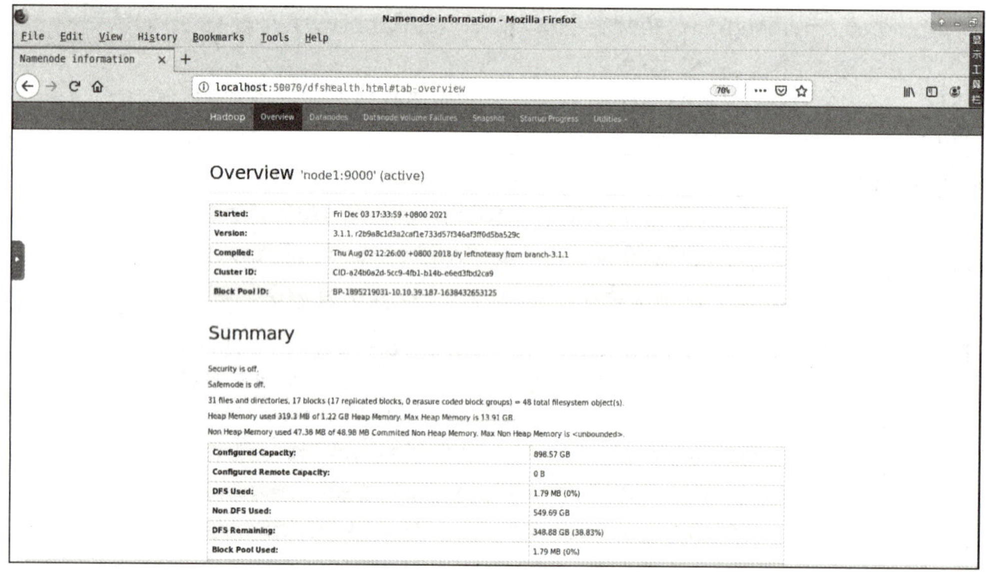


图 2-9 HDFS 的监控页面

1）标题栏。HDFS 监控页面的标题栏如图 2-10 所示。

图 2-10 HDFS 监控页面的标题栏

HDFS 监控页面标题栏中各选项的含义如表 2-9 所示。

表 2-9 HDFS 监控页面标题栏中各选项的含义

| 选项名称 | 含义 |
|---|---|
| Overview | 集群概述 |
| Datanodes | 数据节点 |
| Datanode Volume Failures | 数据节点卷故障 |
| Snapshot | 快照 |
| Startup Progress | 启动进度 |

2）概述。HDFS 监控页面中的概述如图 2-11 所示。

**Overview** 'node1:9000' (active)

| | |
|---|---|
| **Started:** | Fri Nov 19 10:08:33 +0800 2021 |
| **Version:** | 3.1.1, r2b9a8c1d3a2caf1e733d57f346af3ff0d5ba529c |
| **Compiled:** | Thu Aug 02 12:26:00 +0800 2018 by leftnoteasy from branch-3.1.1 |
| **Cluster ID:** | CID-19f1b958-0120-4cf4-8c1c-19316f66982a |
| **Block Pool ID:** | BP-243917871-10.10.39.178-1637241910071 |

图 2-11　HDFS 监控页面中的概述

HDFS 监控页面概述中各选项的含义如表 2-10 所示。

表 2-10　HDFS 监控页面概述中各选项的含义

| 选项名称 | 含义 |
|---|---|
| Started | 启动 |
| Version | 版本 |
| Compiled | 编译信息 |
| Cluster ID | 群集 ID |
| Block Pool ID | 块池 ID |

3）总结。HDFS 监控页面中的总结如图 2-12 所示。

**Summary**

Security is off.

Safemode is off.

1 files and directories, 0 blocks (0 replicated blocks, 0 erasure coded block groups) = 1 total filesystem object(s).

Heap Memory used 465.25 MB of 1.37 GB Heap Memory. Max Heap Memory is 13.91 GB.

Non Heap Memory used 47.39 MB of 48.56 MB Commited Non Heap Memory. Max Non Heap Memory is <unbounded>.

| | |
|---|---|
| **Configured Capacity:** | 898.57 GB |
| **Configured Remote Capacity:** | 0 B |
| **DFS Used:** | 8 KB (0%) |
| **Non DFS Used:** | 546.02 GB |
| **DFS Remaining:** | 352.55 GB (39.23%) |
| **Block Pool Used:** | 8 KB (0%) |
| **DataNodes usages% (Min/Median/Max/stdDev):** | 0.00% / 0.00% / 0.00% / 0.00% |
| **Live Nodes** | 1 (Decommissioned: 0, In Maintenance: 0) |
| **Dead Nodes** | 0 (Decommissioned: 0, In Maintenance: 0) |
| **Decommissioning Nodes** | 0 |
| **Entering Maintenance Nodes** | 0 |
| **Total Datanode Volume Failures** | 0 (0 B) |
| **Number of Under-Replicated Blocks** | 0 |
| **Number of Blocks Pending Deletion** | 0 |
| **Block Deletion Start Time** | Fri Nov 19 10:08:33 +0800 2021 |
| **Last Checkpoint Time** | Fri Nov 19 10:09:42 +0800 2021 |

图 2-12　HDFS 监控页面中的总结

HDFS 监控页面总结中各选项的含义如表 2-11 所示。

表 2-11　HDFS 监控页面总结中各选项的含义

| 选项名称 | 含义 |
|---|---|
| Security is off | 安全关闭 |
| Safemode is off | 安全模式已关闭 |
| Configured Remote Capacity | 配置远程容量 |
| Configured Capacity | 集群配置的总的容量 |
| DFS Used | 已使用的 DFS 集群总量 |
| Non DFS Used | 已使用的非 DFS 集群总量 |
| DFS Remaining | DFS 未使用（剩余）的容量 |
| Block Pool Used | 数据块使用的量 |
| DataNodes usages% (Min/Median/Max/stdDev) | 数据节点使用率（最小值/中间值/最大值/标准偏差） |
| Live Nodes | 存活的节点（活动节点） |
| Dead Nodes | 宕机的节点（死节点） |
| Decommissioning Nodes | 已停用的节点 |
| Entering Maintenance Nodes | 进入维护的节点 |
| Total Datanode Volume Failures | 数据节点卷失败的总数 |
| Number of Under-Replicated Blocks | 复制不足的块数 |
| Number of Blocks Pending Deletion | 挂起删除的块数 |
| Block Deletion Start Time | 块删除的开始时间 |
| Last Checkpoint Time | 上次检查点时间 |

4）Journal Node。HDFS 监控页面中的 Journal Node 如图 2-13 所示。

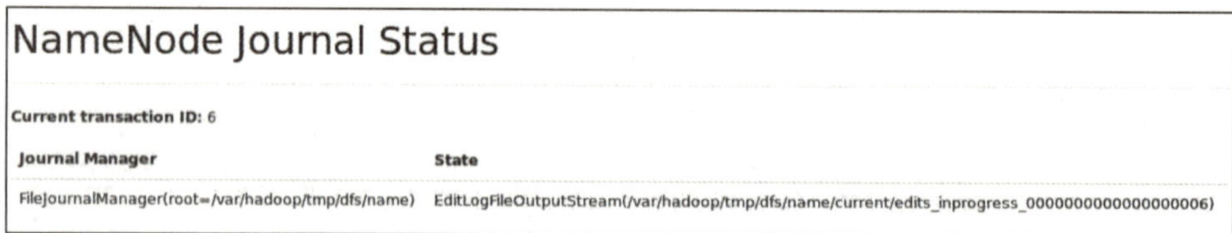


图 2-13　HDFS 监控页面中的 Journal Node

HDFS 监控页面 Journal Node 中各选项的含义如表 2-12 所示。

表 2-12　HDFS 监控页面 Journal Node 中各选项的含义

| 选项名称 | 含义 |
|---|---|
| Journal Manager | Journal Node 存储 EditLog 数据的路径 |
| State | Journal Node 存储 EditLog 数据的文件名 |

5）NameNode 存储。HDFS 监控页面中的 NameNode 存储如图 2-14 所示。

NameNode Storage

| Storage Directory | Type | State |
|---|---|---|
| /var/hadoop/tmp/dfs/name | IMAGE_AND_EDITS | Active |

图 2-14　HDFS 监控页面中的 NameNode 存储

NameNode 存储数据的路径包括 edits 和 fsimage。

6）DFS 存储类型。HDFS 监控页面中的 DFS 存储类型如图 2-15 所示。

DFS Storage Types

| Storage Type | Configured Capacity | Capacity Used | Capacity Remaining | Block Pool Used | Nodes In Service |
|---|---|---|---|---|---|
| DISK | 898.57 GB | 8 KB (0%) | 352.55 GB (39.23%) | 8 KB | 1 |

图 2-15　HDFS 监控页面中的 DFS 存储类型

HDFS 监控页面 DFS 存储类型中各选项的含义如表 2-13 所示。

表 2-13　HDFS 监控页面 DFS 存储类型中各选项的含义

| 选项名称 | 含义 |
|---|---|
| Storage Type | 集群存储类型 |
| Configured Capacity | 配置容量 |
| Capacity Used | 使用的容量 |
| Capacity Remaining | 剩余容量 |
| Block Pool Used | 使用的块池 |
| Nodes In Service | 服务中的节点 |

7）DataNode 信息。HDFS 监控页面中的 DataNode 信息如图 2-16 所示。

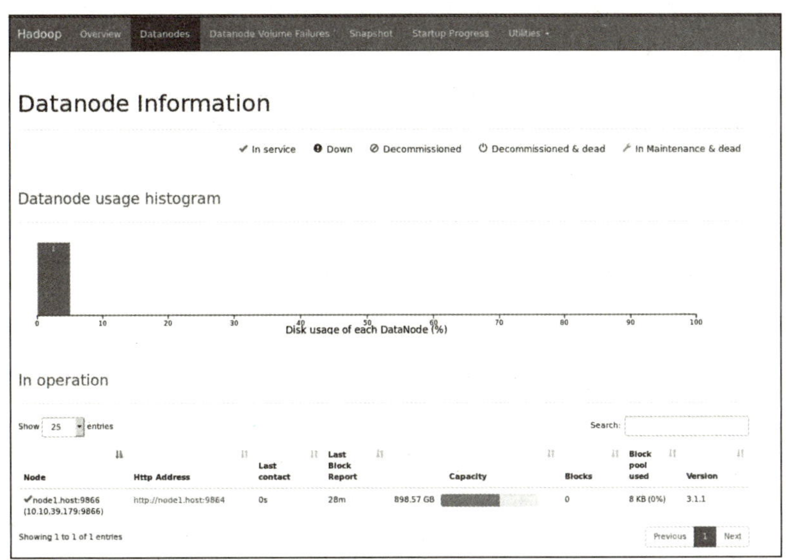


图 2-16　HDFS 监控页面中的 DataNode 信息

HDFS 监控页面 DataNode 信息中各选项的含义如表 2-14 所示。

表 2-14　HDFS 监控页面 DataNode 信息中各选项的含义

| 选项名称 | 含义 |
|---|---|
| Datanode usage histogram | 数据节点使用率柱状图 |
| Disk usage of each DataNode (%) | 每个数据节点的磁盘使用率（%） |
| In operation | 运行中的节点 |

8）维护节点列表。HDFS 监控页面中的维护节点列表如图 2-17 所示。

Entering Maintenance

No nodes are entering maintenance.

图 2-17　HDFS 监控页面中的维护节点列表

9）退役节点列表。HDFS 监控页面中的退役节点列表如图 2-18 所示。

Decommissioning

No nodes are decommissioning

图 2-18　HDFS 监控页面中的退役节点列表

10）快照。HDFS 监控页面中的快照如图 2-19 所示。

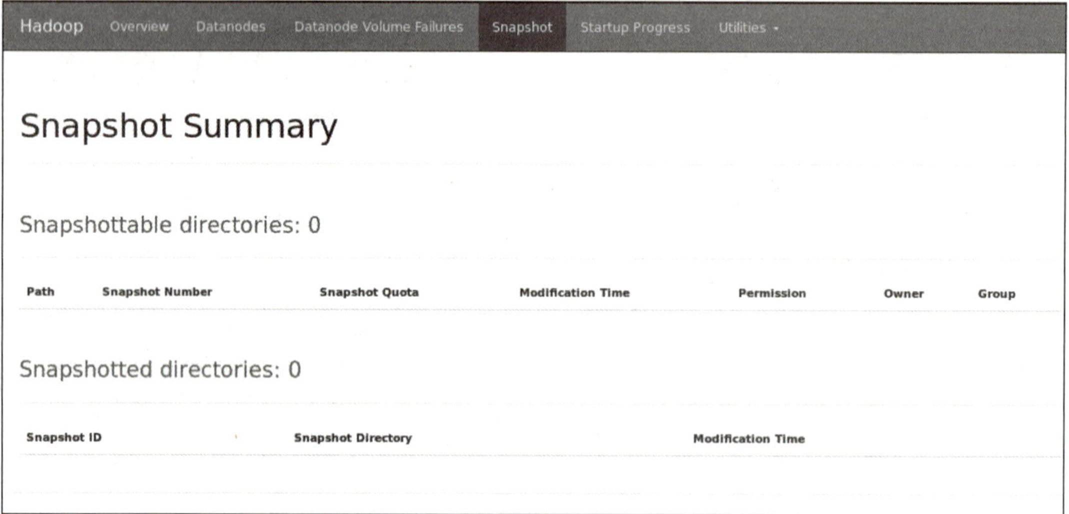


图 2-19　HDFS 监控页面中的快照

HDFS 监控页面快照中各选项的含义如表 2-15 所示。

表 2-15　HDFS 监控页面快照中各选项的含义

| 选项名称 | 含义 |
| --- | --- |
| Snapshot Summary | 快照摘要 |
| Snapshottable directories | 快照目录列表 |
| Snapshotted directories | 已创建的快照目录 |

11）HDFS 存储系统的可视化浏览。HDFS 监控页面中的存储系统的可视化浏览如图 2-20 所示。

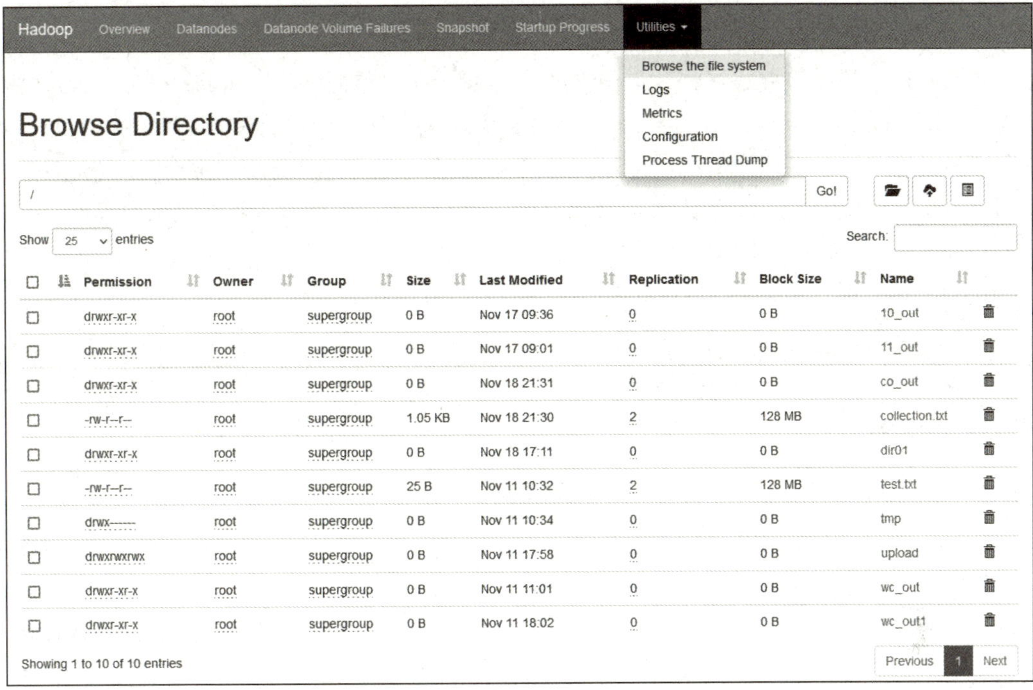


图 2-20　HDFS 监控页面中的存储系统的可视化浏览

12）组件日志。选择“Utilities”→“Logs”选项，打开 Logs 日志页面，如图 2-21 所示。

**Directory: /logs/**

| | | |
|---|---|---|
| SecurityAuth-root.audit | 0 bytes | 2021-11-11 15:34:12 |
| hadoop-root-datanode-node1.host.log | 1034151 bytes | 2021-11-19 11:21:01 |
| hadoop-root-datanode-node1.host.out | 708 bytes | 2021-11-19 10:08:38 |
| hadoop-root-datanode-node1.host.out.1 | 708 bytes | 2021-11-18 21:29:36 |
| hadoop-root-datanode-node1.host.out.2 | 708 bytes | 2021-11-16 15:02:33 |
| hadoop-root-datanode-node1.host.out.3 | 708 bytes | 2021-11-16 11:45:46 |
| hadoop-root-datanode-node1.host.out.4 | 708 bytes | 2021-11-16 11:33:36 |
| hadoop-root-datanode-node1.host.out.5 | 708 bytes | 2021-11-16 11:21:27 |
| hadoop-root-namenode-node1.host.log | 474108 bytes | 2021-11-19 11:26:43 |
| hadoop-root-namenode-node1.host.out | 6226 bytes | 2021-11-19 11:19:12 |
| hadoop-root-namenode-node1.host.out.1 | 708 bytes | 2021-11-18 21:29:32 |
| hadoop-root-namenode-node1.host.out.2 | 708 bytes | 2021-11-16 15:02:29 |
| hadoop-root-namenode-node1.host.out.3 | 708 bytes | 2021-11-16 11:45:42 |
| hadoop-root-namenode-node1.host.out.4 | 708 bytes | 2021-11-16 11:33:33 |
| hadoop-root-namenode-node1.host.out.5 | 708 bytes | 2021-11-16 11:21:23 |
| hadoop-root-nodemanager-node1.host.log | 570936 bytes | 2021-11-19 11:18:50 |
| hadoop-root-nodemanager-node1.host.out | 2308 bytes | 2021-11-19 10:08:51 |
| hadoop-root-nodemanager-node1.host.out.1 | 2301 bytes | 2021-11-18 21:29:49 |
| hadoop-root-nodemanager-node1.host.out.2 | 2301 bytes | 2021-11-16 15:02:46 |
| hadoop-root-nodemanager-node1.host.out.3 | 2308 bytes | 2021-11-16 11:45:59 |
| hadoop-root-nodemanager-node1.host.out.4 | 2308 bytes | 2021-11-16 11:33:49 |
| hadoop-root-nodemanager-node1.host.out.5 | 2308 bytes | 2021-11-16 11:21:40 |
| hadoop-root-resourcemanager-node1.host.log | 498977 bytes | 2021-11-19 11:20:48 |
| hadoop-root-resourcemanager-node1.host.out | 2324 bytes | 2021-11-19 10:08:47 |
| hadoop-root-resourcemanager-node1.host.out.1 | 2317 bytes | 2021-11-18 21:29:45 |
| hadoop-root-resourcemanager-node1.host.out.2 | 2317 bytes | 2021-11-16 15:02:42 |
| hadoop-root-resourcemanager-node1.host.out.3 | 2324 bytes | 2021-11-16 11:45:55 |
| hadoop-root-resourcemanager-node1.host.out.4 | 2324 bytes | 2021-11-16 11:33:46 |
| hadoop-root-resourcemanager-node1.host.out.5 | 2324 bytes | 2021-11-16 11:21:36 |
| hadoop-root-secondarynamenode-node1.host.log | 717657 bytes | 2021-11-19 11:26:43 |

图 2-21　Logs 日志页面

### 2. MapReduce UI 监控

对于开发、测试集群运行程序的开发人员来说，刚刚接触 MapReduce 的初学者往往是在命令行前等着程序执行完成，遇到运行缓慢、出现报错等情况很难做出有效的响应。本书通过对 YARN 原生 UI 等监控手段的介绍，读者可对 MapReduce 进行有效的监控。MapReduce UI 监控页面的默认端口为 8088，可以通过 localhost:8088 或主节点的 IP 地址:8088 访问 MapReduce UI 监控页面。

MapReduce 监控页面如图 2-22 所示。

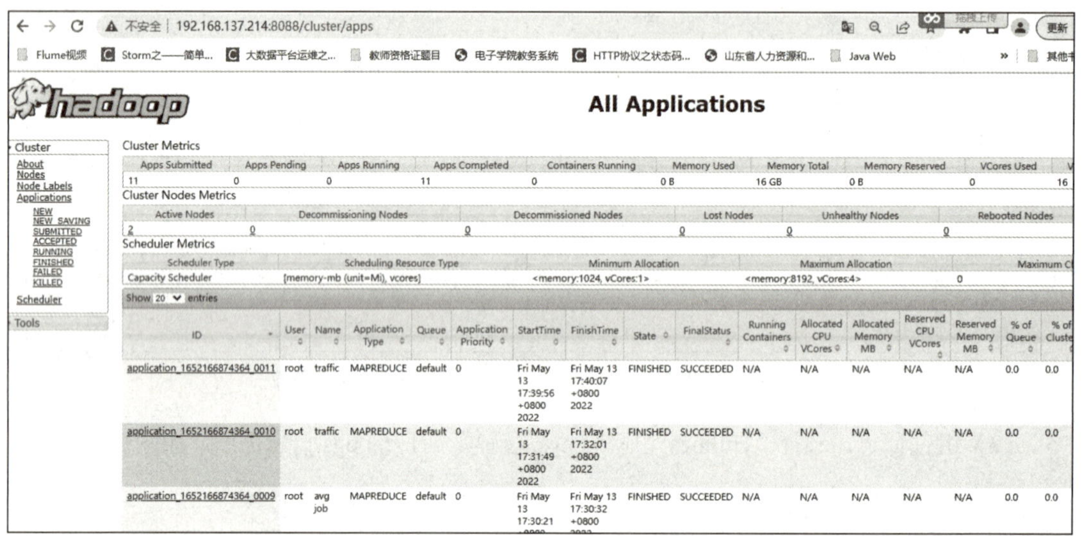


图 2-22　MapReduce 监控页面

图 2-22 中，左侧的选项说明如下。

（1）Cluster 选项下的选项说明

1）About：RM 状态版本等信息。

2）Nodes：NM 列表及状态和属性。

3）Applications：任务列表及状态和属性（常用）。

4）NEW、NEW_SAVING……：筛选不同状态的任务。

5）Scheduler：资源队列的列表和状态。

（2）Tools 选项下的选项说明

1）Configuration：YARN 配置。

2）Local logs：本地日志。

3）Server stacks：堆栈。

4）Server metrics：指标。

图 2-22 中，右侧页面中的选项说明如下。

（1）Cluster Metrics

Cluster Metrics 选项组下 MapReduce 监控页面集群指标的含义如表 2-16 所示。

表 2-16　Cluster Metrics 选项组下 MapReduce 监控页面集群指标的含义

| 名称 | 解释 |
|---|---|
| Apps Submitted | 应用程序提交 |
| Apps pending | 应用程序挂起 |
| Apps Running | 应用程序运行 |
| Apps Completed | 应用程序完成 |
| Containers Running | 容器运行 |
| Memory Used | 内存使用 |
| Memory total | 总内存 |
| Memory Reserved | 保留内存 |
| VCores Used | 已使用核心数 |
| VCores total | 全部核心数 |
| VCores Reserved | 保留核心数 |
| Active Nodes | 活跃的节点 |
| Decommissioned Nodes | 退役的节点 |
| Lost Nodes | 剔除的节点 |
| Unhealthy Nodes | 不健康的节点 |
| Rebooted Nodes | 重启节点 |

（2）Scheduler Metrics

Scheduler Metrics（调度器指标）选项组下 MapReduce 监控页面集群指标的含义如表 2-17 所示。

表 2-17　Scheduler Metrics（调度器指标）选项组下 MapReduce 监控页面集群指标的含义

| 名称 | 解释 |
|---|---|
| Scheduler Type | 调度程序类型 |
| Scheduling Resource Type | 调度资源类型 |
| Mininum Allocation | 最低限度的分配 |
| Maximum Allocation | 最高限度的分配 |

（3）任务列表

任务列表中 MapReduce 监控页面集群指标的含义如表 2-18 所示。

表 2-18　MapReduce 监控页面集群指标的含义

| 名称 | 解释 |
|---|---|
| ID | 序号 |
| User | 用户 |
| Name | 任务名称 |
| Application Type | 应用程序类型 |
| Queue | 队列 |
| StartTime | 开始时间 |
| FinishTime | 完成时间 |
| State | 状态 |
| FinalStatus | 最终状态 |
| Progress | 进度 |
| Tracking UI | 进一步监控的入口 |
| Blacklisted Nodes | 黑名单 |

## 任务实施

Web UI 监控 Hadoop

【工作流程】

1）格式化 HDFS。

2）启动伪分布 Hadoop。

3）通过 Web UI 监控 Hadoop 平台。

【操作步骤】

1）格式化 HDFS。当输出内容中无报错信息且最后输出如下信息时，表示格式化成功。

```
[root@localhost /]# hdfs namenode -format
2021-11-18 21:25:09,514 INFO namenode.NameNode: STARTUP_MSG:
/************************************************************
STARTUP_MSG: Starting NameNode
STARTUP_MSG:   host=node1.host/10.10.39.173
STARTUP_MSG:   args=[-format]
STARTUP_MSG:   version=3.1.1
STARTUP_MSG:   classpath=...
...
...
...
...
/************************************************************
SHUTDOWN_MSG: Shutting down NameNode at hostname.host/10.10.39.173
************************************************************/
```

2）启动伪分布 Hadoop，命令如下：

```
[root@localhost /]# start-all.sh
Starting namenodes on [localhost]
Last login: 二 11月 16 11:21:36 CST 2021 on pts/0
Starting datanodes
Last login: 二 11月 16 11:33:29 CST 2021 on pts/0
Starting secondary namenodes [node1.host]
Last login: 二 11月 16 11:33:33 CST 2021 on pts/0
node1.host: Warning: Permanently added the ECDSA host key for IP address
'10.10.39.173' to the list of known hosts.
2021-11-16 11:33:41,968 WARN util.NativeCodeLoader: Unable to load
native-hadoop library for your platform... using builtin-java classes where
applicable
Starting resourcemanager
Last login: 二 11月 16 11:33:37 CST 2021 on pts/0
Starting nodemanagers
Last login: 二 11月 16 11:33:42 CST 2021 on pts/0
#验证是否启动成功
```

```
[root@localhost /]# jps
10401 NameNode
10596 DataNode
11125 ResourceManager
10838 SecondaryNameNode
11478 NodeManager
11679 Jps
```

3）通过 Web UI 监控 Hadoop 平台。

HDFS 监控页面如图 2-23 所示。

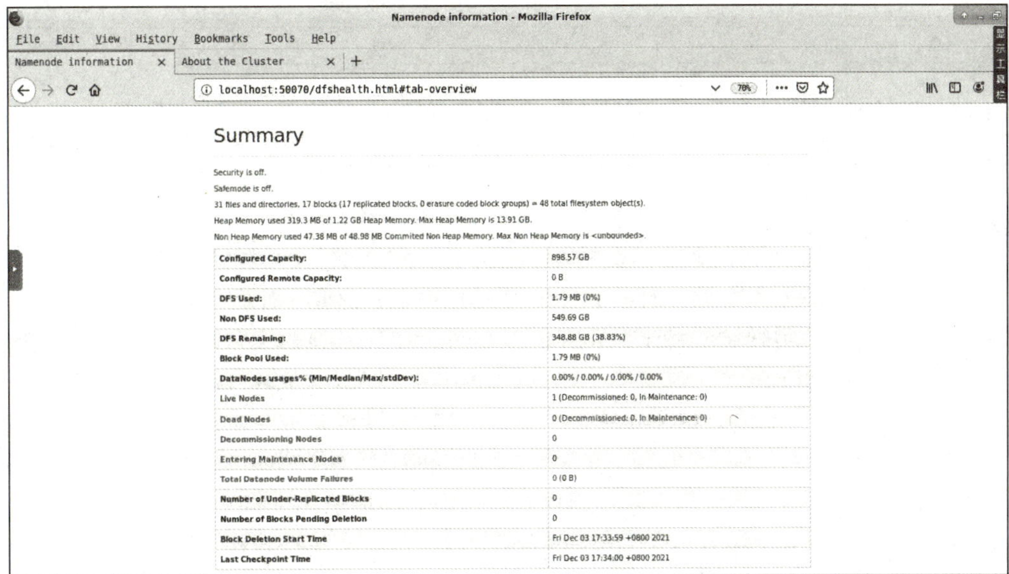


图 2-23　HDFS 监控页面

MapReduce 默认的监控端口为 8088，MapReduce 监控页面如图 2-22 所示。

## 任务评价

任务考核评价表

<table>
<tr><td colspan="6">任务名称：启动与访问 Hadoop</td></tr>
<tr><td>班级：</td><td>学号：</td><td colspan="2">姓名：</td><td colspan="2">日期：</td></tr>
<tr><td rowspan="2">评价内容</td><td rowspan="2">评价标准</td><td colspan="2">评价方式</td><td rowspan="2">分值</td><td rowspan="2">得分</td></tr>
<tr><td>小组评价（权重为 0.3）</td><td>导师评价（权重为 0.7）</td></tr>
<tr><td>职业素养</td><td>1）遵守学校管理规定，遵守纪律，按时完成工作任务<br>2）考勤情况<br>3）工作态度积极、勤学好问</td><td></td><td></td><td>20</td><td></td></tr>
</table>

（续表）

| 评价内容 | 评价标准 | 评价方式 | | 分值 | 得分 |
|---|---|---|---|---|---|
| | | 小组评价（权重为 0.3） | 导师评价（权重为 0.7） | | |
| 专业能力 | 1）掌握 Hadoop 伪分布式相关的启动命令<br>2）能正确访问 Hadoop 伪分布式 Web UI 监控平台<br>3）掌握 Web UI 监控平台常用的操作方法 | | | 70 | |
| 创新能力 | 1）能提出新方法或应用新技术等<br>2）其他类型的创新性业绩 | | | 10 | |
| 总分合计 | | | | | |
| 指导教师综合评语 | 指导教师签名： 日期： | | | | |

## 拓展小课堂

加快解决"卡脖子"难题：什么是"卡脖子"技术？这是一个形象的说法，指的是别人有但自己还没有的关键核心技术，找不到其他技术替代，但缺了它就不能运转，就像被人扼住了咽喉、卡住了脖子一样难受。当前，我国科技领域的关键核心技术依旧是我们最大的命门，"卡脖子"的现象仍比较突出。 科技日报曾推出系列文章报道制约中国工业发展的 35 项"卡脖子"技术，主要有光刻机、芯片、操作系统、航空发动机短舱、触觉传感器、核心工业软件、ITO 靶材、核心算法、航空钢材、数据库管理系统、扫描电镜等。关键核心技术是国之重器，拿不来、买不来、讨不来，军事关键核心技术更是如此。我们没有别的出路，唯有坚定走自主创新之路，把发展命脉牢牢掌握在自己手中。正如北斗二号系统的一位副总设计师所说："国外技术尽管很好，但北斗决不能照搬照抄。我们必须走自己的路，永远不能把登山的保险绳交到别人手中！"目前，国内大数据厂商诸如华为、大快、星环等都自主创新和研发了大数据平台，实现了大数据关键技术的国产化替代。

## 单元总结

本单元的主要任务是 Hadoop 伪分布式的安装和部署，学习其原理、体系架构及配置方式。通过本单元的学习，学生应了解 Hadoop 的原理和核心组件，掌握 Hadoop 伪分布式的安装部署，掌握 Hadoop 伪分布式的配置和运行操作。

## 在线测试

### 一、单选题

1．下列程序负责 HDFS 数据存储的是（　　）。

A．NameNode　　　　B．JobTracker

C．DataNode　　D．SecondaryNameNode

2．下列程序通常与 NameNode 在一个节点启动的是（　　）。

A．SecondaryNameNode　　B．DataNode

C．TaskTracker　　D．JobTracker

3．下列不是 Hadoop 运行的模式的是（　　）。

A．单机部署　　B．伪分布式部署

C．完全分布式集群部署　　D．嵌入式部署

4．下列属性中是 hdfs-site.xml 中的配置的是（　　）。

A．dfs.replication　　B．fs.defaultFS

C．mapreduce.framework.name　　D．yarn.resourcemanager.address

5．下列不是 HDFS 的守护进程的是（　　）。

A．SecondaryNameNode　　B．DataNode

C．MRAppMaster/yarnchild　　D．NameNode

## 二、多选题

1．Master 启动的 Hadoop 相关进程包括（　　）。

A．jps　　B．NameNode

C．SecondaryNameNode　　D．ResourceManager

2．Hadoop 的优点有（　　）。

A．扩容能力强　　B．成本低　　C．高效率　　D．高可靠性

## 三、判断题

1．MySQL、Hive、HDFS、Sqoop 等组件属于 Hadoop 生态圈。（　　）

2．启动 Hadoop 集群只需在全节点执行 start-all.sh 命令即可。（　　）

# 技能训练

每 3～5 人为一组，每人负责一个节点，按照以下步骤完成 Hadoop 伪分布式的部署。

1）每小组进行规划，画出规划表，表中的内容包括每个节点的主机名、IP 地址、机器环境。

2）每人在本节点进行 Hadoop 的解压、配置。

3）完成伪分布式配置。

4）启动 Hadoop，对每个节点进程的启动情况进行截图。

5）通过 Web 浏览器查看 Hadoop 的运行情况。

将以上各步骤的操作记录成文档，然后提交。

# 单元 3　Hadoop 集群部署与监控

## 学习目标

通过本单元的学习，学生应掌握大数据集群的架构体系，掌握大数据集群内部各组件的功能和特点，了解大数据集群的特点及使用场景；可培养学生一步步搭建大数据集群的技能，并可培养学生掌握大数据集群规划的能力，还可培养学生的动手实操的能力。

## 知识图谱

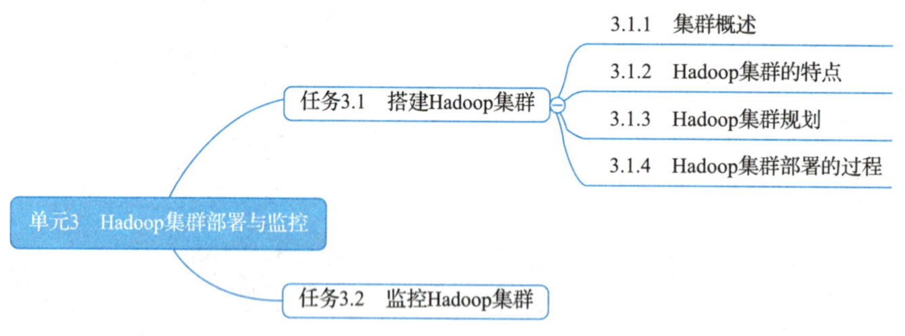


## 任务 3.1　搭建 Hadoop 集群

### 任务情境

集群规划与环境配置

**【任务场景】**

经理：小张，我们的业务现在增长的速度非常快，单台服务器已经满足不了数据的存储了，这应该怎么解决呢？

小张：经理，我们的业务数据中非结构化数据占大多数，可以搭建一套分布式存储来存储数据。

经理：现在业务系统反应越来越慢，尤其是在业务高峰期的时候，感觉特别迟钝。

小张：我们的业务是做数据处理的，现在数据量非常庞大，业务处理起来压力非常大。我们可以上线一套 Hadoop 集群，它的 HDFS 可以将多台服务器组成一个文件系统，用来存储数据，YARN+MapReduce 可以将任务分解到不同的服务器上执行，以提高效率。

经理：这个方案听起来不错，你根据我们的业务情况规划一套 Hadoop 集群，并搭建起来吧。

小张：好的。那我先搭建一套环境进行验证，没有问题后再上线。

**【任务布置】**

了解 Hadoop 集群的体系架构，总结 Hadoop 集群的优缺点。

## 知识准备

### 3.1.1　集群概述

集群是一组相互独立的、通过高速计算机网络互联的计算机，它们构成了一个组，并以单一系统的模式加以管理。一个客户与集群相互作用时，集群像是一个独立的服务器。计算机集群简称集群，是一种计算机系统，它通过一组松散集成的计算机软件/硬件连接起来，高度紧密地协作完成计算工作。在某种意义上，它们可以被看作是一台计算机。集群系统中的单个计算机通常称为节点，通常通过局域网连接，但也可能有其他的连接方式。集群计算机通常用来改进单个计算机的计算速度和/或可靠性。一般情况下，集群计算机比单个计算机，如工作站或超级计算机的性能价格比要高得多。

Hadoop 作为大数据计算框架，核心关键点就是分布式集群的搭建，基于集群环境，大规模的数据处理任务成为可能，Hadoop 是提供大数据计算的关键性技术支持。Hadoop 的守护进程分别运行在由多个主机搭建的集群上，不同节点担任不同的角色。

### 3.1.2　Hadoop 集群的特点

Hadoop 是一个能够让用户轻松上手的用于大规模数据处理的分布式计算平台，用户可以在 Hadoop 上存储海量数据，并可以轻松地在 Hadoop 上运行处理海量数据的应用程序。其主要特点如下。

1）高可靠性：数据存储采用副本机制或纠删码机制，一般常采用副本机制。数据分布在不同的 Worker 节点上，当一个节点故障或宕机时，不会影响数据的访问，并且 Hadoop 会自动重新部署故障节点的计算任务。Hadoop 框架通过备份机制和校验模式，会对出现的问题进行修复，也可以通过设置快照的方式在集群出现问题时回到之前的一个时间点。

2）高扩展性：Hadoop 原则上支持上千节点的计算机集群，Hadoop 的数据分布在计算机集群的不同节点上，Hadoop 的计算任务也会分布在计算机集群的不同节点上。用户通常通过增加节点的方式增加 Hadoop 的存储能力和计算能力。

3）高效性：HDFS 是一种分布式文件系统，数据的访问过程会直接与大规模的 Worker 节点通信，应用程序可以高并发地访问数据存储。MapReduce 是一种分布式的计算框架，它将计算任务分配到 Worker 节点进行并发计算，从而提高计算速度。

4）高容错性：Hadoop 的 HDFS 采用副本机制或纠删码机制存储数据，HDFS 会在多个节点存储数据副本或纠删码的校验数据。当读取数据出错或节点宕机时，系统会调用其他节点上的备份数据，或通过校验数据还原的数据，保证程序顺利运行。如果运行的计算任务失败，则 Hadoop 会重新运行该任务或启动其他任务来完成这个任务未完成的部分。

5）本地计算：数据存储在哪一台计算机上，就由哪台计算机进行这部分数据的计算，这样可以减少数据在网络上的传输，降低对网络带宽的需求。在 Hadoop 这类基于集群的分布式并行系统中，计算节点可以很方便地扩充，因此它所能够提供的计算能力近乎无限。但是数据需要在不同的计算机之间流动，故而网络带宽变成了瓶颈。“本地计算”是一种最有效的节约网络带宽的手段，业界将此形容为“移动计算比移动数据更经济”。

6）低成本：Hadoop 是开源软件，它不需要支付任何费用即可下载并安装使用，节省了购买商业软件的成本。开源并不等于免费，在使用开源软件时，请注意遵守其开源协议。

7）可在廉价机器上运行：Hadoop 通过其分布式的架构，将计算和存储分布在配置不太高的服务器节点上，大部分普通服务器即可满足部署要求。Hadoop 通过多副本机制和容错机制来提高集群的性能和稳定性。

### 3.1.3 Hadoop 集群规划

在集群规划中，需要对每一个守护进程的部署节点进行规划。HDFS 守护进程包括 NameNode、SecondaryNameNode 和 DataNode。YARN 守护进程包括 ResourceManager、NodeManager 和 WebAppProxy。如果要使用 MapReduce，则 MapReduce Job History Server 也将运行。Hadoop 集群中的进程描述如表 3-1 所示。

表 3-1 Hadoop 集群中的进程描述

| 进程名称 | 进程描述 |
|---|---|
| NameNode | HDFS 用于存储文件系统及数据块的元数据 |
| SecondaryNamenode | 在 HDFS 中提供一个检查点，它是 NameNode 的一个助手节点，帮助 NameNode 进行 edits 和 fsimage 的合并工作 |
| DataNode | HDFS 的数据节点 |
| ResorceManager | ResourceManager 是 YARN 集群的主控节点，负责协调和管理整个集群（所有 NodeManager）的资源 |
| NodeManager | 管理一个 YARN 集群中的每个节点，如监视资源使用情况（CPU、内存、硬盘、网络）、跟踪节点健康等 |

Hadoop 集群部署架构如图 3-1 所示。

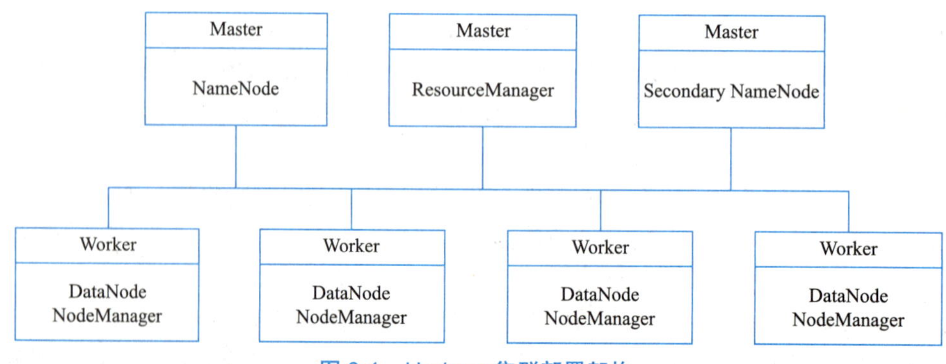


图 3-1 Hadoop 集群部署架构

通常在一个集群中，会选择一个节点作为 NameNode 节点，运行 NameNode、

SecondaryNameNode 和 NodeManager，其他节点作为 Worker 节点，运行 DataNode 和 NodeManager。对于大型集群，NameNode、SecondaryNameNode 和 NodeManager 会分布在不同的服务器上，它们独占硬件设备来保证性能，集群中的其余节点运行 DataNode 和 NodeManager，这些都是 Worker 节点。

## 3.1.4　Hadoop 集群部署的过程

### 1. 操作系统准备

1）选择操作系统。Hadoop 支持 GNU/Linux 作为开发和生产平台。Hadoop 已经在超过 2000 个节点的 GNU/Linux 集群上进行了部署。Windows 也是受支持的平台，但在商业环境中一般不会使用。

使用 CentOS 7.×部署 Hadoop 集群，CentOS 操作系统可在 CentOS 官方网站上进行下载。CentOS 是一个基于 Red Hat Linux 提供的可自由使用源代码的企业级 Linux 发行版本，CentOS 是 RHEL（Red Hat Enterprise Linux）源代码再编译的产物，而且在 RHEL 的基础上修正了不少已知的 Bug，相对于其他 Linux 发行版，其稳定性可以得到保障。

2）配置 SSH 免密登录。Hadoop 是一个集群，在 Hadoop 的启动过程中需要与各节点进行交互才能将部署在不同节点上的组件启动起来。在启动过程中，Hadoop 会要求用户输入各节点的登录密码。在大型集群中，频繁地输入多个节点的密码是我们无法忍受的，这时需要有一种方法来避免多次输入密码，Linux 的 SSH 免密登录设置可以帮助解决这个问题。

SSH 实现了加密的远程登录，它通过“公私钥”认证的方式来解决免密登录的问题，将公钥放置到需要被登录的节点上，登录节点保存好私钥。当 SSH 登录时，SSH 程序会发送私钥到被登录节点上和其中的公钥进行匹配，如果匹配成功则可以登录。

3）配置主机名及 hosts 文件。设置主机名并配置 hosts 文件，hosts 文件的作用是对配置的域名进行解析，通过配置 hosts 文件可以通过主机名访问集群中的节点。若使用 DNS（Domain Name Server，域名服务器）进行域名解析，则需要配置 DNS 服务器地址，可以不用配置 hosts 文件。

4）禁用 SELinux。SELinux 是一个 Linux 内核模块，也是 Linux 的一个安全子系统。SELinux 的结构及配置非常复杂，而且有大量概念性的内容，要充分掌握难度较大。很多用户为了方便会禁用 SELinux。

5）关闭防火墙。防火墙作为保护服务器不受外部网络流量影响的一种方式，可以让用户定义一系列规则来控制外部网络中流入的流量，从而达到允许或阻塞的效果。Hadoop 集群运行时，需要开放非常多的端口，并编辑非常多的规则。很多用户为了方便会关闭操作系统防火墙，在整个集群外部通过硬件防火墙来配置安全访问策略。

6）配置时间同步服务。CentOS 中推荐使用“chrony”作为时间同步工具，“chrony”服务既可作为时间服务器服务端，也可作为客户端，用于调整内核中运行的系统时钟和时钟服务器同步。它确定计算机增减时间的比率，并对此进行补偿，从而修改服务器的时间。

### 2. Hadoop 安装与配置

1）Hadoop 软件的选择。采用 Apache Hadoop 3.1.1 版本，其属于开源软件，可以直接从 Apache Hadoop 官方网站上下载。

2）Java 的选择。Apache Hadoop 3.3 版本及更高版本需要使用 Java 8 版本或 Java 11 版本，Java 11 版本仅支持运行时。

Apache Hadoop 3.0～3.2 版本仅支持 Java 8 版本。

Apache Hadoop 2.7～2.10 版本支持 Java 7 和 Java 8 版本。

因为选择 Apache Hadoop 3.1.1 版本，所以 Java 需要使用 Java 8 版本，可以从 Oracle Java 官方网站下载相应版本的 Java 并安装。

3）Hadoop 配置文件。Hadoop 的运行有以下两类重要的配置文件。

① 只读默认的配置文件：core-default.xml、hdfs-default.xml、yarn-default.xml 和 mapred-default.xml。

② 基于站点的配置文件：etc/hadoop/core-site.xml、etc/hadoop/hdfs-site.xml、etc/hadoop/yarn-site.xml 和 etc/hadoop/mapred-site.xml。

此外，用户可以通过 etc/hadoop/hadoop-env.sh、etc/hadoop/mapred-env.sh 和 etc/hadoop/yarn-env.sh 来配置 Hadoop 运行的环境变量。

4）Hadoop 运行的环境。Hadoop 运行的环境变量可能与服务器底层的环境变量有区别，因此需要进行修改配置。例如，配置 Hadoop 运行的环境变量，需要修改 etc/hadoop/hadoop-env.sh，并添加以下代码：

```
export JAVA_HOME=Java 的安装目录
```

在操作系统层面的 Shell 环境配置 HADOOP_HOME 也是非常必要的，需要在操作系统的/etc/profile 中添加如下配置代码：

```
export HADOOP_HOME=Hadoop 的安装目录
```

5）Hadoop 配置参数与配置文件。Hadoop 配置，其对应的配置文件为 etc/hadoop/core-site.xml，Hadoop 配置参数如表 3-2 所示。

表 3-2　Hadoop 配置参数

| 配置参数 | 配置内容 | 说明 |
|---|---|---|
| fs.defaultFS | NameNode RUI | Hdfs://host:port/ |
| io.file.buffer.size | 131072 | SequenceFiles 中使用的读/写缓冲区的大小 |

NameNode 配置，其对应的配置文件为 etc/hadoop/hdfs-site.xml，NameNode 配置参数如表 3-3 所示。

表 3-3　NameNode 配置参数

| 配置参数 | 配置内容 | 说明 |
|---|---|---|
| dfs.namenode.name.dir | NameNode 持久存储命名空间和事务日志的本地文件系统上的路径 | 如果这是一个以逗号分隔的目录列表，则名称表将复制到所有目录中，以实现冗余 |
| dfs.blocksize | 134217728 | 大型文件系统的 HDFS 块大小为 128MB |
| dfs.namenode.handler.count | 100 | 更多的 NameNode 服务器线程来处理来自大量 DataNode 的 RPC |

DataNode 配置，其对应的配置文件为 etc/hadoop/hdfs-site.xml，DataNode 配置参数如表 3-4 所示。

表 3-4　DataNode 配置参数

| 配置参数 | 配置内容 | 说明 |
| --- | --- | --- |
| dfs.datanode.data.dir | 逗号分隔的 DataNode 本地文件系统上的路径列表，它应该在其中存储其块 | 如果这是以逗号分隔的目录列表，则数据将存储在所有命名目录中，通常存储在不同的设备上 |

ResourceManager 配置，其对应的配置文件为 etc/hadoop/yarn-site.xml，ResourceManager 配置参数如表 3-5 所示。

表 3-5　ResourceManager 配置参数

| 配置参数 | 配置内容 | 说明 |
| --- | --- | --- |
| yarn.resourcemanager.address | 客户端提交作业的地址和端口 | host:port 如果设置，则覆盖在 yarn.resourcemanager.hostname 中设置的主机名 |
| yarn.resourcemanager.scheduler.address | ApplicationMasters 与调度程序对话以获取资源的地址和端口 | host:port 如果设置，则覆盖在 yarn.resourcemanager.hostname 中设置的主机名 |
| yarn.resourcemanager.resource-tracker.address | NodeManager 的地址和端口 | host:port 如果设置，则覆盖在 yarn.resourcemanager.hostname 中设置的主机名 |
| yarn.resourcemanager.admin.address | 管理命令的地址和端口 | host:port 如果设置，则覆盖在 yarn.resourcemanager.hostname 中设置的主机名 |
| yarn.resourcemanager.webapp.addres | web-ui 的地址和端口 | host:port 如果设置，则覆盖在 yarn.resourcemanager.hostname 中设置的主机名 |
| yarn.resourcemanager.hostname | ResourceManager 主机 | ResourceManager 主机地址，组件的端口采用默认端口 |
| yarn.resourcemanager.scheduler.class | ResourceManager 调度程序类 | CapacityScheduler（推荐）、FairScheduler（推荐）或 FifoScheduler。使用完全限定的类名 |
| yarn.scheduler.minimum-allocation-mb | 在资源管理器中分配给每个容器请求的最小内存限制 | 以 MB 为单位 |
| yarn.scheduler.maximum-allocation-mb | 在资源管理器分配给每个容器请求的最大内存限制 | 以 MB 为单位 |

NodeManager 配置，其对应的配置文件为 etc/hadoop/yarn-site.xml，NodeManager 配置参数如表 3-6 所示。

表 3-6　NodeManager 配置参数

| 配置参数 | 配置内容 | 说明 |
| --- | --- | --- |
| yarn.nodemanager.resource.memory-mb | NodeManager 的可用物理内存，以 MB 为单位 | 定义 NodeManager 上可供运行容器使用的总可用资源 |

（续表）

| 配置参数 | 配置内容 | 说明 |
|---|---|---|
| yarn.nodemanager.vmem-pmem-ratio | 任务虚拟内存使用量可能超过物理内存的最大比率 | 每个任务的虚拟内存使用量可能会超过其物理内存限制这个比例 |
| yarn.nodemanager.local-dirs | 本地文件系统上写入中间数据的路径 | 多条路径有助于分散磁盘 I/O，使用 SSD 硬盘可提高性能 |
| yarn.nodemanager.aux-services | Mapreduce_shuffle | 需要为 MapReduce 应用程序设置的 Shuffle 服务 |

MapReduce 配置，其对应的配置文件为 etc/hadoop/mapred-site.xml，MapReduce 配置参数如表 3-7 所示。

表 3-7 MapReduce 配置参数

| 配置参数 | 配置内容 | 说明 |
|---|---|---|
| mapreduce.framework.name | yarn | 执行框架使用 Hadoop YARN |
| mapreduce.map.memory.mb | 1536 | Map 任务的内存限制 |
| mapreduce.map.java.opts | -Xmx1024M | Map 任务的 jvm 堆大小 |
| mapreduce.reduce.memory.mb | 3072 | Reduce 任务的内存限制 |
| mapreduce.reduce.java.opts | -Xmx2560M | Reduce 任务的 jvm 堆大小 |
| mapreduce.task.io.sort.mb | 512 | 排序任务的内存缓冲区大小 |
| mapreduce.task.io.sort.factor | 100 | 在排序文件时，每次合并文件的最大数量 |

Worker 节点配置，其对应的配置文件为 etc/hadoop/workers，需要将 Worker 节点信息填入。

## 任务实施

【工作流程】

Hadoop 完全分布式集群部署工作的流程如下。

1）Hadoop 集群规划。

2）操作系统准备。

3）部署 Hadoop 集群。

4）启动 Hadoop 集群。

5）验证 Hadoop 集群。

部署集群

【操作步骤】

### 1. Hadoop 集群规划

本单元会详细地演示在服务器上搭建 Hadoop 完全分布式集群的过程，Hadoop 的版本选择 3.1.1，为了保障顺利地部署并运行 Hadoop 集群，并可以进行基本的大数据开发调试，建议服务器节点的最低配置为 4 核以上的处理器，8GB 以上的内存和至少 100GB 的硬盘空间。

本任务在 3 节点上完成集群部署，其中 1 个 Master 节点，运行所有 Master 的守护进程；2 个 Worker 节点，运行 DataNode 和 NodeManager。首先需要规划 Hadoop 集群的部署架构，涉及各节点的组件的部署节点规划，如表 3-8 所示。

表 3-8　Hadoop 集群部署规划

| 节点类型 | 节点名称 | IP 地址 | 组件 |
| --- | --- | --- | --- |
| Master | master01 | 192.168.137.211 | NameNode<br>SecondaryNameNode<br>ResourceManager |
| Worker | worker01 | 192.168.137.212 | DataNode<br>NodeManager |
| Worker | worker02 | 192.168.137.213 | DataNode<br>NodeManager |

### 2. 操作系统准备

1）安装操作系统。首先在各节点上安装 CentOS 7.×操作系统。操作系统不是本单元的重点，这里不进行介绍。

2）配置 IP 地址。对所有节点配置 IP 地址。对 master01 设备进行 IP 地址配置，worker01 和 worker02 的配置方法类似。通过“ip a”命令查看网卡，并对需要使用的网络设备配置 IP 地址。

查看网卡信息，内容如下：

```
[root@localhost ~]# ip a
1: lo: <LOOPBACK,UP,LOWER_UP> mtu 65536 qdisc noqueue state UNKNOWN group default qlen 1000
    link/loopback 00:00:00:00:00:00 brd 00:00:00:00:00:00
    inet 127.0.0.1/8 scope host lo
       valid_lft forever preferred_lft forever
    inet6 ::1/128 scope host
       valid_lft forever preferred_lft forever
2: ens192: <BROADCAST,MULTICAST,UP,LOWER_UP> mtu 1500 qdisc mq state UP group default qlen 1000
    link/ether 00:50:56:8c:55:3f brd ff:ff:ff:ff:ff:ff
    inet 192.168.137.249/24 brd 192.168.137.255 scope global dynamic ens192
       valid_lft 41291sec preferred_lft 41291sec
    inet6 fe80::250:56ff:fe8c:553f/64 scope link
       valid_lft forever preferred_lft forever
```

其中，ens192 是需要使用的网口。为 ens192 配置 IP 地址，命令如下：

```
[root@localhost ~]# vim /etc/sysconfig/network-scripts/ifcfg-ens192
TYPE=Ethernet
PROXY_METHOD=none
BROWSER_ONLY=no
BOOTPROTO=static
DEFROUTE=yes
IPV4_FAILURE_FATAL=no
```

```
IPV6INIT=no
IPV6_AUTOCONF=no
IPV6_DEFROUTE=no
IPV6_FAILURE_FATAL=no
IPV6_ADDR_GEN_MODE=stable-privacy
NAME=ens192
DEVICE=ens192
ONBOOT=yes
IPADDR=192.168.137.211
NETMASK=255.255.255.0
GATEWAY=192.168.137.1
```

重启网络使配置生效，命令如下：

```
[root@localhost ~]# systemctl restart network
```

3）配置 SSH 免密登录。在 master01 节点生成密钥，命令如下：

```
[root@localhost ~]# ssh-keygen -t rsa
Generating public/private rsa key pair.
Enter file in which to save the key (/root/.ssh/id_rsa):
Created directory '/root/.ssh'.
Enter passphrase (empty for no passphrase):
Enter same passphrase again:
Your identification has been saved in /root/.ssh/id_rsa.
Your public key has been saved in /root/.ssh/id_rsa.pub.
The key fingerprint is:
SHA256:oc9rWcLlhTO/G90LmXDEDqiSz3hGYgvlVZnEpLU93X0
root@localhost.localdomain
The key's randomart image is:
+---[RSA 2048]----+
|        +=o      |
|        +++ o . .|
|     . o.o=+ .E|
|    o o...= *   .|
|   . *.+So * o   |
|    o Ooo o +.o. |
|     o =o+  .=. .|
|      o o.  ... .|
|       ..   .. . |
+----[SHA256]-----+
```

在 master01 节点，将本机的公钥复制到本机和远程机器的 authorized_keys 文件中，命令如下：

```
[root@localhost ~]# ssh-copy-id 192.168.137.211
/usr/bin/ssh-copy-id: INFO: Source of key(s) to be installed:
```

```
"/root/.ssh/id_rsa.pub"
The authenticity of host '192.168.137.211 (192.168.137.211)' can't be
established.
ECDSA key fingerprint is SHA256:QGn+COJdxymOCCBM1Pso3+IiZL7ngwSVqMCESzL+
Xy8.
ECDSA key fingerprint is MD5:06:ef:e1:1b:04:94:ce:b5:5c:df:25:00:02:d2:01:
1b.
Are you sure you want to continue connecting (yes/no)? yes
/usr/bin/ssh-copy-id: INFO: attempting to log in with the new key(s), to filter
out any that are already installed
/usr/bin/ssh-copy-id: INFO: 1 key(s) remain to be installed -- if you are
prompted now it is to install the new keys
root@192.168.137.212's password:

Number of key(s) added: 1

Now try logging into the machine, with:   "ssh '192.168.137.212'"
and check to make sure that only the key(s) you wanted were added.

[root@localhost ~]# ssh-copy-id 192.168.137.212
/usr/bin/ssh-copy-id: INFO: Source of key(s) to be installed:
"/root/.ssh/id_rsa.pub"
The authenticity of host '192.168.137.212 (192.168.137.212)' can't be
established.
ECDSA key fingerprint is SHA256:QGn+COJdxymOCCBM1Pso3+IiZL7ngwSVqMCESzL+
Xy8.
ECDSA key fingerprint is MD5:06:ef:e1:1b:04:94:ce:b5:5c:df:25:00:02:d2:01:
1b.
Are you sure you want to continue connecting (yes/no)? yes
/usr/bin/ssh-copy-id: INFO: attempting to log in with the new key(s), to filter
out any that are already installed
/usr/bin/ssh-copy-id: INFO: 1 key(s) remain to be installed -- if you are
prompted now it is to install the new keys
root@192.168.137.212's password:

Number of key(s) added: 1

Now try logging into the machine, with:   "ssh '192.168.137.212'"
and check to make sure that only the key(s) you wanted were added.

[root@localhost ~]# ssh-copy-id 192.168.137.213
/usr/bin/ssh-copy-id: INFO: Source of key(s) to be installed:
"/root/.ssh/id_rsa.pub"
The authenticity of host '192.168.137.213 (192.168.137.213)' can't be
```

```
established.
    ECDSA key fingerprint is SHA256:QGn+COJdxymOCCBM1Pso3+IiZL7ngwSVqMCESzL+
Xy8.
    ECDSA key fingerprint is MD5:06:ef:e1:1b:04:94:ce:b5:5c:df:25:00:02:d2:01:
1b.
    Are you sure you want to continue connecting (yes/no)? yes
    /usr/bin/ssh-copy-id: INFO: attempting to log in with the new key(s), to filter
out any that are already installed
    /usr/bin/ssh-copy-id: INFO: 1 key(s) remain to be installed -- if you are
prompted now it is to install the new keys
    root@192.168.137.213's password:

    Number of key(s) added: 1

    Now try logging into the machine, with:   "ssh '192.168.137.213'"
    and check to make sure that only the key(s) you wanted were added.
```

4）配置主机名及编写 hosts 文件。所有节点都需要配置主机名，以 master01 节点为例配置主机名，其他节点的配置方法类似。修改后退出重新登录即可显示主机名。

命令如下：

```
[root@localhost ~]# hostnamectl set-hostname master01
[root@localhost ~]# hostname
master01
```

在 master01 节点配置 hosts 文件，命令如下：

```
[root@master01~]# vim /etc/hosts
127.0.0.1   localhost localhost.localdomain localhost4
localhost4.localdomain4
::1         localhost localhost.localdomain localhost6
localhost6.localdomain6
192.168.137.211 master01
192.168.137.212 worker01
192.168.137.213 worker02
```

将 master01 节点的 hosts 文件分发给 worker01 和 worker02 节点，命令如下：

```
[root@master01 ~]# scp /etc/hosts worker01:/etc/hosts
[root@master01 ~]# scp /etc/hosts worker02:/etc/hosts
```

至此，我们在集群中可以通过主机名访问节点。

5）禁用 SELinux。所有节点都要禁用 SELinux，以 master01 节点为例修改 vim /etc/selinux/config，找到 SELINUX 选项并修改为 disabled，重启生效。

命令如下：

```
[root@master01 ~]# vim /etc/selinux/config
```

```
SELINUX=disabled
[root@localhost ~]# reboot
```

6）关闭防火墙。所有节点都要关闭防火墙，以 master01 为例，关闭防火墙。命令如下：

```
[root@master01 ~]# systemctl stop firewalld
[root@master01 ~]# systemctl disable firewalld
```

7）配置时间同步服务。将 master01 节点配置时间同步 server 端，命令如下：

```
[root@master01 ~]# vim /etc/chrony.conf
server master01 iburst
driftfile /var/lib/chrony/drift
makestep 1.0 3
rtcsync
allow 192.168.137.0/24
local stratum 10
logdir /var/log/chrony
```

重启并检查时间服务器的状态，命令如下：

```
[root@master01 ~]# systemctl restart chronyd
[root@master01 ~]# chronyc sources -v
210 Number of sources=1

  .-- Source mode  '^'=server, '='=peer, '#'=local clock.
 / .- Source state '*'=current synced, '+'=combined , '-'=not combined,
| /   '?'=unreachable, 'x'=time may be in error, '~'=time too variable.
||                                                 .- xxxx [ yyyy ] +/- zzzz
||      Reachability register (octal) -.           |  xxxx=adjusted offset,
||      Log2(Polling interval) --.      |          |  yyyy=measured offset,
||                                \     |          |  zzzz=estimated error.
||                                 |    |           \
MS Name/IP address         Stratum Poll Reach LastRx Last sample
===================================================================
^* master01                   10   6     7     2    -14ns[-2829ns] +/- 7134ns
```

将其他节点的时间服务器配置为 master01，以 worker01 为例配置时间同步。命令如下：

```
[root@worker01 ~]# vim /etc/chrony.conf
server master01 iburst
driftfile /var/lib/chrony/drift
makestep 1.0 3
rtcsync
logdir /var/log/chrony
```

重启并检查是否可更新时间。命令如下：

```
[root@worker01 ~]# systemctl restart chronyd
```

```
[root@worker01 ~]# chronyc sources -v
210 Number of sources=1
  .-- Source mode  '^'=server, '='=peer, '#'=local clock.
 / .- Source state '*'=current synced, '+'=combined , '-'=not combined,
| /   '?'=unreachable, 'x'=time may be in error, '~'=time too variable.
||                                                 .- xxxx [ yyyy ] +/- zzzz
||      Reachability register (octal) -.           |  xxxx=adjusted offset,
||      Log2(Polling interval) --.      |          |  yyyy=measured offset,
||                                \     |          |  zzzz=estimated error.
||                                 |    |           \
MS Name/IP address         Stratum Poll Reach LastRx Last sample
===============================================================================
^* master01                  11   6    17    17   +708ns[  +40us] +/-  546us
```

### 3. 部署 Hadoop 集群

1）配置 Java 环境。所有节点都需要安装 Java 环境。以 master01 为例，安装 Java 8 版本的 openjdk，命令如下：

```
[root@master01 ~]# yum install -y java-1.8.0-openjdk*
```

将 JAVA_HOME 环境变量的值配置为“/usr/lib/jvm/java”。

2）下载并解压 Hadoop 安装包。在 master01 节点上下载 hadoop-3.1.1.tar.gz 文件，解压并放到/opt/目录下。修改配置后，后续分发到其他节点。

命令如下：

```
[root@master01 ~]# cd /opt/
[root@master01 ~]# tar -zxvf hadoop-3.1.1.tar.gz
[root@master01 ~]# mv hadoop-3.1.1 /opt/hadoop
```

3）设置 Hadoop 运行的环境变量。在 master01 节点修改 hadoop-env.sh 配置文件，添加如下配置项，设置 Hadoop 运行的环境变量，后续分发到其他节点。

命令如下：

```
[root@master01 hadoop]# vim /opt/hadoop/etc/hadoop/hadoop-env.sh
export JAVA_HOME=/usr/lib/jvm/java
export HADOOP_HOME=/opt/hadoop
```

在 hadoop-env.sh 中配置操作用户，命令如下：

```
[root@master01 hadoop]# vim /opt/hadoop/etc/hadoop/hadoop-env.sh
export HDFS_NAMENODE_USER="root"
export HDFS_DATANODE_USER="root"
export HDFS_SECONDARYNAMENODE_USER="root"
export YARN_RESOURCEMANAGER_USER="root"
export YARN_NODEMANAGER_USER="root"
```

4）设置 Hadoop core-site 配置。在 master01 节点修改 core-site.xml 配置文件，后续分发到其他节点。

命令如下：

```
[root@master01 hadoop]# vim /opt/hadoop/etc/hadoop/core-site.xml
<configuration>
    <property>
        <name>fs.defaultFS</name>
        <value>hdfs://master01:9000</value>
        <description>hdfs 主节点</description>
    </property>
   <property>
        <name>hadoop.tmp.dir</name>
        <value>/hadoop/namenode/tmp</value>
        <description>hadoop 运行过程中产生的临时文件保存目录</description>
    </property>
</configuration>
```

5）修改 hdfs-site.yml 配置文件。在 master01 节点设置 NameNode 配置和 DataNode 配置，后续分发到其他节点。

命令如下：

```
[root@master01 hadoop]# vim /opt/hadoop/etc/hadoop/hdfs-site.yml
<configuration>
    <property>
        <name>dfs.name.dir</name>
        <value>/hadoop/namenode/data</value>
        <description>namenode 上存储 HDFS 名称空间的元数据 </description>
    </property>
    <property>
        <name>dfs.data.dir</name>
        <value>/hadoop/datanode/data01,/hadoop/datanode/data02</value>
        <description>datanode 上数据块的物理存储位置</description>
    </property>
    <property>
        <name>dfs.replication</name>
        <value>2</value>
<description>
<!--副本数量,一般设置为 3。这里使用 2 个 Worker 节点,故设置为 2-->
</description>
    </property>
    <property>
        <name>dfs.namenode.secondary.http-address</name>
        <value>master01:50090</value>
<description>
```

```
secondarynamenode 运行的节点
</description>
    </property>
</configuration>
```

6）修改 yarn-site.xml 配置文件。在 master01 节点设置 YARN 的 ResorceManager 和 NodeManager 配置，后续分发到其他节点。

命令如下：

```
[root@master01 hadoop]# vim /opt/hadoop/etc/hadoop/yarn-site.xml
<configuration>
<property>
<name>yarn.resourcemanager.hostname</name>
<value>master01</value>
<description>resourcemanager 运行节点</description>
</property>
<property>
<name>yarn.nodemanager.aux-services</name>
<value>mapreduce_shuffle</value>
<description>YARN 集群为 MapReduce 程序提供的 shuffle 服务</description>
</property>
</configuration>
```

添加 yarn.application.classpath 参数，获取 classpath 参数值的方法如下：

```
[root@master01 hadoop]# hadoop classpath
/opt/hadoop/etc/hadoop:/opt/hadoop/share/hadoop/common/lib/*:/opt/hadoop
/share/hadoop/common/*:/opt/hadoop/share/hadoop/hdfs:/opt/hadoop/share/hadoop
/hdfs/lib/*:/opt/hadoop/share/hadoop/hdfs/*:/opt/hadoop/share/hadoop/mapreduce
/lib/*:/opt/hadoop/share/hadoop/mapreduce/*:/opt/hadoop/share/hadoop/yarn:/opt
/hadoop/share/hadoop/yarn/lib/*:/opt/hadoop/share/hadoop/yarn/*
```

将输出值加入 yarn-site.xml 配置文件中，命令如下：

```
    <property>
        <name>yarn.application.classpath</name>
<value>/opt/hadoop/etc/hadoop:/opt/hadoop/share/hadoop/common/lib/*:/opt/hadoop
/share/hadoop/common/*:/opt/hadoop/share/hadoop/hdfs:/opt/hadoop/share/hadoop
/hdfs/lib/*:/opt/hadoop/share/hadoop/hdfs/*:/opt/hadoop/share/hadoop/mapreduce
/lib/*:/opt/hadoop/share/hadoop/mapreduce/*:/opt/hadoop/share/hadoop/yarn:/opt
/hadoop/share/hadoop/yarn/lib/*:/opt/hadoop/share/hadoop/yarn/*
</value>
    </property>
```

7）修改 mapred-site.xml 配置文件。在 master01 节点设置 mapreduce 的配置项，后续分发到其他节点。

命令如下：

```
[root@master01 hadoop]# vim /opt/hadoop/etc/hadoop/mapred-site.xml
<configuration>
<property>
<name>mapreduce.framework.name</name>
<value>yarn</value>
<description>
<!--指定 MapReduce 程序运行在 YARN 上,YARN 作为资源调度模型-->
</description>
</property>
</configuration>
```

8）配置 Worker 节点信息。在 master01 节点上配置相关信息，后续分发到其他节点。命令如下：

```
[root@master01 hadoop]# vim /opt/hadoop/etc/hadoop/workers
worker01
worker02
```

9）分发安装配置文件。在 Master 节点，将 Hadoop 安装包及配置文件分发到其他节点。命令如下：

```
[root@master01 hadoop]# scp -r /opt/hadoop worker01:/opt/
[root@master01 hadoop]# scp -r /opt/hadoop worker02:/opt/
```

### 4. 配置 profile

为了方便用户使用，在 profile 中添加 HADOOP_HOME 环境变量，命令如下：

```
[root@master01 ~]# vim /etc/profile
HADOOP_HOME=/opt/hadoop
export PATH=$PATH:$HADOOP_HOME/bin
[root@master01 ~]# source /etc/profile
```

### 5. 启动 Hadoop 集群

首次使用 Hadoop，需要对 HDFS 进行格式化，在 master01 上进行 HDFS 格式化操作，命令如下：

```
[root@master01 hadoop]# hadoop namenode -format
```

启动 Hadoop 集群，命令如下：

```
[root@master01 ~]# /opt/hadoop/sbin/start-all.sh
Starting namenodes on [master01]
Last login: Wed Nov 10 21:25:08 EST 2021 from master01 on pts/3
Starting datanodes
Last login: Wed Nov 10 21:25:13 EST 2021 on pts/2
Starting secondary namenodes [master01]
Last login: Wed Nov 10 21:25:15 EST 2021 on pts/2
Starting resourcemanager
Last login: Wed Nov 10 21:25:18 EST 2021 on pts/2
```

```
Starting nodemanagers
Last login: Wed Nov 10 21:25:22 EST 2021 on pts/2
```

### 6. 验证 Hadoop 集群

查看 master01 节点上启动的进程，命令如下：

```
[root@master01 ~]# jps
19650 NameNode
31685 Jps
19926 SecondaryNameNode
20187 ResourceManager
```

查看 worker01 节点上启动的进程，命令如下：

```
[root@worker01 ~]# jps
13991 DataNode
27594 Jps
14107 NodeManager
```

查看 worker02 节点上启动的进程，命令如下：

```
[root@worker02 ~]# jps
14018 NodeManager
27462 Jps
13902 DataNode
```

## 任务评价

任务考核评价表

| 任务名称：搭建 Hadoop 集群 | | | | | |
|---|---|---|---|---|---|
| 班级： | 学号： | 姓名： | | 日期： | |
| 评价内容 | 评价标准 | 评价方式 | | 分值 | 得分 |
| | | 小组评价（权重为 0.3） | 导师评价（权重为 0.7） | | |
| 职业素养 | 1）遵守学校管理规定，遵守纪律，按时完成工作任务<br>2）考勤情况<br>3）工作态度积极、勤学好问 | | | 20 | |
| 专业能力 | 1）掌握 Hadoop 集群的体系结构<br>2）掌握 Hadoop 集群中不同进程的功能<br>3）掌握 Hadoop 集群规划的能力<br>4）能够正确搭建并运行 Hadoop 集群环境 | | | 70 | |

（续表）

| 评价内容 | 评价标准 | 评价方式 | | 分值 | 得分 |
|---|---|---|---|---|---|
| | | 小组评价（权重为 0.3） | 导师评价（权重为 0.7） | | |
| 创新能力 | 1）能提出新方法或应用新技术等<br>2）其他类型的创新性业绩 | | | 10 | |
| 总分合计 | | | | | |
| 指导教师综合评语 | 指导教师签名：　　　　日期： | | | | |

# 任务 3.2　监控 Hadoop 集群

## 任务情境

监控 HDFS

**【任务场景】**

经理：小张，我们的 Hadoop 集群搭建起来了，很多同事需要了解集群的基本信息，如存储空间，另外运维人员需要实时了解集群的运行状况。

小张：可以通过 Hadoop 的 Web UI 查看集群的基本信息、HDFS 的故障信息和 MapReduce 执行的情况。我整理一下相应的资料，尽快给大家讲解。

**【任务布置】**

通过 Web UI 查看 Hadoop 集群的基本信息、HDFS 存储的使用情况及 MapReduce 任务的运行情况。

## 知识准备

当启动 Hadoop 集群时，可以通过 Web UI 来查看 HDFS 和 YARN 的状态，以及集群运行的状态。Hadoop 常用的 Web UI 端口如表 3-9 所示。

表 3-9　Hadoop 常用的 WebUI 端口

| 应用 | Hadoop 2.×端口 | Hadoop 3.×端口 |
|---|---|---|
| NameNode Http WebUI | 50070 | 9870 |
| DataNode Http WebUI | 50075 | 9864 |
| ResourceManager Http WebUI | 8088 | 8088 |
| NodeManager Http WebUI | 8042 | 8042 |

### 1. NameNode Web UI

master01 节点部署了 NameNode，可以通过 http://master01:9870 来查看 HDFS 的运行状态。NameNode Web UI 中包含“Overview”、“Datanodes”、“Datanode Volume Failures”、“Snapshot”、“Startup Progress”和“Utilities”选项，下面介绍几个常用的选项。

如图 3-2 所示，在“Overview”选项中展示集群概览、集群概要信息、NameNode Journal 的状态、NameNode 元数据存储的状态和 HDFS 数据存储的概要信息。

Overview 'master01:9000' (active)

| Started: | Thu Nov 11 10:58:22 +0800 2021 |
|---|---|
| Version: | 3.1.1, r2b9a8c1d3a2caf1e733d57f346af3ff0d5ba529c |
| Compiled: | Thu Aug 02 12:26:00 +0800 2018 by leftnoteasy from branch-3.1.1 |
| Cluster ID: | CID-359d7604-2876-4ab0-ab14-b74dbbed55f5 |
| Block Pool ID: | BP-18035900-192.168.137.211-1636594920809 |

Summary

Security is off.

Safemode is off.

34 files and directories, 20 blocks (20 replicated blocks, 0 erasure coded block groups) = 54 total filesystem object(s).

Heap Memory used 251.82 MB of 373 MB Heap Memory. Max Heap Memory is 1.7 GB.

Non Heap Memory used 68.89 MB of 70.81 MB Commited Non Heap Memory. Max Non Heap Memory is <unbounded>.

| Configured Capacity: | 53.54 GB |
|---|---|
| Configured Remote Capacity: | 0 B |
| DFS Used: | 4.09 MB (0.01%) |
| Non DFS Used: | 12.14 GB |
| DFS Remaining: | 41.39 GB (77.31%) |
| Block Pool Used: | 4.09 MB (0.01%) |
| DataNodes usages% (Min/Median/Max/stdDev): | 0.01% / 0.01% / 0.01% / 0.00% |
| Live Nodes | 2 (Decommissioned: 0, In Maintenance: 0) |
| Dead Nodes | 0 (Decommissioned: 0, In Maintenance: 0) |
| Decommissioning Nodes | 0 |
| Entering Maintenance Nodes | 0 |
| Total Datanode Volume Failures | 0 (0 B) |
| Number of Under-Replicated Blocks | 6 |
| Number of Blocks Pending Deletion | 0 |
| Block Deletion Start Time | Thu Nov 11 10:58:22 +0800 2021 |
| Last Checkpoint Time | Thu Nov 11 15:59:29 +0800 2021 |

NameNode Journal Status

Current transaction ID: 283

| Journal Manager | State |
|---|---|
| FileJournalManager(root=/hadoop/namenode/data) | EditLogFileOutputStream(/hadoop/namenode/data/current/edits_inprogress_0000000000000000283) |

NameNode Storage

| Storage Directory | Type | State |
|---|---|---|
| /hadoop/namenode/data | IMAGE_AND_EDITS | Active |

DFS Storage Types

| Storage Type | Configured Capacity | Capacity Used | Capacity Remaining | Block Pool Used | Nodes In Service |
|---|---|---|---|---|---|
| DISK | 53.54 GB | 4.09 MB (0.01%) | 41.39 GB (77.31%) | 4.09 MB | 2 |

图 3-2 “Overview”选项

通过“Overview”选项，可以了解集群的基本信息和运行状态，包括集群存储空间的使用情况、剩余空间等。

在“Datanode”选项中显示 DataNode 节点的信息，包括正在运行的节点、进入维护状态的节点等，还可以查看每个 DataNode 节点的基本信息。

如图 3-3 所示，在“Datanode Volume Failures”选项中，当数据卷出现故障时，此选项中可显示故障信息，帮助我们排查问题。其显示的故障信息包括节点名、故障时间、故障卷数量、估计丢失的容量和故障卷位置。

如图 3-4 所示，在“Startup Progress”选项中，记录 NameNode 启动的过程，以及是否启动成功、启动花费的时间等。

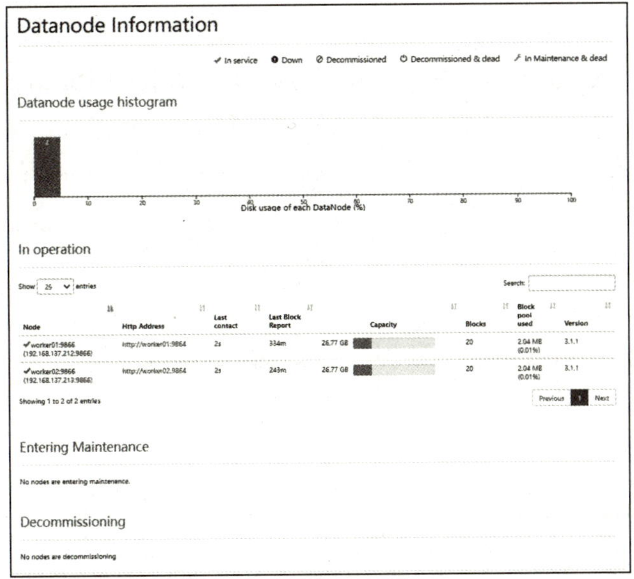


图 3-3　“Datanode Volume Failures”选项

## Startup Progress

Elapsed Time: 33 sec, Percent Complete: 100%

| Phase | Completion | Elapsed Time |
| --- | --- | --- |
| **Loading fsimage /hadoop/namenode/data/current/fsimage_0000000000000000103 1.97 KB** | **100%** | **0 sec** |
| erasure coding policies (0/0) | 100% | |
| inodes (22/22) | 100% | |
| delegation tokens (0/0) | 100% | |
| cache pools (0/0) | 100% | |
| **Loading edits** | **100%** | **0 sec** |
| /hadoop/namenode/data/current/edits_0000000000000000104-0000000000000000104 1 MB (1/1) | 100% | |
| **Saving checkpoint** | **100%** | **0 sec** |
| **Safe mode** | **100%** | **32 sec** |
| awaiting reported blocks (13/13) | 100% | |

图 3-4　“Startup Progress”选项

如图 3-5 所示，在选择“Utilities”→“Browse the file system”选项，在打开的页面中可以使用浏览器来查看 HDFS 文件系统的文件，并可以上传或下载文件。

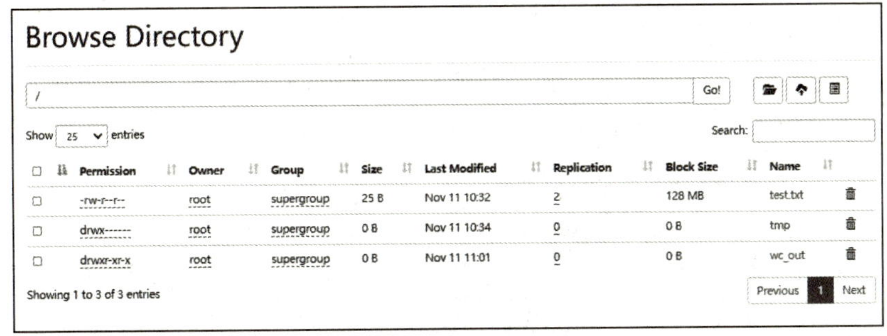


图 3-5　Browse the file system 页面

## 2. DataNode WebUI

如图 3-6 所示，在 DataNode Web UI 中，可以查看访问的 DataNode 的块信息和数据卷信息。

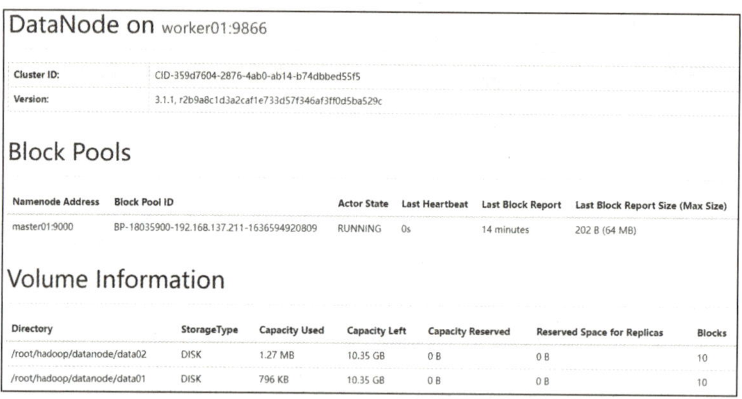


图 3-6　DataNode Web UI

1）ResourceManager Web UI。如图 3-7 所示，在 ResourceManager Web UI 中，可以看到任务的执行情况及 YARN 的状态信息，并可以查看每个任务的详细执行信息。

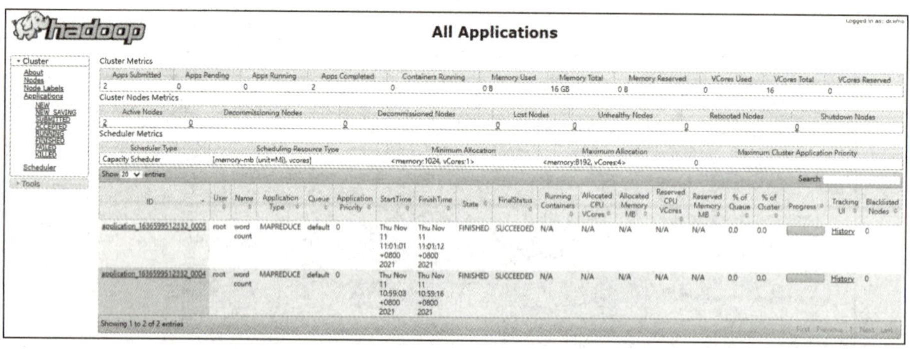


图 3-7　HDFS ResourceManager Web UI

2）NodeManager Web UI。如图 3-8 所示，在 NodeManager Web UI 中，可以看到 NoteManager 的基本信息和正在运行的任务情况。

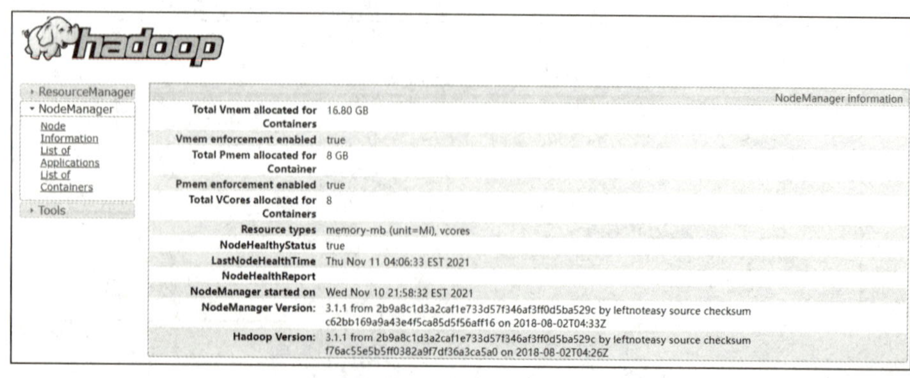


图 3-8　NodeManager Web UI

## 任务实施

监控 MapReduce 运行

【工作流程】

1）查看 HDFS 文件系统的容量大小和使用率。

2）在 HDFS 中创建/upload 文件夹，通过 Web 界面上传文件到此文件夹。

3）启动一个 WordCount 任务。

4）在 ResourceManager 的 Web UI 中查看 WordCount 任务执行的状态，并查看执行所消耗的时间。

【操作步骤】

1）查看 HDFS 文件系统的容量大小和使用率。访问“http://master01:9870”可以直接查看文件系统的容量大小和使用率。在“Summary”选项中，“Configured Capacity”显示的是 HDFS 的配置容量，“DFS Used”显示已使用的空间和使用率。HDFS 基本信息统计如图 3-9 所示。

Summary

Security is off.

Safemode is off.

34 files and directories, 20 blocks (20 replicated blocks, 0 erasure coded block groups) = 54 total filesystem object(s).

Heap Memory used 114.71 MB of 384.5 MB Heap Memory. Max Heap Memory is 1.7 GB.

Non Heap Memory used 70.34 MB of 72.13 MB Commited Non Heap Memory. Max Non Heap Memory is <unbounded>.

| | |
|---|---|
| Configured Capacity: | 53.54 GB |
| Configured Remote Capacity: | 0 B |
| DFS Used: | 4.09 MB (0.01%) |
| Non DFS Used: | 12.14 GB |
| DFS Remaining: | 41.39 GB (77.31%) |
| Block Pool Used: | 4.09 MB (0.01%) |
| DataNodes usages% (Min/Median/Max/stdDev): | 0.01% / 0.01% / 0.01% / 0.00% |
| Live Nodes | 2 (Decommissioned: 0, In Maintenance: 0) |
| Dead Nodes | 0 (Decommissioned: 0, In Maintenance: 0) |
| Decommissioning Nodes | 0 |
| Entering Maintenance Nodes | 0 |
| Total Datanode Volume Failures | 0 (0 B) |
| Number of Under-Replicated Blocks | 6 |
| Number of Blocks Pending Deletion | 0 |
| Block Deletion Start Time | Thu Nov 11 10:58:22 +0800 2021 |
| Last Checkpoint Time | Thu Nov 11 16:59:29 +0800 2021 |

图 3-9　HDFS 基本信息统计

2）在 HDFS 中创建/upload 文件夹，通过 Web 浏览器上传文件到此文件夹。通过命令行创建/upload 文件夹并修改权限，命令如下：

```
[root@master01 hadoop]# hdfs dfs -mkdir /upload
[root@master01 hadoop]# hdfs dfs -chmod 777 /upload
[root@master01 hadoop]# hdfs dfs -ls /
Found 4 items
```

```
-rw-r--r--   2 root supergroup         25 2021-11-11 10:32 /test.txt
drwx------   - root supergroup          0 2021-11-11 10:34 /tmp
drwxrwxrwx   - root supergroup          0 2021-11-11 17:51 /upload
drwxr-xr-x   - root supergroup          0 2021-11-11 11:01 /wc_out
```

当前 Web 浏览器 Browse Directory 的显示结果如图 3-10 所示。

Browse Directory

/ Go!

Show 25 entries Search:

| Permission | Owner | Group | Size | Last Modified | Replication | Block Size | Name |
|---|---|---|---|---|---|---|---|
| -rw-r--r-- | root | supergroup | 25 B | Nov 11 10:32 | 2 | 128 MB | test.txt |
| drwx------ | root | supergroup | 0 B | Nov 11 10:34 | 0 | 0 B | tmp |
| drwxrwxrwx | root | supergroup | 0 B | Nov 11 17:51 | 0 | 0 B | upload |
| drwxr-xr-x | root | supergroup | 0 B | Nov 11 11:01 | 0 | 0 B | wc_out |

Showing 1 to 4 of 4 entries Previous 1 Next

图 3-10 Web 浏览器 Browse Directory 的显示结果

在 Web 浏览器中，选择“Utilities”→“Browse the file system”选项，在打开的页面中选择 upload 目录。单击上传按钮，上传 Hadoop 安装文件到 upload 目录，如图 3-11 所示。注意，若使用非集群内的设备进行上传操作，则需要配置 hosts 文件，添加所有 Master 和 Worker 节点的信息，否则上传失败。

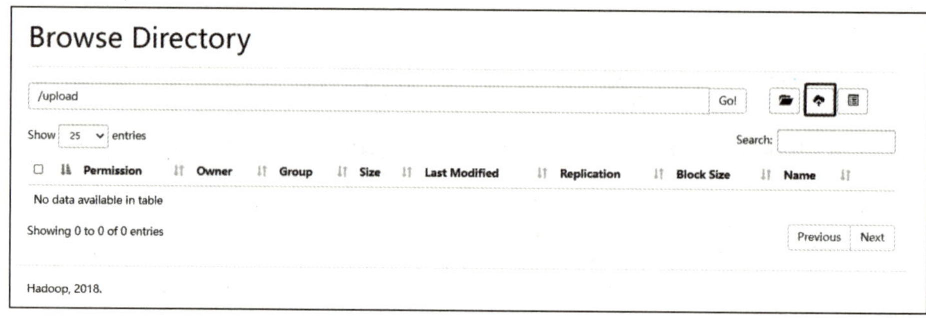


图 3-11 在 Web 浏览器中上传文件

上传完成后，Web 浏览器 Browse Directory 的显示结果如图 3-12 所示。

Browse Directory

/upload Go!

Show 25 entries Search:

| Permission | Owner | Group | Size | Last Modified | Replication | Block Size | Name |
|---|---|---|---|---|---|---|---|
| -rw-r--r-- | dr.who | supergroup | 319.06 MB | Nov 11 17:58 | 2 | 128 MB | hadoop-3.1.1.tar.gz |

Showing 1 to 1 of 1 entries Previous 1 Next

图 3-12 上传完成后，Web 浏览器 Browse Directory 的显示结果

3）启动一个 WordCount 任务，在 YARN 的 Web UI 中查看 WordCount 任务执行的情况，命令如下：

```
[root@master01 ~]# hadoop jar /opt/hadoop/share/hadoop/mapreduce/hadoop-mapreduce-examples-3.1.1.jar wordcount /test.txt /wc_out1
```

4）在 ResourceManager 的 Web UI 中查看 WordCount 任务执行的状态，并查看执行所消耗的时间。

打开 YARN ResourceManager 的 Web UI，找到执行的任务。MapReduce 任务列表如图 3-13 所示。

Cluster Metrics

| Apps Submitted | Apps Pending | Apps Running | Apps Completed | Containers Running | Memory Used | Memory Total | Memory Reserved | VCores Used | VCores Total | VCores Reserved |
|---|---|---|---|---|---|---|---|---|---|---|
| 3 | 0 | 0 | 3 | 0 | 0 B | 16 GB | 0 B | 0 | 16 | 0 |

Cluster Nodes Metrics

| Active Nodes | Decommissioning Nodes | Decommissioned Nodes | Lost Nodes | Unhealthy Nodes | Rebooted Nodes | Shutdown Nodes |
|---|---|---|---|---|---|---|
| 2 | 0 | 0 | 0 | 0 | 0 | 0 |

Scheduler Metrics

| Scheduler Type | Scheduling Resource Type | Minimum Allocation | Maximum Allocation | Maximum Cluster Application Priority |
|---|---|---|---|---|
| Capacity Scheduler | [memory-mb (unit=Mi), vcores] | <memory:1024, vCores:1> | <memory:8192, vCores:4> | 0 |

Show 20 entries　　Search:

| ID | User | Name | Application Type | Queue | Application Priority | StartTime | FinishTime | State | FinalStatus | Running Containers | Allocated CPU VCores | Allocated Memory MB | Reserved CPU VCores | Reserved Memory MB | % of Queue | % of Cluster | Progress | Tracking UI | Blacklisted Nodes |
|---|---|---|---|---|---|---|---|---|---|---|---|---|---|---|---|---|---|---|---|
| application_1636599512332_0006 | root | word count | MAPREDUCE | default | 0 | Thu Nov 11 18:02:29 +0800 2021 | Thu Nov 11 18:02:41 +0800 2021 | FINISHED | SUCCEEDED | N/A | N/A | N/A | N/A | N/A | 0.0 | 0.0 | | History | 0 |
| application_1636599512332_0005 | root | word count | MAPREDUCE | default | 0 | Thu Nov 11 11:01:01 +0800 2021 | Thu Nov 11 11:01:12 +0800 2021 | FINISHED | SUCCEEDED | N/A | N/A | N/A | N/A | N/A | 0.0 | 0.0 | | History | 0 |
| application_1636599512332_0004 | root | word count | MAPREDUCE | default | 0 | Thu Nov 11 10:59:03 +0800 2021 | Thu Nov 11 10:59:16 +0800 2021 | FINISHED | SUCCEEDED | N/A | N/A | N/A | N/A | N/A | 0.0 | 0.0 | | History | 0 |

Showing 1 to 3 of 3 entries　　First Previous 1 Next Last

图 3-13　MapReduce 任务列表

此任务执行成功，执行时间为 11 秒。MapReduce 任务内容如图 3-14 所示。

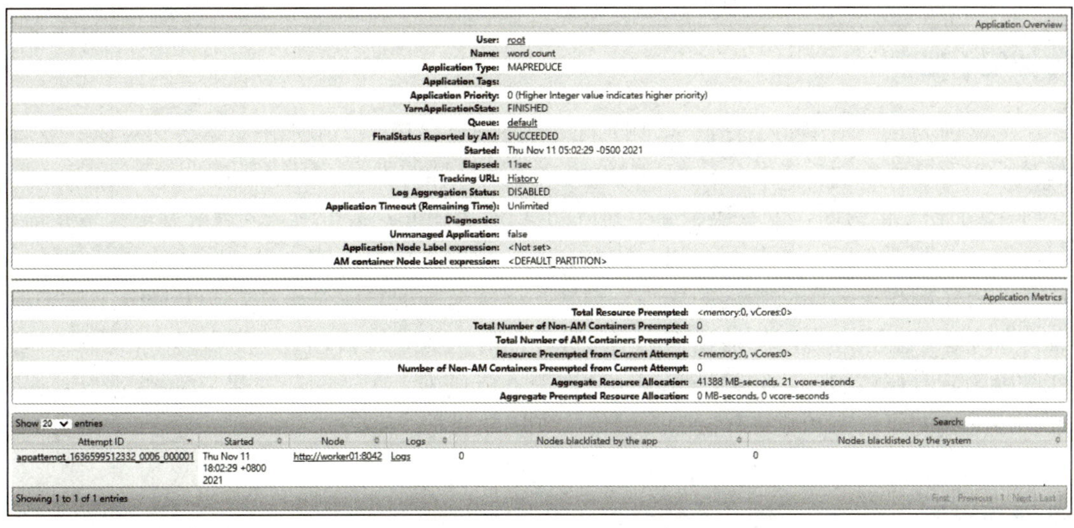


图 3-14　MapReduce 任务内容

## 任务评价

任务考核评价表

<table>
<tr><td colspan="6">任务名称：监控 Hadoop 集群</td></tr>
<tr><td>班级：</td><td>学号：</td><td colspan="2">姓名：</td><td colspan="2">日期：</td></tr>
<tr><td rowspan="2">评价内容</td><td rowspan="2">评价标准</td><td colspan="2">评价方式</td><td rowspan="2">分值</td><td rowspan="2">得分</td></tr>
<tr><td>小组评价（权重为 0.3）</td><td>导师评价（权重为 0.7）</td></tr>
<tr><td>职业素养</td><td>1）遵守学校管理规定，遵守纪律，按时完成工作任务<br>2）考勤情况<br>3）工作态度积极、勤学好问</td><td></td><td></td><td>20</td><td></td></tr>
<tr><td>专业能力</td><td>1）能够通过 Hadoop Web UI 查看 HDFS 的基本信息<br>2）能够通过 Hadoop Web UI 上传文件到 HDFS<br>3）能够通过 Web UI 查看 MapReduce 任务</td><td></td><td></td><td>70</td><td></td></tr>
<tr><td>创新能力</td><td>1）能提出新方法或应用新技术等<br>2）其他类型的创新性业绩</td><td></td><td></td><td>10</td><td></td></tr>
<tr><td>总分合计</td><td colspan="5"></td></tr>
<tr><td>指导教师综合评语</td><td colspan="5">指导教师签名：　　　　　　　　日期：</td></tr>
</table>

## 拓展小课堂

团队的力量：本单元中我们学习的 Hadoop 集群通过多个节点的紧密协作可以完成海量数据的存储和处理。在当今社会，我们更要重视集群的力量。团结可以把渺小变成巨大，“一双筷子轻轻被折断，十双筷子牢牢抱成团”。所谓团队，是指一些才能互补、团结和谐、目标统一、职责分工、相互配合的一群人。团队精神是指团队成员为了团队的利益与目标而相互协作的作风。团队精神的核心是奉献，团队精神的精髓是承诺。在专业分工越来越细、市场竞争越来越激烈的前提下，单打独斗的时代已经过去，合作变得越来越重要，时代呼唤团队合作精神。团队精神强调团队内部各成员为了团队的共同利益而紧密协作，从而构成强大的凝聚力和整体作战力，最终实现团队目标。

## 单元总结

通过本单元的学习，学生应理解 Hadoop 集群的架构，了解 Hadoop 集群架构的特点，了解 Hadoop 各组件的功能。此外，要能够自主完成 Hadoop 集群的部署规划和集群搭建，还要能够通过 Web UI 查看集群状态。

## 在线测试

### 一、单选题

1．下列程序负责 HDFS 数据存储的是（　　）。

A．NameNode　　B．ResourceManager

C．Datanode　　D．SecondaryNameNode

E．NodeManager

2．HDFS 中的 block 默认保存（　　）。

A．3 份　　B．2 份　　C．1 份　　D．不确定

3．下列关于 SecondaryNameNode 的说法，正确的是（　　）。

A．它是 NameNode 的热备

B．它对内存没有要求

C．它的目的是帮助 NameNode 合并编辑日志，减少 NameNode 的启动时间

D．SecondaryNameNode 应与 NameNode 部署到一个节点

4．Hadoop 的作者是（　　）。

A．Martin Fowler　　B．Kent Beck

C．Doug Cutting　　D．James Gosling

5．下列（　　）属性是在 hdfs-site.xml 中进行配置的。

A．dfs.replication　　B．fs.defaultFS

C．mapreduce.framework.name　　D．yarn.resourcemanager.address

### 二、多选题

1．下列属于 Hadoop 集群的特点的是（　　）。

A．高容错性　　B．高效性　　C．高可靠性　　D．高扩展性

2．下列（　　）进程是 HDFS 的进程。

A．DataNode　　B．NameNode　　C．NodeManager　　D．ResourceManager

### 三、判断题

1．HDFS 的 DataNode 用于存储文件系统及数据块的元数据。（　　）

2．HDFS 最多可以设置 3 个副本。（　　）

## 技能训练

规划一个 3 节点的 Hadoop 集群，考虑 NameNode、ResourceManager、DataNode、NodeManager 节点的分配。

1）从 0 开始搭建 3 节点 Hadoop 集群并运行，检查 Hadoop 集群各进程的启动情况是否与规划的一致。

2）通过 Web UI 查看 HDFS 的规划空间和剩余空间。

3）启动 WordCount 任务，通过 Web UI 查看 MapReduce 任务的运行信息。

# 单元 4　HDFS 分布式存储

## 学习目标

通过本单元的学习，学生应掌握 HDFS 的原理和体系架构，掌握 HDFS 文件系统的 Shell 操作，掌握 HDFS 的基本运维操作，掌握 HDFS 文件系统的 Java 编程操作；并可培养学生使用 HDFS 的技能，以及学生的动手实操的能力。

## 知识图谱

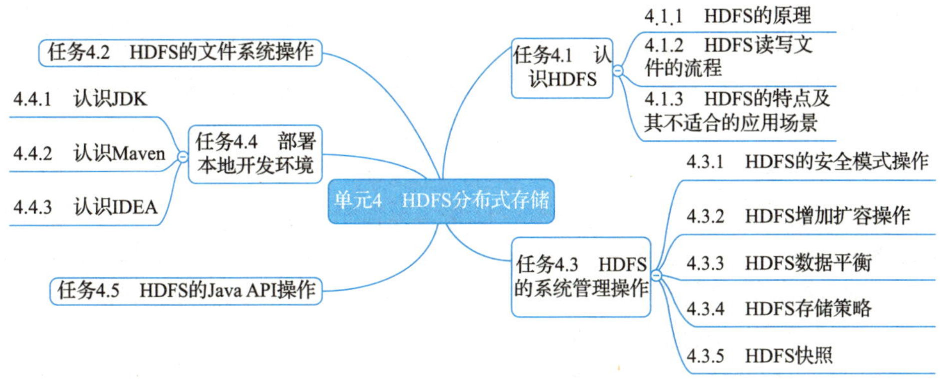


## 任务 4.1　认识 HDFS

### 任务情境

HDFS 的操作方法

【任务场景】

经理：小张，我们的大数据环境已经搭建起来了，你整理一下 Hadoop 的数据存储策略并分享给大家吧。

小张：HDFS 会先将大文件分割成数据块，将数据块写入数据节点中。HDFS 默认将数据块存储 3 份来保障数据的安全性。

经理：HDFS 的这个特性真不错，它 3 个副本的策略保证了数据的安全性。那 HDFS 还有什么其他特性吗？你总结一下吧。

小张：HDFS 通过副本放置策略和机架感知策略的作用，提高了数据存放的安全性，同时，HDFS 尝试满足来自最接近读取器的副本的读取请求来提高数据访问的性能。这方面我统一总结一下吧。

【任务布置】

了解 HDFS 原理及体系架构，理解 HDFS 数据存储的副本存放策略，理解 HDFS 文件读写的流程。

## 知识准备

### 4.1.1 HDFS 的原理

HDFS 被设计成适合运行在通用硬件上的分布式文件系统。HDFS 是一个具有高度容错性的系统，适合部署在廉价的机器上。它能够提供高吞吐量的数据访问，非常适合大规模数据集上的存储。

HDFS 总的设计思想是分而治之：将大文件、大批量文件，分布式地存放在大量独立的服务器上，以便于采取分而治之的方式对海量数据进行运算、分析。

HDFS 支持传统的分层文件组织。用户或应用程序可以创建目录并将文件存储在这些目录中。文件系统命名空间的层次结构与大多数其他现有文件的系统相似；可以创建和删除文件，将文件从一个目录移动到另一个目录，或重命名文件。HDFS 支持用户配额和访问权限，不支持硬链接或软链接。但是，HDFS 架构并不排除实现这些功能。

虽然 HDFS 遵循文件系统的命名约定，但保留了一些路径和名称（如/.reserved 和.snapshot）功能，如透明加密和快照等特性使用保留路径。

NameNode 维护文件系统命名空间。NameNode 记录对文件系统命名空间或其属性的任何更改。应用程序可以指定应该由 HDFS 维护的文件副本数。文件的副本数称为该文件的复制因子，此信息由 NameNode 存储。

从最终用户的角度来看，它就像传统的文件系统一样，可以通过目录路径对文件执行 CRUD（Create、Read、Update 和 Delete）操作。

HDFS 是一个主从体系结构，HDFS 体系结构中包含 3 类组件，分别是 NameNode、DataNode 和 SecondaryNameNode。

1）NameNode：HDFS 的守护进程，用来管理文件系统的命名空间和客户端对文件的访问。它负责记录文件是如何被分割成数据块的，以及数据块被存储到哪些 DataNode 中。

2）DataNode：负责存储和提取数据块，读写请求可能来自 NameNode，也可能直接来自客户端。数据节点周期性地向 NameNode 汇报自己节点上所存储的数据块相关信息。

3）SecondaryNameNode：定期合并主 NameNode 上的 namespace image 和 edit log，避免 edit log 过大，通过创建检查点 checkpoint 来合并。它会维护一个合并后的 namespace image 副本，可用于在 NameNode 完全崩溃时恢复数据。

客户端通过与 NameNode 和 DataNodes 的交互访问文件系统，客户端联系 NameNode 以获取文件的元数据，而真正的文件 I/O 操作是直接和 DataNode 进行交互的。

HDFS 旨在跨大型集群中的计算机可靠地存储非常大的文件。它将每个文件存储为一个块序列，数据块是 HDFS 上存储数据的基本单位。复制文件的块以实现容错。每个文件的块大小和复制因子是可配置的。

文件中除最后一个块外的所有块大小都相同，而在 append 和 hsync 中增加了对变长块的支持后，用户可以在不将最后一个块填充到配置的块大小的情况下开始一个新块。

应用程序可以指定文件的副本数。复制因子可以在文件创建时指定，以后可以更改。HDFS 中的文件是一次性写入的（除了追加和截断），并且在任何时候都只有一个写入器。

HDFS 通过一些数据块复制策略来提升性能和数据安全性，其策略介绍如下。

（1）副本选择策略

为了提升 HDFS 的可靠性，可以创建多个数据块副本，并将它们放置在服务器集群中。

为了最小化全局带宽的消耗和读取延迟，HDFS 尝试满足来自最接近读取器的副本的读取请求。如果在与读取器节点相同的机架上存在副本，则首选该副本来满足读取请求。如果 HDFS 集群跨越多个数据中心，那么驻留在本地数据中心的副本优先于任何远程副本。

（2）数据块放置策略

对于常见的情况，当复制因子为 3 时，HDFS 的放置策略是如果写入者在数据节点上，则将一个副本放在本地机器上，否则在与写入者相同机架的随机数据节点上，另一个副本放在不同（远程）机架中的一个节点上，以及同一远程机架中不同节点上的最后一个节点上。此策略减少了机架间的写入流量，这通常会提高写入性能。机架故障的概率远小于节点故障；此策略不影响数据的可靠性和可用性。然而，它不会减少读取数据时使用的聚合网络带宽，因为一个块只放置在 2 个独特的机架中，而不是 3 个。使用此策略，块的副本不会均匀地分布在机架上。两个副本位于一个机架的不同节点上，其余副本位于其他机架之一的节点上。此策略可在不影响数据可靠性或读取性能的情况下提高写入性能。

如果复制因子大于 3，则随机确定第 4 个及以下副本的放置，同时保持每个机架的副本数量低于上限（基本上是(replicas−1) / racks+2）。

由于 NameNode 不允许 DataNode 拥有同一个块的多个副本，所以创建的最大副本数是当时 DataNode 的总数。

将存储类型和存储策略的支持添加到 HDFS 后，除上述机架感知外，NameNode 还会在副本放置方面考虑该策略。NameNode 首先根据机架感知选择节点，然后检查候选节点是否具有与文件关联的策略所需的存储类型。如果候选节点没有存储类型，NameNode 会寻找另一个节点。如果在第一条路径中找不到足够的节点来放置副本，NameNode 会在第二条路径中查找具有回退存储类型的节点。

（3）机架感知策略

副本的放置对于 HDFS 的可靠性和性能至关重要。优化副本放置将 HDFS 与大多数其他分布式文件系统区分开来。机架感知副本放置策略的目的是提高数据的可靠性、可用性和网络带宽利用率，副本放置策略的当前实现是在这个方向上的第一个努力。实施此策略的短期目标是在生产系统上对其进行验证，了解有关其行为的更多信息，并为测试和研究更复杂的策略奠定基础。

大型 HDFS 实例通常在许多机架的计算机集群上运行。不同机架中的两个节点之间的通信必须通过交换机。在大多数情况下，同一机架中机器之间的网络带宽大于不同机架中机器之间的网络带宽。

NameNode 通过 Hadoop Rack Awareness 中概述的过程确定每个 DataNode 所属的机架 ID。一个简单但非最优的策略是将副本放在唯一的机架上。这可以防止在整个机架出现故障时丢失数据，并允许在读取数据时使用多个机架的带宽。此策略是在集群中均匀分布副本，从而可以轻松地平衡组件故障时的负载。但是，此策略增加了写入成本，因为写入时需要将块传输到多个机架。

### 4.1.2 HDFS 读写文件的流程

NameNode 做出有关块复制的所有决定。它会定期从集群中的每个 DataNode 接收 Heartbeat（心跳）和 Blockreport（状态报告）。收到心跳意味着 DataNode 运行正常。Blockreport 包含 DataNode 上所有块的列表。

大文件被切割成小文件，使用分而治之的思想让很多服务器对同一个文件进行联合管理。每个小文件做冗余备份，并且分散存到不同的服务器，做到高可靠不丢失。

#### 1. 客户端架构数据写入 HDFS 的流程

客户端架构数据写入 HDFS 的流程如图 4-1 所示。

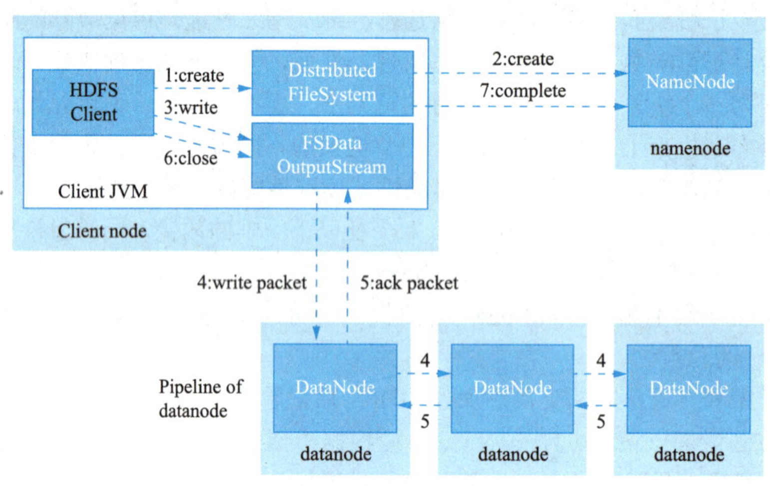


图 4-1 客户端架构数据写入 HDFS 的流程

1）使用 HDFS 提供的客户端 Client，向远程的 NameNode 发起 RPC 请求。

2）NameNode 会检查要创建的文件是否已经存在，创建者是否有权限进行操作，成功则会为文件创建一个记录，否则会让客户端抛出异常。

3）当客户端开始写入文件时，客户端会将文件切分成多个 packets，并在内部以数据队列“data queue（数据队列）”的形式管理这些 packets，并向 NameNode 申请 blocks，获取用来存储 replicas 的合适的 datanode 列表，列表的大小根据 NameNode 中 replication 的设定而定。

4）开始以 pipeline（管道）的形式将 packet 写入所有的 replicas 中。开发库把 packet 以流的方式写入第一个 datanode，该 datanode 将 packet 存储之后，再将其传递给在此 pipeline 中的下一个 datanode，直到最后一个 datanode，这种写数据的方式呈流水线的形式。

5）最后一个 datanode 成功存储之后会返回一个 ack packet（确认队列），在 pipeline 中传递至客户端，在客户端的开发库内部维护着“ack queue”，成功收到 datanode 返回的 ack packet 后会从“ack queue”中移除相应的 packet。

6）如果在传输过程中，有某个 datanode 出现了故障，那么当前的 pipeline 会被关闭，出现故障的 datanode 会从当前的 pipeline 中移除，剩余的 block 会继续在剩下的 datanode 中继续以 pipeline 的形式传输，同时 NameNode 会分配一个新的 datanode，以保持 replicas 设定的数量。

7）客户端完成数据的写入后，会对数据流调用 close( )方法，关闭数据流。

8）只要写入了 dfs.replication.min 的复本数（默认为 1），写操作就会成功，并且这个块可以在集群中异步复制，直到达到其目标复本数（dfs.replication 的默认值为 3）。因为 namenode 已经知道文件由哪些块组成，所以它在返回成功前只需要等待数据块进行最小量的复制即可。

### 2. 客户端读取 HDFS 中的数据的流程

客户端读取 HDFS 中的数据的流程如图 4-2 所示。

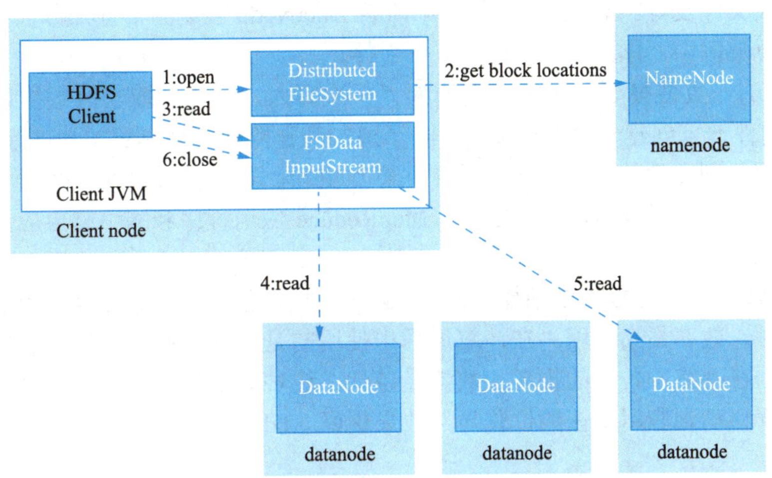


图 4-2　客户端读取 HDFS 中的数据的流程

1）使用 HDFS 提供的客户端 Client，向远程的 NameNode 发起 RPC 请求。

2）NameNode 会视情况返回文件的部分或全部 block 列表，对于每个 block，NameNode 都会返回有该 block 复制的 DataNode 地址。

3）客户端 Client 会选取离客户端最近的 DataNode 来读取 block；如果客户端本身就是 DataNode，那么将从本地直接获取数据。

4）读取完当前 block 的数据后，关闭当前的 DataNode 链接，并为读取下一个 block 寻找最佳的 DataNode。

5）当读完列表 block 后，且文件读取还没有结束，客户端会继续向 NameNode 获取下一批的 block 列表。

6）读取完一个 block 都会进行 checksum 验证，如果读取 datanode 时出现错误，则客户端会通知 NameNode，然后从下一个拥有该 block 复制的 datanode 继续读取。

### 4.1.3 HDFS 的特点及其不适合的应用场景

#### 1. HDFS 的特点

1）硬件故障是常态。硬件故障是常态而不是异常，HDFS 的硬件设备通常由几十甚至成百上千台服务器构成，存储的数据被分割成数据块均匀分布在每台服务器上。因为涉及庞大的硬件集群，所以硬件故障是一种常态化现象。通过 HDFS 的副本机制/纠删码机制、错误检测和快速、自动恢复的能力，保障集群稳定运行。

2）流数据访问。在 HDFS 上运行的应用程序需要对其数据集进行流式访问。它们通常不是在通用文件系统上运行的通用应用程序。HDFS 设计更多的是用于批处理而不是用户交互使用，重点是数据访问的高吞吐量而不是数据访问的低延迟。POSIX 强加了许多针对 HDFS 的应用程序不需要的硬性要求，一些关键领域的 POSIX 语义已被交易以提高数据吞吐率。

3）大数据集。在 HDFS 上存储大规模数据集才能发挥其优势，应用程序可以非常高性能地使用 HDFS 上的数据集。HDFS 中存储的文件一般为 GB 级甚至 TB 级别，因此，HDFS 被设计为对大文件友好。它通过聚合集群中所有 DataNode 节点的带宽来提供高吞吐量的并发访问。在单集群中，HDFS 支持数千万个文件。

4）简单的一致性模型。HDFS 设计为“一次写入、多次读取”的数据访问模型。在 HDFS 中，文件一旦创建、写入和关闭，除了追加和删除，不会再对文件进行修改。HDFS 支持将内容附加到文件的末尾，但不能在任意点更新。这一假设简化了数据一致性问题的技术实现，并提高了数据访问的吞吐量。MapReduce 应用程序和网络爬虫应用程序非常适合这样的模型。

5）移动计算比移动数据更划算。在 Hadoop 上执行任务时，当计算任务落到数据所在节点上执行时，效率最高。因为在计算过程中使用的是本地数据，而不需要移动数据，这样降低了数据在网络中传输的损耗，数据量越大，这种效果越明显。将计算移动到数据附近，比将数据移动到应用所在的位置显然效果更好。HDFS 提供了将应用移动到数据附近的接口。

6）跨异构硬件和软件平台的可移植性。HDFS 在设计时就考虑到了平台的可移植性，这种特性方便了 HDFS 作为大规模数据应用平台的推广。

#### 2. HDFS 不适合的应用场景

有些场景不适合使用 HDFS 来存储数据，下面举例说明。

1）低延时的数据访问。对延时要求在毫秒级别的应用，不适合采用 HDFS。HDFS 是为高吞吐数据传输设计的，因此可能牺牲延时，HBase 更适合低延时的数据访问。

2）大量小文件。文件的元数据（如目录结构、文件 block 的节点列表、block-node mapping）保存在 NameNode 的内存中，整个文件系统的文件数量会受限于 NameNode 的内存大小。

因此，一个文件/目录/文件块一般占有 150 字节的元数据内存空间。如果有 100 万个文件，每个文件占用 1 个文件块，则需要大约 300MB 的内存。因此十亿级别的文件数量在现有商用机器上难以支持。

3）不支持多方读写、任意修改文件等操作。

HDFS 采用追加（append-only）的方式写入数据，不支持文件任意 offset 的修改，不支持多个写入器（writer）。

# 任务 4.2　HDFS 的文件系统操作

## 任务情境

HDFS 文件系统 shell 命令操作

**【任务场景】**

经理：小张，我们的大数据环境已经搭建起来了，平台上线后，需要将历史数据导入 HDFS 中。

小张：HDFS 支持 Shell 命令行操作，它的操作方式类似传统文件操作系统的操作。同时，HDFS 支持 Java API 操作，这更有利于我们在业务系统中操作数据。我们可以先使用 HDFS 的 Shell 命令将历史数据导入集群。

经理：那尽快制定任务把历史数据导入集群吧。

小张：好的。我使用 HDFS 的 Shell 命令把历史数据导入 HDFS 中。

**【任务布置】**

使用 HDFS 命令行操作进行文件操作，将数据上传到 HDFS 中，并修改文件权限。将处理后的数据从 HDFS 中下载到本地文件系统。

## 知识准备

文件系统 Shell 包括各种类似 Shell 的命令，它们直接与 HDFS 及 Hadoop 支持的其他文件系统交互，如本地文件系统、Web HDFS、S3 文件系统等。文件系统 Shell 调用的命令如下：

```
hdfs dfs <argus>
```

所有文件系统 Shell 命令都将路径 URI 作为参数。URI 的格式为 scheme://authority/path。对于 HDFS，scheme 为 hdfs；对于本地文件，scheme 为 file。常用操作如下。

1）将单个或多个文件追加到 HDFS 文件系统的文件中，命令如下：

```
hadoop fs -appendToFile <localsrc> ... <dst>
```

2）输出文件内容，命令如下：

```
hadoop fs -cat [-ignoreCrc] URI [URI ...]
```

命令中的-ignoreCrc 选项用于禁用 checkshum 验证。

3）文件校验，命令如下：

```
hadoop fs -checksum [-v] URI
```

命令中的-v 参数用于显示文件中块的信息。

4）更改文件属组，命令如下：

```
hadoop fs -chgrp [-R] GROUP URI [URI ...]
```

命令中的-R 选项用于通过目录结构递归地进行更改。

5）更改文件权限，命令如下：

```
hadoop fs -chown [-R] [OWNER][:[GROUP]] URI [URI]
```

命令中的-R 选项用于通过目录结构递归地进行更改。

6）将文件从源地址复制到目标地址，命令如下：

```
hadoop fs -cp [-f] [-p | -p[topax]] URI [URI ...] <dest>
```

命令中包含如下选项。

① -f：将覆盖目标文件或目录。

② -p：将保留文件属性[topx]（时间戳、所有权、权限、ACL、XAttr）。如果-p 未指定 arg，则保留时间戳、所有权、权限；如果指定了-pa，则保留权限（这是因为 ACL 是权限的超集）。

7）查看可用空间，命令如下：

```
hadoop fs -df [-h] URI [URI ...]
```

命令中包含如下选项。

① -s：将显示文件长度的汇总摘要，而不是单个文件，如果没有-s 选项，则计算是通过从给定路径深入 1 级来完成的。

② -h：将以人类可读的方式格式化文件大小（如 64.0m 而不是 67108864）。

③ -v：将列名显示为标题行。

④ -x：将从结果计算中排除快照。如果没有-x 选项（默认），则结果总是从所有 iNode 计算的，包括给定路径下的所有快照。

8）将文件复制到本地文件系统，命令如下：

```
hadoop fs -get [-ignorecrc] [-crc] [-p] [-f] <src> <localdst>
```

命令中包含如下选项。

① -p：保留访问和修改时间、所有权和权限（假设权限可以跨文件系统传播）。

② -f：如果目标已经存在，则覆盖目标。

③ -ignorercrc：对下载的文件跳过 CRC（Cyclic Redundancy Check，循环冗余校验）检查。

④ -crc：为下载的文件写入 CRC 校验和。

9）列出文件的统计信息，命令如下：

```
hadoop fs -ls [-C] [-d] [-h] [-q] [-R] [-t] [-S] [-r] [-u] [-e] <args>
```

命令中包含如下选项。

① -C：只显示文件和目录的路径。

② -d：目录被列为普通文件。

③ -h：以人类可读的方式格式化文件大小（如 64.0m 而不是 67108864）。

④ -q：不可输出的字符使用“？”字符替代。

⑤ -R：递归列出遇到的子目录。

⑥ -t：按修改时间排序输出（最近的在前）。

⑦ -S：按文件大小对输出进行排序。

⑧ -r：颠倒排序顺序。

⑨ -u：使用访问时间而不是修改时间进行显示和排序。

⑩ -e：只显示文件和目录的纠删码策略。

10）创建目录，命令如下：

```
hadoop fs -mkdir [-p] <paths>
```

命令中的-p 选项用于沿路径创建父目录。

11）移动文件或目录，命令如下：

```
hadoop fs -mv URI [URI ...] <dest>
```

12）将文件从本地复制到目标文件系统，命令如下：

```
hadoop fs -put [-f] [-p] [-l] [-d] [-t <thread count>] [ - | <localsrc1> ... ]
<dst>
```

命令中包含如下选项。

① -p：保留访问和修改时间、所有权和权限。

② -f：如果目标已经存在，则覆盖目标。

③ -t <thread count>：要使用的线程数，默认为 1。上传包含 1 个以上文件的目录时很有用。

④ -l：允许 DataNode 将文件延迟保存到磁盘，强制复制因子为 1。此标志将导致持久性降低，要小心使用。

⑤ -d：跳过创建扩展名为._COPYING_的临时文件。

13）删除文件或目录，命令如下：

```
hadoop fs -rm [-f] [-r |-R] [-skipTrash] [-safely] URI [URI ...]
```

命令中包含如下选项。

① -f：如果文件不存在，-f 选项将不会显示错误消息。

② -R：以递归方式删除目录及其下的所有内容。

③ -r：等效于-R。

④ -skipTrash：跳过文件垃圾箱，立即删除指定的文件。

⑤ -safely：在删除文件总数大于 hadoop.shell.delete.limit.num.files 的目录之前需要进行安全确认（在 core-site.xml 中，默认值为 100）。它可以与-skipTrash 一起使用以防止意外删除大目录。在确认之前递归遍历大目录以计算要删除的文件数，预计会出现延迟。

14）输出文本格式文件的内容，命令如下：

```
hadoop fs -text <src>
```

15）创建文件，命令如下：

```
hadoop fs -touch [-a] [-m] [-t TIMESTAMP] [-c] URI [URI ...]
```

该命令包含如下选项。

① 使用-a 选项仅更改访问时间。

② 使用-m 选项仅更改修改时间。

③ 使用-t 选项指定时间戳（格式为 yyyyMMdd:HHmmss），而不是当前时间。

④ 如果文件不存在，则使用-c 选项不创建文件。

## 任务实施

**【工作流程】**

1）查看 HDFS 的根目录下的文件列表。

2）在 HDFS 中创建一个目录。

3）将本地文件上传到 HDFS 新建目录中。

4）查看 HDFS 中文件的内容。

5）修改 HDFS 新上传文件的权限。

6）在 HDFS 新上传的文件中追加字符串。

7）将 HDFS 上的文件下载到本地。

**【操作步骤】**

1）查看 HDFS 的根目录下的文件列表。通过“hdfs dfs -ls”命令查看文件系统的文件列表，命令如下：

```
[root@master01 ~]# hdfs dfs -ls /
Found 7 items
drwxr-xr-x   - root supergroup          0 2021-11-17 09:36 /10_out
drwxr-xr-x   - root supergroup          0 2021-11-17 09:01 /11_out
-rw-r--r--   2 root supergroup         25 2021-11-11 10:32 /test.txt
drwx------   - root supergroup          0 2021-11-11 10:34 /tmp
drwxrwxrwx   - root supergroup          0 2021-11-11 17:58 /upload
drwxr-xr-x   - root supergroup          0 2021-11-11 11:01 /wc_out
drwxr-xr-x   - root supergroup          0 2021-11-11 18:02 /wc_out1
```

2）在 HDFS 中创建一个目录。在根目录下创建一个名为“dir01”的文件夹，命令如下：

```
[root@master01 ~]# hdfs dfs -mkdir /dir01
[root@master01 ~]# hdfs dfs -ls /
Found 8 items
drwxr-xr-x   - root supergroup          0 2021-11-17 09:36 /10_out
drwxr-xr-x   - root supergroup          0 2021-11-17 09:01 /11_out
drwxr-xr-x   - root supergroup          0 2021-11-18 15:38 /dir01
-rw-r--r--   2 root supergroup         25 2021-11-11 10:32 /test.txt
drwx------   - root supergroup          0 2021-11-11 10:34 /tmp
```

```
drwxrwxrwx   - root supergroup          0 2021-11-11 17:58 /upload
drwxr-xr-x   - root supergroup          0 2021-11-11 11:01 /wc_out
drwxr-xr-x   - root supergroup          0 2021-11-11 18:02 /wc_out1
```

3）将本地文件上传到 HDFS 新建目录中。创建一个名为“test.txt”的文件，文件内容为“Hello Hadoop”，命令如下：

```
[root@master01 ~]# echo "Hello Hadoop" > test.txt
[root@master01 ~]# cat test.txt
Hello Hadoop
```

将“test.txt”上传到 HDFS 的“/dir01”目录下，命令如下：

```
[root@master01 ~]# hdfs dfs -put test.txt /dir01/
[root@master01 ~]# hdfs dfs -ls /dir01
Found 1 items
-rw-r--r--   2 root supergroup         13 2021-11-18 15:48 /dir01/test.txt
```

4）查看 HDFS 中文件的内容。通过“hdfs dfs -cat”命令查看文件的内容，命令如下：

```
[root@master01 ~]# hdfs dfs -cat /dir01/test.txt
Hello Hadoop
```

通过“hdfs dfs -text”命令查看文件的内容，命令如下：

```
[root@master01 ~]# hdfs dfs -text /dir01/test.txt
Hello Hadoop
```

5）修改 HDFS 新上传文件的权限。修改 HDFS 上“/dir01/test.txt”文件的权限为 777，命令如下：

```
[root@master01 ~]# hdfs dfs -ls /dir01
Found 1 items
-rw-r--r--   2 root supergroup         13 2021-11-18 15:48 /dir01/test.txt
[root@master01 ~]# hdfs dfs -chmod 777 /dir01/test.txt
[root@master01 ~]# hdfs dfs -ls /dir01
Found 1 items
-rwxrwxrwx   2 root supergroup         13 2021-11-18 15:48 /dir01/test.txt
```

6）在 HDFS 新上传的文件中追加字符串。通过“hdfs dfs -appendToFile”命令向文件追加内容。“-”参数表示将标准输入（一般指键盘输入）追加到文件中，并通过“Ctrl-C”结束输入，命令如下：

```
[root@master01 ~]# hdfs dfs -appendToFile - /dir01/test.txt
Hello HDFS
^C[root@master01 ~]#dfs dfs -cat /dir01/test.txt
Hello Hadoop
Hello HDFS
```

7）将 HDFS 上的文件下载到本地。将 HDFS 中的“/dir01/test.txt”文件下载到本地并命名为 test_new.txt，命令如下：

```
[root@master01 ~]# hdfs dfs -get /dir01/test.txt ./test_new.txt
[root@master01 ~]# cat test_new.txt
Hello Hadoop
Hello HDFS
```

## 任务评价

任务考核评价表

| 任务名称：HDFS 的文件系统操作 | | | | | |
|---|---|---|---|---|---|
| 班级： | 学号： | 姓名： | | 日期： | |
| 评价内容 | 评价标准 | 评价方式 | | 分值 | 得分 |
| | | 小组评价（权重为 0.3） | 导师评价（权重为 0.7） | | |
| 职业素养 | 1）遵守学校管理规定，遵守纪律，按时完成工作任务<br>2）考勤情况<br>3）工作态度积极、勤学好问 | | | 20 | |
| 专业能力 | 1）了解 HDFS 文件系统的命令行操作<br>2）掌握通过命令行进行文件上传、下载及文件权限修改的方法 | | | 70 | |
| 创新能力 | 1）能提出新方法或应用新技术等<br>2）其他类型的创新性业绩 | | | 10 | |
| 总分合计 | | | | | |
| 指导教师综合评语 | 指导教师签名：　　　　日期： | | | | |

# 任务 4.3　HDFS 的系统管理操作

安全模式管理

## 任务情境

**【任务场景】**

经理：小张，HDFS 已经上线了，你梳理一下 HDFS 的系统管理操作，并制定运维团队的操作规范吧。

小张：好的，随着数据量的增加，会出现扩容，以及系统维护的一系列操作，我整理出来，并制作成操作手册。

**【任务布置】**

了解 HDFS 的安全模式操作、扩容操作、数据平衡操作及快照操作的使用场景和具体操作方法。

## 知识准备

### 4.3.1　HDFS 的安全模式操作

在启动期间，NameNode 从 fsimage 和 edits 日志文件中加载文件系统状态。然后，它等待 DataNodes 注册与发送 Block Report（数据块报告），验证集群中的数据块整体是否恢复正常，在等待过程中它不会过早地开始复制块，以免发生数据错误。在此期间，NameNode 保持在 Safemode 安全模式中。NameNode 的安全模式本质上是 HDFS 集群的只读模式，它不允许对文件系统或块进行任何修改。通常，在 DataNode 报告大多数文件系统块可用之后，NameNode 会自动离开 Safemode 安全模式。

当需要对文件系统进行生产性维护，如数据迁移、备份等操作时，需要人工将 HDFS 设置为安全模式。进入安全模式后，因文件系统对客户端是只读状态，用户只能从文件系统获取数据，但文件的修改操作，包括写、删除或重命名均会失败。

HDFS 安全模式常用的操作命令如下。

显示是否处于安全模式，命令如下：

```
hdfs dfsadmin -safemode get
```

等待退出安全模式，命令如下：

```
hdfs dfsadmin -safemode wait
```

手动进入安全模式，命令如下：

```
hdfs dfsadmin -safemode enter
```

手动离开安全模式，命令如下：

```
hdfs dfsadmin -safemode leave
```

HDFS 安全模式相关的属性如表 4-1 所示。

表 4-1　HDFS 安全模式相关的属性

| 配置选项 | 配置内容 | 说明 |
| --- | --- | --- |
| dfs.replication.min | 1 | 最小副本级别 |
| dfs.safemode.threshold.pct | 0.999 | 在 NameNode 退出安全模式之前，系统中满足最小副本级别（由 dfs.replication.min 定义）的块的比例 |
| dfs.safemode.extension | 30000 | 满足最小副本条件之后，NameNode 还需要处于安全模式的时间（以毫秒为单位） |

### 4.3.2　HDFS 增加扩容操作

随着公司业务的增长，数据量越来越大，原有的数据节点的容量已经不能满足存储数据的需求，需要在原有集群基础上动态增加新的数据节点。

动态增加新节点的步骤如下。

1）准备新节点，安装操作系统并配置主机名、SSH 免密登录、关闭防火墙、配置时间同步，特别注意的是，需要在/etc/hosts 中添加新节点的解析。

2）在 HDFS 配置文件的 Worker 中增加新节点的信息并分发到所有节点。

3）在新增节点上启动 DataNode 和 NodeManager。

启动 DataNode，命令如下：

```
$HADOOP_HOME/sbin/hadoop-daemon.sh start datanode
```

启动 NodeManager，命令如下：

```
$HADOOP_HOME/sbin/hadoop-daemon.sh start nodemanager
```

### 4.3.3 HDFS 数据平衡

HDFS 数据并不总是均匀地分布在 DataNode 上的。HDFS 为管理员提供了一个工具，可以在 DataNode 上分析数据块放置的位置并重新平衡数据。

导致 HDFS 数据不平衡的原因有很多，举例如下。

1）向集群中添加新的数据节点。

2）从集群中删除节点。

3）数据节点之间的磁盘大小不一致等。

“hdfs balancer”命令的格式如下：

```
hdfs balancer
      [-policy <policy>]
      [-threshold <threshold>]
      [-exclude [-f <hosts-file> | <comma-separated list of hosts>]]
      [-include [-f <hosts-file> | <comma-separated list of hosts>]]
      [-source [-f <hosts-file> | <comma-separated list of hosts>]]
      [-blockpools <comma-separated list of blockpool ids>]
      [-idleiterations <idleiterations>]
      [-runDuringUpgrade]
      [-asService]
```

该命令包含如下选项。

1）-policy <policy>：datanode（默认）|blockpool，如果每个数据节点中的每个块池是平衡的，则集群是平衡的。

2）-threshold <threshold>：磁盘容量的百分比。

3）-exclude [-f <hosts-file> | <comma-separated list of hosts>]：排除指定的数据节点。

4）-include [-f <hosts-file> | <comma-separated list of hosts>]：仅在指定数据节点执行。

5）-source [-f <hosts-file> | <comma-separated list of hosts>]：仅选择指定的数据节点作为源节点。

6）-blockpools <comma-separated list of blockpool ids>：仅在指定的块池中运行。

7）-idleiterations <iterations>：退出前空闲执行的最大次数。

8）-runDuringUpgrade：是否在正在进行 HDFS 升级期间执行。

9）-asService：将 Balancer 作为长期运行的服务。

如果用户想将 Balancer 作为长期运行的服务，请使用-asService 参数和 daemon-mode 选项启动 Balancer。可以使用以下命令执行此操作“hdfs --daemon start balancer -asService”，或者仅使用带有参数-asService 的 sbin/start-balancer.sh 脚本。

### 4.3.4　HDFS 存储策略

存储策略是在性能和成本之间妥协的一个技术产物。它通过配置 DISK、SSD、RAM_SSD 和 ARCHIVE 不同的存储类型存放不同性能要求的数据，来提高 HDFS 的性价比。目前 HDFS 支持的存储类型如下。

1）DISK：普通磁盘，一般指机械硬盘，是最常用的存储类型。

2）SSD：固态硬盘，它的性能是机械硬盘的数十倍甚至上百倍。

3）RAM_DISK：内存固态硬盘，它的性能非常高，一般提供给对性能要求非常严苛的场景使用。

4）ARCHIVE：归档/压缩，不是实际的磁盘类型，而是数据被压缩存储，它一般由低成本、低性能、高密度的存储空间的节点组成，用来存储归档或备份数据，因为它的计算性能差，一般不执行计算任务。

HDFS 根据存储策略要求，可以将数据从 SSD 迁移到 DISK 或 ARCHIVE 中，用户也可以选择在 SSD 或 RAM_SSD 中存储数据，以便提高性能。存储策略允许将不同的文件存储到不同的存储类型上，并且允许将数据块的不同副本存储到不同的存储类型上。目前 HDFS 支持的存储策略包含以下几种。

1）Hot：用于存储和计算，一般满足大部分场景。数据的所有副本都放置在 DISK 存储类型中。

2）Cold：用于数据存档。数据暂不使用，需要进行归档。此类数据的所有副本放在 ARCHIVE 存储类型中。

3）Warm：一般提供给对性能要求不高的场景使用。数据的部分副本放置在 DISK 存储类型中，其他数据副本放置在 ARCHIVE 存储类型中。

4）All_SSD：一般提供给对性能要求高的场景使用。数据的所有副本放置在 SSD 存储类型中。

5）One_SSD：一般提供给对性能要求高的场景使用，但需要考虑成本。数据的一个副本放置在 SSD 中，其他数据副本放置在 DISK 存储类型中。

6）Lazy_Persist：一般应用在对性能要求极为苛刻的场景中，用于在内存中写入具有单个副本的块。数据的副本首先写入 RAM_DISK，然后延迟保存在 DISK 中。Lazy_Persist 策略仅对单个副本块有用。对于具有多个副本的块，所有副本都将写入 DISK，因为仅将其中一个副本写入 RAM_DISK 不会提高整体性能。

7）Provided：在 HDFS 之外存储数据。数据的一个副本存储在 HDFS 之外，其他数据副本存储在 DISK 中。

HDFS 存储策略如表 4-2 所示。

表 4-2　HDFS 存储策略

| 策略 ID | 策略名称 | 副本放置的存储类型 | 创建失败替代的存储类型 | 复制失败替代的存储类型 |
|---|---|---|---|---|
| 15 | Lazy_Persist | RAM_DISK: 1、DISK: $n$−1 | DISK | DISK |
| 12 | All_SSD | SSD: $n$ | DISK | DISK |
| 10 | One_SSD | SSD: 1、DISK: $n$−1 | SSD、DISK | SSD、DISK |
| 7 | Hot (default) | DISK: $n$ | <none> | ARCHIVE |
| 5 | Warm | DISK: 1、ARCHIVE: $n$−1 | ARCHIVE、DISK | ARCHIVE、DISK |
| 2 | Cold | ARCHIVE: $n$ | <none> | <none> |
| 1 | Provided | PROVIDED: 1、DISK: $n$−1 | PROVIDED、DISK | PROVIDED、DISK |

在使用存储策略前，需要先完成存储配置，相关配置参数如下。

1）dfs.storage.policy.enabled：用于启用/禁用存储策略功能，默认值为 true。

2）dfs.datanode.data.dir：在每个数据节点上，逗号分隔的存储位置应该用它们的存储类型进行标记。这允许存储策略根据策略将块放置在不同的存储类型中。例如：

① 应将 DISK 上的数据节点存储位置/grid/dn/disk0 配置为[DISK]file:///grid/dn/disk0。

② 可以将 SSD 上的 DataNode 存储位置/grid/dn/ssd0 配置为[SSD]file:///grid/dn/ssd0。

③ 应将 ARCHIVE 上的数据节点存储位置/grid/dn/archive0 配置为[ARCHIVE]file:///grid/dn/archive0。

④ 应将 RAM_DISK 上的数据节点存储位置/grid/dn/ram0 配置为[RAM_DISK]file:///grid/dn/ram0。

如果没有明确地标记存储类型，则数据节点存储位置的默认存储类型将为 DISK。需要修改的配置文件为 hdfs-site.xml，命令如下：

```
    <property>
        <name>dfs.storage.policy.enabled</name>
        <value>true</value>
        <description>启动存储策略特性</description>
</property>
    <property>
        <name>dfs.data.dir</name>
        <value>
[DISK]/hadoop/datanode/disk01,
[DISK]/hadoop/datanode/data02,
[SSD]/hadoop/datanode/ssd01,
[SSD]/hadoop/datanode/ssd02
</value>
        <description>DataNode 上数据块的物理存储位置</description>
</property>
```

可以通过 hdfs mover 进行基于存储策略的数据迁移，该工具类似于 Balancer，它会定期扫描 HDFS 中的文件，以检查数据块放置是否满足存储策略，如果不满足，它将不满足存储策略的数据块移动到指定位置。

命令如下：

```
hdfs mover [-p <文件|目录> | -f <本地文件名>]
```

存储策略常用的命令如下：

```
hdfs storagepolicies -listPolicies                          #列出存储策略
hdfs storagepolicies -setStoragePolicy -path <path> -policy <policy>
                                                            #设置存储策略
hdfs storagepolicies -unsetStoragePolicy -path <path>       #取消存储策略
hdfs storagepolicies -getStoragePolicy -path <path>         #获取存储策略
hdfs storagepolicies -satisfyStoragePolicy -path <path>     #手动执行存储策略
```

### 4.3.5　HDFS 快照

HDFS 快照是文件系统的只读时间点副本，可以在文件系统的子树或整个文件系统上创建快照。快照的一些常见用例是数据备份，以及防止用户错误和灾难恢复的场景。HDFS 快照操作的相关命令如下。

允许目录创建快照，命令如下：

```
hdfs dfsadmin -allowSnapshot <path>
```

禁止目录创建快照，命令如下：

```
hdfs dfsadmin -disallowSnapshot <path>
```

创建快照，命令如下：

```
hdfs dfs -createSnapshot <path> [<snapshotName>]
```

删除快照，命令如下：

```
hdfs dfs -deleteSnapshot <path> <snapshotName>
```

重命名快照，命令如下：

```
hdfs dfs -renameSnapshot <path> <oldName> <newName>
```

查看快照差异，命令如下：

```
hdfs snapshotDiff <path> <fromSnapshot> <toSnapshot>
```

## 任务实施

**【工作流程】**

1）Hadoop 安全模式操作。

2）增加 Hadoop 集群的 Worker 节点。

3）HDFS 快照操作。

**【操作步骤】**

1）Hadoop 安全模式操作。进入安全模式，命令如下：

```
[root@master01 ~]# hdfs dfsadmin -safemode get
Safe mode is OFF
[root@master01 ~]# hdfs dfsadmin -safemode enter
Safe mode is ON
[root@master01 ~]# hdfs dfsadmin -safemode get
Safe mode is ON
```

验证是否可以上传文件，在安全模式下 HDFS 无法写入数据，命令如下：

```
[root@master01 ~]# hdfs dfs -put test_new.txt /
put: Cannot create file/test_new.txt._COPYING_. Name node is in safe mode.
```

验证文件是否下载，在安全模式下 HDFS 允许读取数据，命令如下：

```
[root@master01 ~]# rm test_new
test_new2.txt  test_new.txt
[root@master01 ~]# rm test_new.txt
rm: remove regular file 'test_new.txt'? y
[root@master01 ~]# hdfs dfs -ls /dir01/
Found 1 items
-rwxrwxrwx   2 root supergroup        24 2021-11-18 15:55 /dir01/test.txt
[root@master01 ~]# hdfs dfs -cat /dir01/test.txt
Hello Hadoop
Hello HDFS
[root@master01 ~]# hdfs dfs -get /dir01/test.txt ./test_new.txt
[root@master01 ~]# cat test_new.txt
Hello Hadoop
Hello HDFS
```

退出安全模式，命令如下：

```
[root@master01 ~]# hdfs dfsadmin -safemode leave
Safe mode is OFF
```

2）增加 Hadoop 集群的 Worker 节点。

① 操作系统准备。新增 worker03 节点，对 worker03 节点进行操作系统准备。准备过程请参考任务 3.1 搭建 Hadoop 集群中的相关内容，本任务需要在已有的 Hadoop 集群基础上进行。

② 修改 Worker 节点的配置文件，即增加 worker03 节点，在 master01 节点执行以下命令，后续分发到其他节点。

命令如下：

```
[root@master01 ~]# vim /opt/hadoop/etc/hadoop/workers
worker01
worker02
worker03
```

③ 在 master01 节点执行以下命令，将 Hadoop 安装包同步到其他节点。

命令如下：

```
[root@master01 ~]# yum install -y rsync
[root@master01 ~]# rsync -a /opt/hadoop worker01:/opt/
[root@master01 ~]# rsync -a /opt/hadoop worker02:/opt/
[root@master01 ~]# rsync -a /opt/hadoop worker03:/opt/
```

④ 启动 DataNode 和 NodeManager。在新增节点 worker03 上启动 DataNode 和 NodeManager，命令如下：

```
[root@worker03 ~]# /opt/hadoop/sbin/yarn-daemon.sh start datanode
[root@worker03 ~]# /opt/hadoop/sbin/yarn-daemon.sh start nodemanager
```

⑤ 检查启动状态。在 master01 节点检查 HDFS 的状态，worker03 上的 DataNode 已启动，命令如下：

```
[root@master01 ~]# hdfs dfsadmin -report
Configured Capacity: 86230695936 (80.31 GB)
Present Capacity: 57023406080 (53.11 GB)
DFS Remaining: 56407613440 (52.53 GB)
DFS Used: 615792640 (587.27 MB)
DFS Used%: 1.08%
Replicated Blocks:
    Under replicated blocks: 4
    Blocks with corrupt replicas: 0
    Missing blocks: 0
    Missing blocks (with replication factor 1): 0
    Pending deletion blocks: 0
Erasure Coded Block Groups:
    Low redundancy block groups: 0
    Block groups with corrupt internal blocks: 0
    Missing block groups: 0
    Pending deletion blocks: 0

-------------------------------------------------
Live datanodes (3):
……
Name: 192.168.137.217:9866 (worker03)
Hostname: worker03
Decommission Status : Normal
Configured Capacity: 28743565312 (26.77 GB)
DFS Used: 679936 (664 KB)
Non DFS Used: 6530482176 (6.08 GB)
DFS Remaining: 22212403200 (20.69 GB)
DFS Used%: 0.00%
```

```
DFS Remaining%: 77.28%
Configured Cache Capacity: 0 (0 B)
Cache Used: 0 (0 B)
Cache Remaining: 0 (0 B)
Cache Used%: 100.00%
Cache Remaining%: 0.00%
Xceivers: 1
Last contact: Wed Dec 01 22:08:56 EST 2021
Last Block Report: Wed Dec 01 21:53:29 EST 2021
Num of Blocks: 4
```

⑥ 检查 NodeManager 是否启动，命令如下：

```
[root@master01 ~]# yarn node -list
WARNING: YARN_CONF_DIR has been replaced by HADOOP_CONF_DIR. Using value of YARN_CONF_DIR.
2021-12-01 22:09:36,811 INFO client.RMProxy: Connecting to ResourceManager at master01/192.168.137.214:8032
Total Nodes:3
        Node-Id       Node-State  Node-Http-Address
Number-of-Running-Containers
 worker01:32848        RUNNING      worker01:8042                    0
 worker03:44527        RUNNING      worker03:8042                    0
 worker02:34417        RUNNING      worker02:8042                    0
```

⑦ 检查启动正常后，启动数据平衡。

命令如下：

```
[root@master01 ~]# /opt/hadoop/sbin/start-balancer.sh
```

3）HDFS 快照操作。允许对 HDFS 的“/dir01”目录执行快照操作，命令如下：

```
[root@master01 ~]# hdfs dfsadmin -allowSnapshot /dir01
Allowing snapshot on /dir01 succeeded
```

对 HDFS 的“/dir01”目录执行快照操作，命名为“s1”，命令如下：

```
[root@master01 ~]# hdfs dfs -createSnapshot /dir01 s1
Created snapshot /dir01/.snapshot/s1
```

在 HDFS 的“/dir01”目录中创建文件，命令如下：

```
[root@master01 ~]# hdfs dfs -touchz /dir01/test1.txt
[root@master01 ~]# hdfs dfs -ls /dir01
Found 2 items
-rwxrwxrwx   2 root supergroup         24 2021-11-18 15:55 /dir01/test.txt
-rw-r--r--   2 root supergroup          0 2021-11-18 17:11 /dir01/test1.txt
```

对 HDFS 的“dir01”目录执行快照操作，命名为“s2”，命令如下：

```
[root@master01 ~]# hdfs dfs -ls /dir01
Found 2 items
-rwxrwxrwx   2 root supergroup         24 2021-11-18 15:55 /dir01/test.txt
-rw-r--r--   2 root supergroup          0 2021-11-18 17:11 /dir01/test1.txt
[root@master01 ~]# hdfs dfs -createSnapshot /dir01 s2
Created snapshot /dir01/.snapshot/s2
```

比较两个快照“s1”和“s2”的差异，命令如下：

```
[root@master01 ~]# hdfs snapshotDiff /dir01 s1 s2
Difference between snapshot s1 and snapshot s2 under directory /dir01:
M    .
+    ./test1.txt
```

删除快照，命令如下：

```
[root@master01 ~]# hdfs dfs -deleteSnapshot /dir01 s1
[root@master01 ~]# hdfs dfs -deleteSnapshot /dir01 s2
```

禁止对 HDFS 的“/dir01”目录执行快照操作，命令如下：

```
[root@master01 ~]# hdfs dfsadmin -disallowSnapshot /dir01
Disallowing snapshot on /dir01 succeeded
```

## 任务评价

任务考核评价表

| 任务名称：HDFS 的系统管理操作 | | | | | |
|---|---|---|---|---|---|
| 班级： | 学号： | 姓名： | | 日期： | |
| 评价内容 | 评价标准 | 评价方式 | | 分值 | 得分 |
| | | 小组评价（权重为 0.3） | 导师评价（权重为 0.7） | | |
| 职业素养 | 1）遵守学校管理规定，遵守纪律，按时完成工作任务<br>2）考勤情况<br>3）工作态度积极、勤学好问 | | | 20 | |
| 专业能力 | 1）了解 HDFS 的管理命令<br>2）掌握安全模式的作用<br>3）掌握进入或退出安全模式的方法<br>4）掌握对文件系统执行快照操作的方法 | | | 70 | |
| 创新能力 | 1）能提出新方法或应用新技术等<br>2）其他类型的创新性业绩 | | | 10 | |
| 总分合计 | | | | | |
| 指导教师综合评语 | 指导教师签名：　　　　日期： | | | | |

# 任务 4.4　部署本地开发环境

## 任务情境

本地开发环境部署

【任务场景】

经理：小张，后面我们要使用 Java 开发应用了，你的计算机上部署开发环境了吗？

小张：没有。

经理：先在你自己的这台装有 Windows 操作系统的计算机上部署开发环境吧，把 Java 编译环境 JDK、jar 包管理工具 Maven 安装好。开发工具推荐使用目前最常用的 IntelliJ IDEA，其功能强大便捷。

小张：好的。

【任务布置】

本任务要求理解 JDK、Maven 的概念与作用，要求学生在 Windows 本机安装配置 JDK 和 Maven，安装 IDEA 并完成初始化配置。

## 知识准备

### 4.4.1　认识 JDK

JDK：Java Development Kit 是 Java 的标准开发工具包（普通用户只需要安装 JRE 来运行 Java 程序，而程序开发者必须安装 JDK 来编译、调试程序）。它提供了编译、运行 Java 程序所需的各种工具和资源，包括 Java 编译器、Java 运行环境 JRE，以及常用的 Java 基础类库等，是整个 Java 的核心。

JDK 结构如图 4-3 所示。

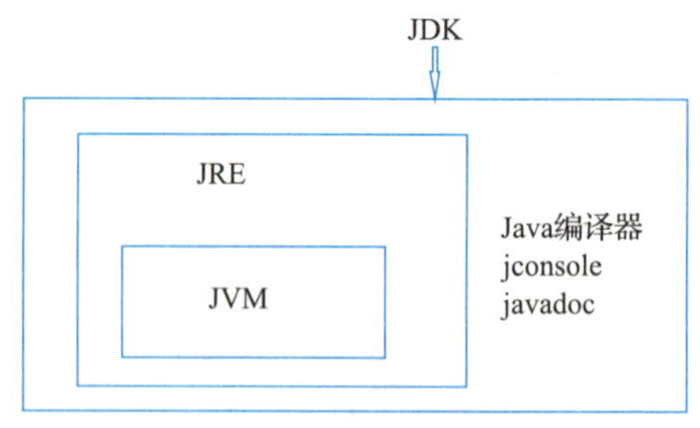

图 4-3　JDK 结构

JRE：Java Runtime Environment 是运行基于 Java 语言编写的程序所不可缺少的运行环境，用于解释执行 Java 的字节码文件。

JVM：Java Virtual Machine 是 Java 的虚拟机，是 JRE 的一部分。它是整个 Java 实现跨平台的最核心的部分，负责解释执行字节码文件，是可运行 Java 字节码文件的虚拟计算机。所有平台上的 JVM 向编译器提供相同的接口，而编译器只需要面向虚拟机，生成虚拟机能识别的代码，然后由虚拟机来解释执行。

JVM 会将字节码文件解析成所有计算机都可以理解的机器码，从而在不同的平台上运行。

### 4.4.2　认识 Maven

Maven 是一个 jar 包管理工具，也是构建工具，能把项目抽象成 POM（Project Object

Model)，Maven 使用 POM 对项目进行构建、打包、文档化等操作。它最重要的是解决了项目需要类库的依赖管理，简化了项目开发环境。

Maven 采用不同的方式对项目构建进行抽象，如源码位置总在 src/main/java 中，配置文件则在 src/main/resources 中，编译好的类总被放在项目的 target 目录下。总之，Maven 实现了以下目标。

1）使构建项目变得很容易，Maven 屏蔽了构建的复杂过程，如只需要输入 maven package 即可构建整个 Java 项目。

2）统一了构建项目的方式，不同人、不同公司的项目都有同样的描述项目和构建项目的方式，Maven 通过 pom.xml 来描述项目，并提供一系列插件来构建项目。

3）提出了一套开发项目的最佳实践，而不用每个项目都有不同结构和构建方式，如源代码放在 src/main/java 中，测试代码放在 src/test/java 中，项目需要的配置文件则放在 src/main/resources 中。

4）包含不同环境项目的构建方式。

5）解决了类库依赖的问题，只需要声明使用的类库，Maven 会自动从仓库下载依赖的 jar 包，并能协助用户管理 jar 包之间的冲突。

### 4.4.3　认识 IDEA

IntelliJ IDEA 是由 JetBrains 公司开发的 Java 编程语言的开发集成环境。IntelliJ 在业界被公认为最好的 Java 开发工具，尤其在智能代码助手、代码自动提示、重构、J2EE 支持、各类版本工具（git、svn 等）、JUnit、CVS 整合、代码分析、创新的 GUI（Graphical User Interface，图形用户界面）设计等方面的功能可以说是超常的。

IDEA 的优势如下。

1）强大的整合能力，如 Git、Maven、Spring 等支持。

2）提示功能的快速、便捷。

3）提示功能的范围比较广。

4）好用的快捷键和代码模板。

5）精准搜索。

## 任务实施

**【工作流程】**

1）安装 JDK。

2）安装 Maven。

3）安装社区版 IDEA。

4）创建 Maven 项目。

**【操作步骤】**

1）安装 JDK。进入官方网站下载 Windows 版 JDK 安装包，如图 4-4 所示。Hadoop v3 开始只支持 JDK 1.8 以上的版本，这里选择 JDK 1.8 版本。

Java 11　Java 8

**Java SE Development Kit 8u311**

Java SE subscribers will receive JDK 8 updates until at least December of 2030.

**The Oracle JDK 8 license changed in April 2019**

The Oracle Technology Network License Agreement for Oracle Java SE is substantially different from prior Oracle JDK 8 licenses. This license permits certain uses, such as personal use and development use, at no cost -- but other uses authorized under prior Oracle JDK licenses may no longer be available. Please review the terms carefully before downloading and using this product. FAQs are available here.

Commercial license and support are available for a low cost with Java SE Subscription.

JDK 8 software is licensed under the Oracle Technology Network License Agreement for Oracle Java SE.

JDK 8u311 checksum

Linux　macOS　Solaris　Windows

| Product/file description | File size | Download |
| --- | --- | --- |
| x86 Installer | 157.37 MB | jdk-8u311-windows-i586.exe |
| x64 Installer | 170.57 MB | jdk-8u311-windows-x64.exe |

图 4-4　下载 JDK 安装包

由于 Oracle 网络许可协议更新，必须登录 Oracle 账号后才能下载 JDK 安装包，如图 4-5 所示为登录提示对话框，审阅许可协议后并选中图中的复选框，单击下载按钮进入 Oracle 账号登录页面，登录账号后即可下载相应的安装包。

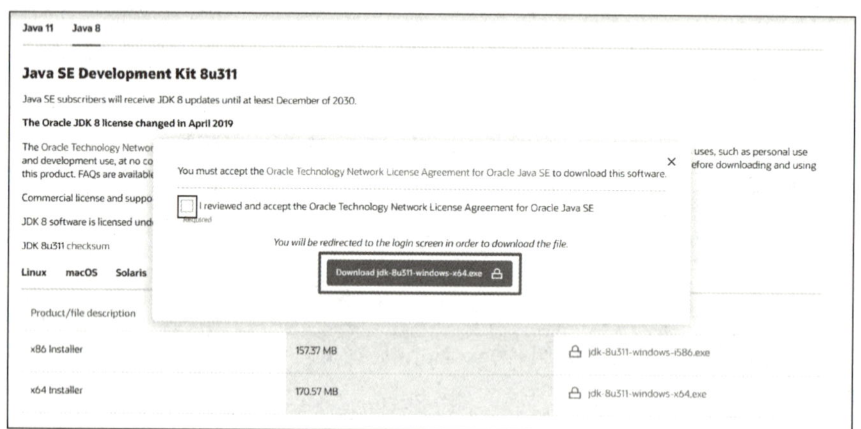


图 4-5　登录提示对话框

打开安装包后按照提示步骤进行安装，新版 JDK 会自动配置环境变量，无须手动添加环境变量。打开 Windows 自带的 cmd，执行以下命令查看是否安装成功：

```
java -version
```

若出现如图 4-6 所示的 JDK 信息，则代表安装成功。

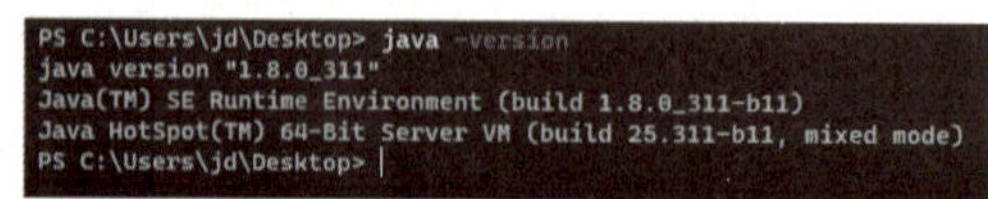

```
PS C:\Users\jd\Desktop> java -version
java version "1.8.0_311"
Java(TM) SE Runtime Environment (build 1.8.0_311-b11)
Java HotSpot(TM) 64-Bit Server VM (build 25.311-b11, mixed mode)
PS C:\Users\jd\Desktop>
```

图 4-6　JDK 信息

2）安装 Maven。Maven 的运行依赖于 Java 环境，请确保已完成前面的 JDK 安装步骤。

进入官方网站下载 Maven 安装包，如图 4-7 所示，选择 apache-maven-版本号-bin.zip 并进行下载。

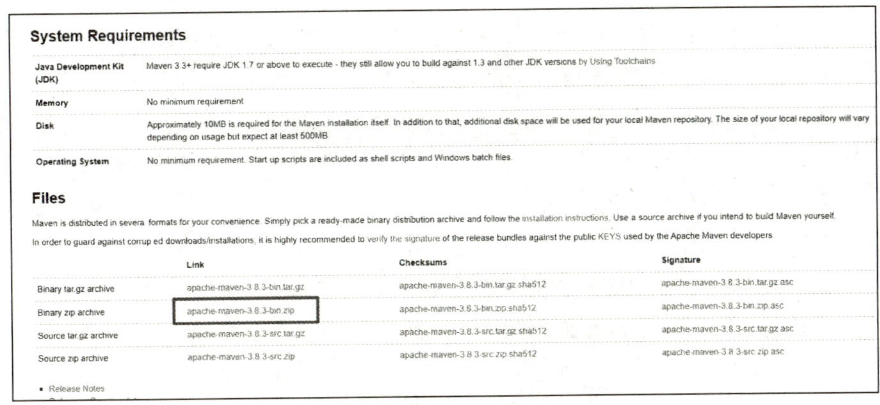


图 4-7　下载 Maven 安装包

下载后解压 Maven 压缩包，解压后将文件夹重命名为 maven-3.8.3，版本号与下载的 Maven 版本号保持一致。

在桌面上右击“此电脑”图标，在弹出的快捷菜单中选择“属性”选项，打开“系统”窗口，在左侧的列表中选择“高级系统设置”选项，打开“系统属性”对话框，选择“高级”选项卡。然后单击“环境变量”按钮，打开“环境变量”对话框，如图 4-8 所示。

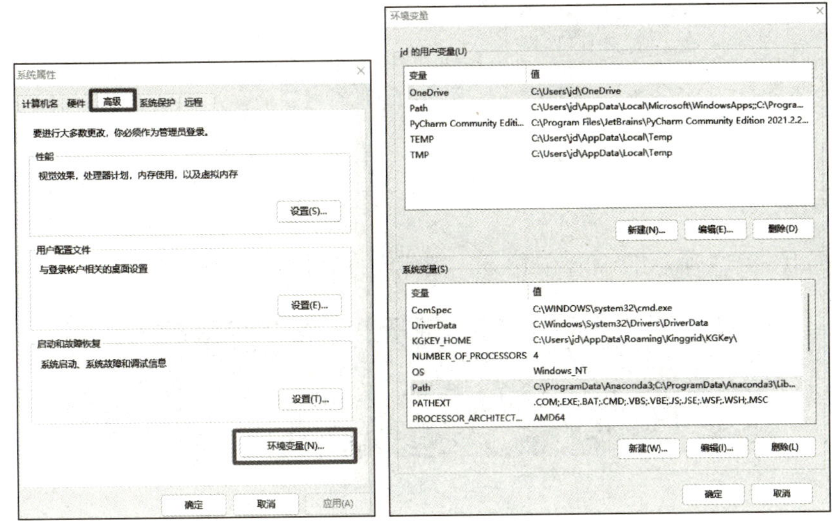


图 4-8　配置环境变量

在“系统变量”选项组中单击“新建”按钮，打开“新建系统变量”对话框，设置“变量名”为“MAVEN_HOME”，设置“变量值”为刚才解压的目录，如图 4-9 所示，然后单击“确定”按钮。

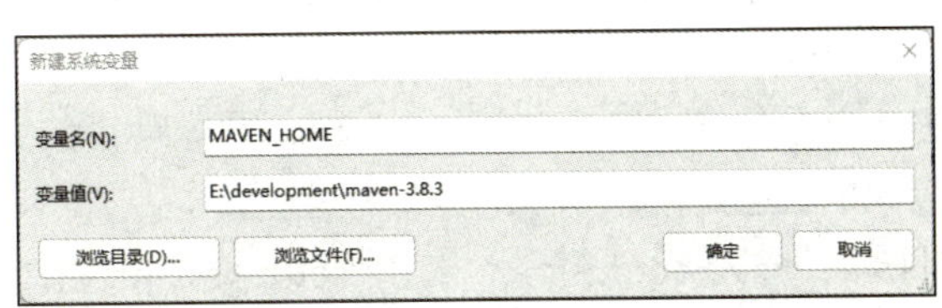


图 4-9　新建系统变量 MAVEN_HOME

返回“环境变量”对话框，将 MAVEN_HOME 配置到系统环境变量 Path 中。双击 Path 变量，在打开的“编辑环境变量”对话框中单击“新建”按钮，在文本框中输入“%MAVEN_HOME%\bin”，如图 4-10 所示，然后单击“确定”按钮。环境变量 Path 的作用：提供 Windows 命令行中指令的可执行文件路径，当在命令行中输入指令时，根据环境变量中的 Path 值，找到对应的指令可执行文件进行执行。简单来说就是，配置在 Path 中的目录参数，在命令行中的任何目录下都可以使用。

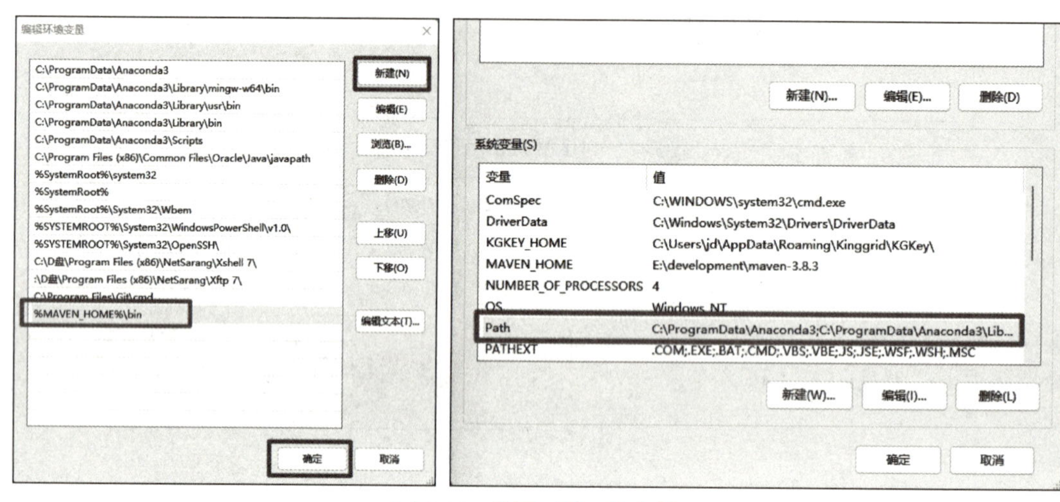


图 4-10　配置系统环境变量

打开 Windows 自带的 cmd，执行如下命令查看是否安装成功：

```
mvn -version
```

若出现如图 4-11 所示的 Maven 信息，则代表安装成功。

```
PS C:\Users\jd\Desktop> mvn -version
Apache Maven 3.8.3 (ff8e977a158738155dc465c6a97ffaf31982d739)
Maven home: E:\development\maven-3.8.3
Java version: 1.8.0_311, vendor: Oracle Corporation, runtime: C:\Program Files\Java\jre1.8.0_311
Default locale: zh_CN, platform encoding: GBK
OS name: "windows 10", version: "10.0", arch: "amd64", family: "windows"
PS C:\Users\jd\Desktop> |
```

图 4-11　Maven 信息

接下来需要配置本地 Maven 仓库目录，本地仓库相当于远程仓库的一个缓存，当项目需要下载 jar 包时首先到本地 Maven 仓库进行查找，如果找到则从本地 Maven 仓库下载，找不到则去远程仓库进行查找。

默认的本地仓库路径为 ${user.home}/.m2/repository，因为项目的依赖会从远程仓库下载后缓存到本地仓库，如果使用默认的本地仓库路径则会使 C 盘越来越大，所以需要修改配置，将本地仓库指定到空间较大的目录。

在一个磁盘中创建一个文件夹，命名为 repository。具体路径依据个人情况而定，建议放到非 C 盘，且容量较大的磁盘。

打开 Maven 安装目录，进入 conf 目录，打开 settings.xml 文件进行编辑，如图 4-12 所示。

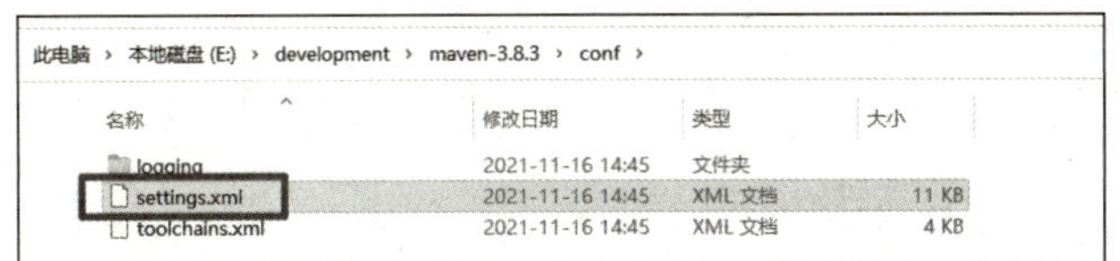


图 4-12　打开 Maven 安装目录并编辑文件

找到 localRepository 配置，修改为刚才创建的目录，如图 4-13 所示。注意要将此项配置移出注释。

```
<settings xmlns="http://maven.apache.org/SETTINGS/1.2.0"
          xmlns:xsi="http://www.w3.org/2001/XMLSchema-instance"
          xsi:schemaLocation="http://maven.apache.org/SETTINGS/1.2.0 https://maven.apache.org/xsd/settings-1.2.0.xsd">
  <!-- localRepository
   | The path to the local repository maven will use to store artifacts.
   |
   | Default: ${user.home}/.m2/repository
  <localRepository>/path/to/local/repo</localRepository>
  -->
  <localRepository>E:\development\maven-3.8.3\repository</localRepository>    此项配置移出注释

  <!-- interactiveMode
```

图 4-13　修改本地仓库配置

保存配置文件后，在 Windows 的命令提示符窗口中执行如下命令，检验是否设置成功：

```
mvn help:system
```

打开刚才创建的文件夹，查看是否有文件生成，若有文件生成则代表配置已生效，如图 4-14 所示。

此电脑 › 本地磁盘 (E:) › development › maven-3.8.3 › repository

| 名称 | 修改日期 | 类型 | 大小 |
|---|---|---|---|
| classworlds | 2021-11-16 17:10 | 文件夹 | |
| com | 2021-11-16 17:12 | 文件夹 | |
| commons-codec | 2021-11-16 17:10 | 文件夹 | |
| commons-collections | 2021-11-16 17:10 | 文件夹 | |
| commons-io | 2021-11-16 17:10 | 文件夹 | |
| commons-lang | 2021-11-16 17:10 | 文件夹 | |
| junit | 2021-11-16 17:10 | 文件夹 | |
| net | 2021-11-16 17:10 | 文件夹 | |
| org | 2021-11-16 17:12 | 文件夹 | |
| xmlpull | 2021-11-16 17:12 | 文件夹 | |
| xpp3 | 2021-11-16 17:12 | 文件夹 | |

图 4-14　检验配置是否生效

接下来需要修改 Maven 远程仓库源，Maven 默认远程仓库服务器在国外，速度不稳定，可以替换为其他源，以提高开发效率。

再次打开 settings.xml 进行编辑，加入其他源，命令如下：

```
<mirror>
    <id>alimaven</id>
    <mirrorOf>central</mirrorOf>
    <name>aliyun maven</name>
    <url>http://maven.***.com/nexus/content/repositories/central/</url>
</mirror>
```

修改后的 Maven 远程仓库源如图 4-15 所示。

```
<mirrors>
  <!-- mirror
   | Specifies a repository mirror site to use instead of a given repository. The repository that
   | this mirror serves has an ID that matches the mirrorOf element of this mirror. IDs are used
   | for inheritance and direct lookup purposes, and must be unique across the set of mirrors.
   |
  <mirror>
    <id>mirrorId</id>
    <mirrorOf>repositoryId</mirrorOf>
    <name>Human Readable Name for this Mirror.</name>
    <url>http://my.repository.com/repo/path</url>
  </mirror>

  <!-- 其他源 -->
  <mirror>
    <id>alimaven</id>
    <mirrorOf>central</mirrorOf>
    <name>aliyun maven</name>
    <url>http://maven.***.com/nexus/content/repositories/central/</url>
  </mirror>

</mirrors>
```

图 4-15　修改后的 Maven 远程仓库源

3）安装社区版 IDEA。本书后续任务都将基于 IntelliJ IDEA（下文简称 IDEA）进行开发，下面安装 IDEA，社区版 IDEA 可以满足日常开发需求。

下载完成后按照提示步骤进行操作，即可完成安装。

Jetbrains 官网也提供了 IDEA 教育版的下载链接，教育版的 IDEA 需要注册 Jetbrains 账号，并提供相关材料，认证通过后可以使用 IDEA 教育版进行开发，具体步骤请参考 Jetbrains 官网，这里不再介绍。

初始化配置，修改常用配置项。

① 修改文件字符编码，如图 4-16 所示。

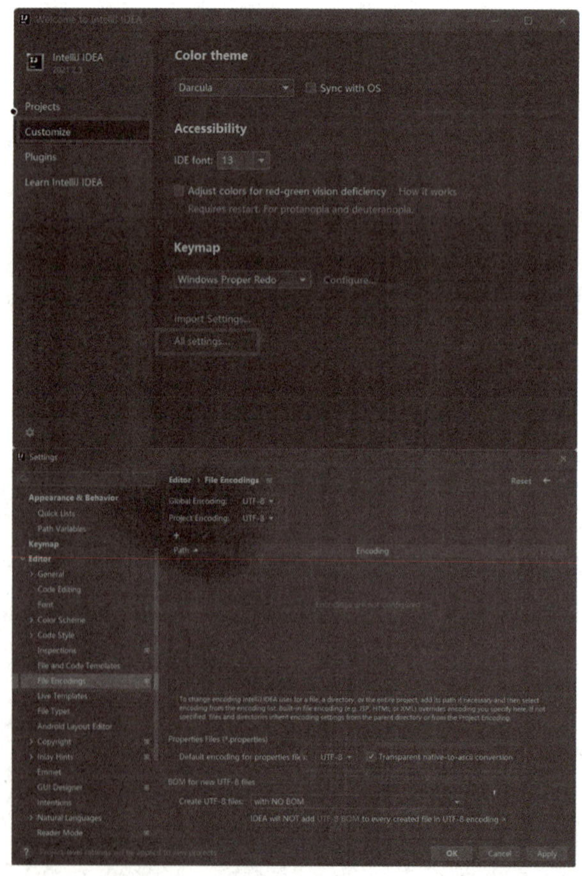


图 4-16　修改文件字符编码

② 修改 Maven 配置，如图 4-17 所示。

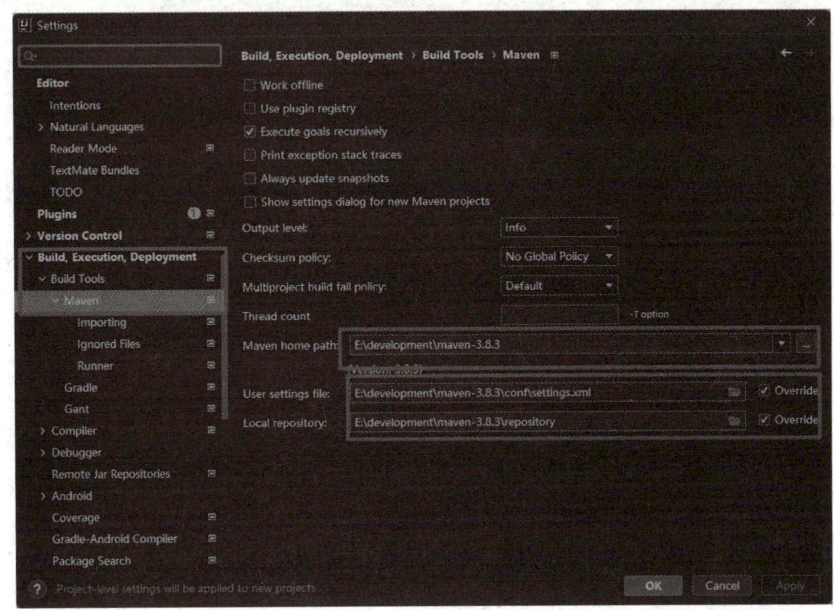


图 4-17　修改 Maven 配置

4）创建 Maven 项目。打开 IDEA，新建 Maven 项目，如图 4-18 所示，设置项目名称为 HDFS-helloworld，并设置项目路径，如图 4-19 所示。

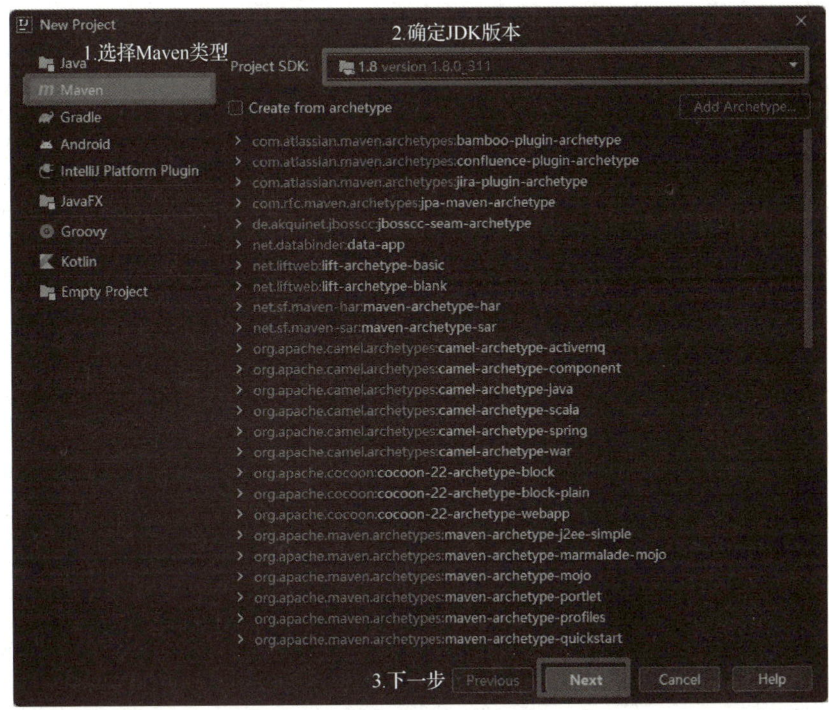


图 4-18　新建 Maven 项目

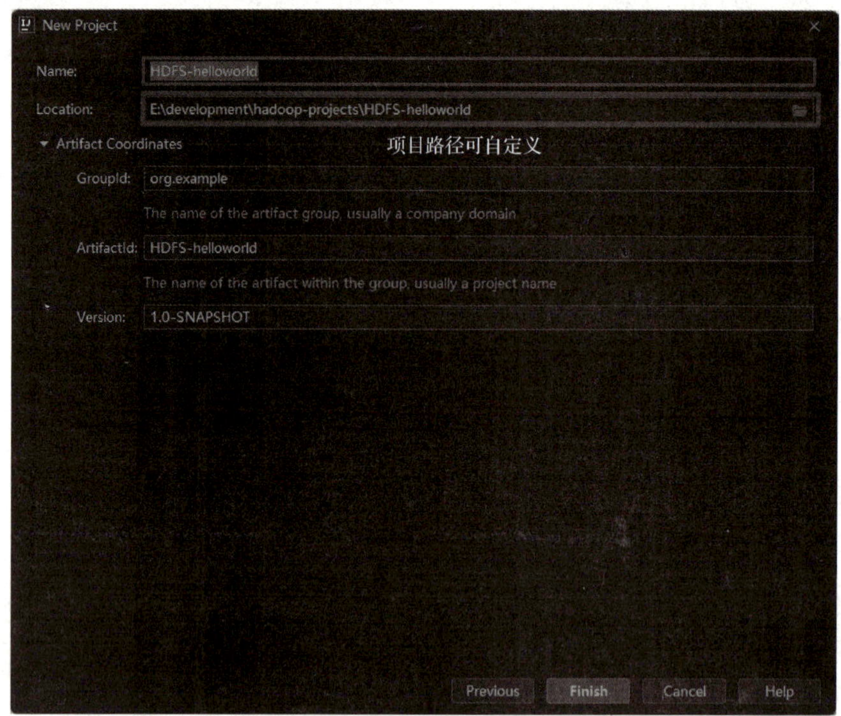


图 4-19　设置项目名称及路径

展开项目，修改 pom.xml，加入 Hadoop 依赖。pom.xml 文件的全部内容如下：

```
<?xml version="1.0" encoding="UTF-8"?>
<project xmlns="http://maven.apache.org/POM/4.0.0"
        xmlns:xsi="http://www.w3.org/2001/XMLSchema-instance"
        xsi:schemaLocation="http://maven.apache.org/POM/4.0.0
http://maven.apache.org/xsd/maven-4.0.0.xsd">
    <modelVersion>4.0.0</modelVersion>

    <groupId>org.example</groupId>
    <artifactId>HDFS-helloworld</artifactId>
    <version>1.0-SNAPSHOT</version>

    <dependencies>
        <dependency>
            <groupId>junit</groupId>
            <artifactId>junit</artifactId>
            <version>RELEASE</version>
        </dependency>
        <dependency>
            <groupId>org.apache.hadoop</groupId>
            <artifactId>hadoop-hdfs</artifactId>
```

```
            <version>3.1.1</version>
        </dependency>
        <dependency>
            <groupId>org.apache.hadoop</groupId>
            <artifactId>hadoop-client</artifactId>
            <version>3.1.1</version>
        </dependency>
        <dependency>
            <groupId>org.apache.hadoop</groupId>
            <artifactId>hadoop-common</artifactId>
            <version>3.1.1</version>
        </dependency>
        <dependency>
            <groupId>org.apache.logging.log4j</groupId>
            <artifactId>log4j-core</artifactId>
            <version>2.8.2</version>
        </dependency>
    </dependencies>

    <properties>
        <maven.compiler.source>8</maven.compiler.source>
        <maven.compiler.target>8</maven.compiler.target>
    </properties>

</project>
```

单击如图 4-20 所示的图标，加载依赖包。

图 4-20　加载依赖包

至此，完成创建项目的整个流程。

## 任务评价

任务考核评价表

| 任务名称：部署本地开发环境 | | | | | |
|---|---|---|---|---|---|
| 班级： | 学号： | 姓名： | | 日期： | |
| 评价内容 | 评价标准 | 评价方式 | | 分值 | 得分 |
| | | 小组评价（权重为0.3） | 导师评价（权重为0.7） | | |
| 职业素养 | 1）遵守学校管理规定，遵守纪律，按时完成工作任务<br>2）考勤情况<br>3）工作态度积极、勤学好问 | | | 20 | |
| 专业能力 | 1）掌握 JDK、Maven 的概念与作用<br>2）能够成功安装 JDK、Maven、IDEA，并在本机创建 Maven 项目 | | | 70 | |
| 创新能力 | 1）能提出新方法或应用新技术等<br>2）其他类型的创新性业绩 | | | 10 | |
| 总分合计 | | | | | |
| 指导教师综合评语 | 指导教师签名：　　　　日期： | | | | |

# 任务 4.5　HDFS 的 Java API 操作

## 任务情境

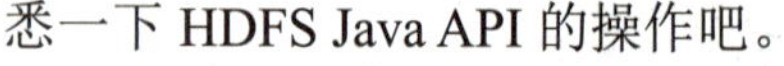

HDFS 的 Java API 操作

**【任务场景】**

经理：现在我们已经把环境搭建好了，接下来创建一个项目，熟悉一下 HDFS Java API 的操作吧。

小张：嗯，那我写个 demo 吧，那我们数据怎么办呢？

经理：可以模拟一下咱们电商网站的数据。

小张：好的，经理。

**【任务布置】**

本任务的目的是学习 HDFS 的 Java API 操作，在安装 Hadoop 基础环境之上使用 IDEA 工具，熟悉并掌握目录与文件的创建和删除操作，掌握文件上传与下载操作，掌握数据流与文件的读写操作，掌握目录与文件的重命名操作。

## 知识准备

### 1. HDFS Java API 简介

Hadoop 是由 Java 语言编写的，其中 Hadoop 3.1.0 系列是由 JDK 1.8 编写的，我们可以通过 Java API 调用 HDFS 的所有交互操作接口。首先访问 Hadoop 3.1.0 Java API 的官方网址，查看 API 官方文档，如图 4-21 所示。

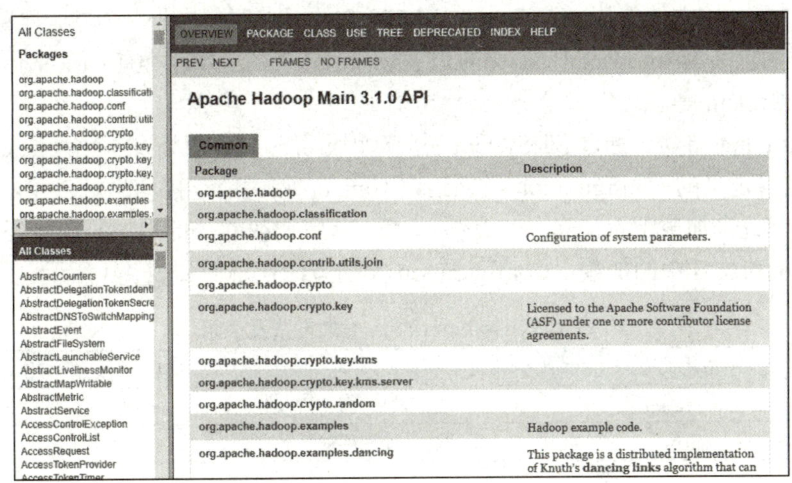

图 4-21　Hadoop 3.1.0 官方 API 界面

如图 4-21 所示，Java API 页面分为 3 个部分，左上角是 Packages（包）窗口，左下角是 All Classes（接口/类）窗口，右侧是内容窗口。Packages 窗口可以帮我们快速定位到想要找的某个包中的所有接口和类，在左下角 Classes 窗口中找到想要使用的接口或类，然后单击查看在右侧区域显示的接口详情内容。

左下角 Classes 窗口中列出了所有的 Java 接口和类，我们可以拖动滚动条找到需要的接口或类，而比较快的方式是使用 Java API 直接在左下角的 All Classes 窗口中进行查找。如图 4-22 所示，如查找 FileSystem 接口，可以直接拖动左下角的窗口滚动条，直至找到该接口。如果想从 Packages 窗口找到该类，则要求我们首先要知道该接口的包名是什么，这种方式也只有在我们知道某个接口的包名时才有用。如图 4-22 所示，通过拖动滚动条找到了该类并单击类名称，右侧窗口展示了该类的详细信息，包括属性方法等。

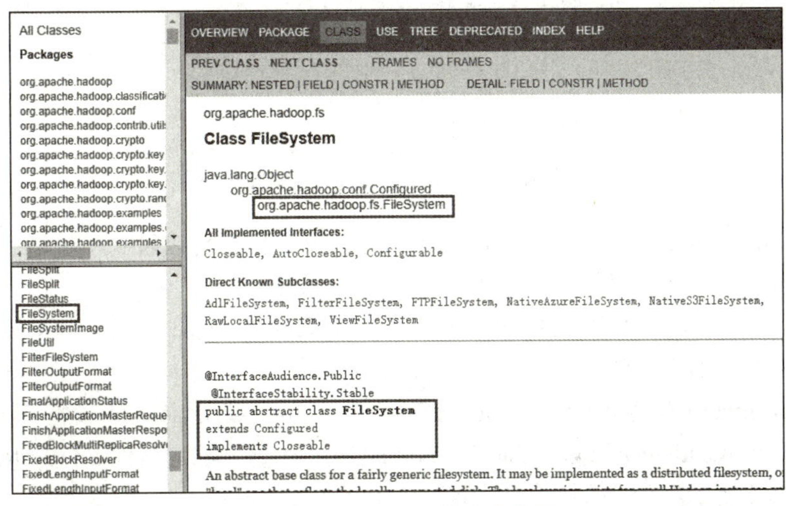

图 4-22　FileSystem 快速查找界面

### 2. HDFS Java API 的一般用法

Hadoop 提供的操作 HDFS 的 API 接口是以 FileSystem 为基础的，在该类中提供一系列操作文件的方法，如文件上传 copyFromLocalFile 方法、创建文件 create 方法、删除文件 delete 方法等。该类的包名为 org.apache.hadoop.fs.FileSystem，该类的主要子类有 DistributedFileSystem、WebHdfsFileSystem 等。

1）Configuration 类。通过 FileSystem 访问远程集群时，一般情况下需要给定配置信息，Hadoop 通过自定义的 Configuration 类来给定 Hadoop 相关的连接信息。Configuration 采用延迟加载的模式来加载配置信息，它是按照代码顺序加载的，但是如果在代码中强制指定的话，则会覆盖文件中的加载。Configuration 类的方法及说明如表 4-3 所示。

表 4-3　Configuration 类的方法及说明

| 方法 | 说明 |
| --- | --- |
| void set(String name, String value) | 设置属性，name 是属性名称，value 是属性值 |
| void addResource(String name) | 添加一个配置资源 |

下面来了解 Configuration 类的使用方法，命令如下：

```
//创建配置器
Configuration conf=new Configuration();
conf.set("fs.default.name", "hdfs://localhost:9000");
conf.set("mapred.jop.tracker", "localhost:9001");

Configuration conf=new Configuration();
conf.addResource("core-default.xml");
conf.addResource("core-site.xml");
```

2）FileSystem 类。Java API 调用 HDFS 的所有交互操作接口中最常用的类是 FileSystem 类，其中包含了 HDFS dfs 相关操作的实现。如图 4-23 所示，可以看到 FlieSystem 类的声明。

```
@InterfaceAudience.Public
 @InterfaceStability.Stable
public abstract class FileSystem
extends Configured
implements Closeable
```

图 4-23　FileSystem 的声明

FileSystem 类位于 org.apache.hadoop.fs 包中，从声明中可以看到，它是一个抽象类，其父类是 Configured，实现了 Closeable 接口。

Closeable 接口是可以关闭的数据源或目标。若要实现 close 方法，则可释放对象保存的资源（如打开文件）。

父类 Configured 有两个方法：void setConf(Configuration conf)用于设置 Configuration；Configuration getConf( )用于获取 Configuration。除了上述方法，其他 FileSystem 类的方法及说明如表 4-4 所示。

说明：在表 4-4 中，未列举 public 方法。

表 4-4　FileSystem 类的方法及说明

| 方法 | 说明 |
| --- | --- |
| static FileSystem get(Configutation conf) | 获取 FileSystem 实例，静态方法 |
| static FileSystem get(URI uri, Configutation conf) | 获取 FileSystem 实例，静态方法 |
| static FileSystem get(URI uri, Configutation conf, String user) | 获取 FileSystem 实例，静态方法，多个用户参数 |
| FSDataInputStream open(Path f) | 在 Path 位置打开一个文件输入流 |
| void copyFromLocalFile(Path src, Path dst) | 将本地文件复制到文件系统 |
| void copyToLocalFile(Path src, Path dst) | 将文件系统上的文件复制到本地 |
| boolean exists(Path f) | 检查文件或目录是否存在 |
| boolean mkdirs(Path f) | 新建所有目录（包括父目录），f 为完整路径 |
| abstract boolean mkdirs(Path f, FsPermission p) | 在文件系统上创建指定文件，包括上级目录 |
| FSOutputStream create(Path f) | 创建指定路径的文件，返回一个输入流 |
| boolean delete(Path f, Boolean recursive) | 永久删除指定的文件或目录，如果是空目录，recursive 可以忽略，如果是非空目录，只有 recursive=true 时才会被删除 |

其中，create( )方法有多个重载版本，允许我们指定是否强制覆盖已有的文件、文件备份数量、写入文件缓冲区大小、文件块大小及文件权限。

## 任务实施

【工作流程】

HDFS 的 Java API 操作相关流程如下。

1）基础环境准备。

2）目录与文件的创建、删除操作。

3）文件的上传与下载操作。

【操作步骤】

1）基础环境准备。HDFS 的 Java API 相关操作依赖的基础环境包括安装好的 Hadoop 及开发工具等，具体软件环境如表 4-5 所示。

表 4-5　HDFS 的 Java API 的软件环境

| 编号 | 软件基础 | 版本号 |
| --- | --- | --- |
| 1 | 操作系统 | CentOS 7 桌面版，主机名 node1 |
| 2 | Java 编译器 | JDK 1.8 |
| 3 | Hadoop | Hadoop 3.1.0 |
| 4 | IDEA | 推荐新版本 |

前面我们已经介绍了 Windows 的 IDEA 的安装操作，本任务介绍 Linux 的 IDEA 操作，Linux 版本的 IDEA 解压即用非常方便。这里要求 Linux 操作系统是桌面版的。

① 安装 IDEA 的 Linux 环境。首先访问 IDEA 的官方下载页面，选择 Linux 版本下载最新的安装包。IDEA Linux 安装包下载入口如图 4-24 所示。

图 4-24　IDEA Linux 安装包下载入口

将下载的安装包上传到服务器，然后解压，命令如下：

```
[root@master01 Downloads]# ls
ideaIC-2021.2.3.tar.gz
[root@master01 Downloads]# tar zxvf ideaIC-2021.2.3.tar.gz -C /usr/local/
```

启动 IDEA，命令如下：

```
[root@master01 Downloads]# cd /usr/local/
[root@master01 local]# mv idea-IC-212.5457.46 idea
[root@master01 local]# cd idea/bin/
[root@master01 bin]# ./idea.sh
```

② 导入 Maven 依赖。首先创建一个 Maven 项目，项目名称可以命名为 HDFSDemo，然后打开 pom.xml 文件，导入 Maven 依赖项，命令如下：

```
<dependencies>
        <dependency>
            <groupId>junit</groupId>
            <artifactId>junit</artifactId>
            <version>RELEASE</version>
        </dependency>
        <dependency>
            <groupId>org.apache.hadoop</groupId>
            <artifactId>hadoop-hdfs</artifactId>
            <version>3.1.1</version>
        </dependency>
        <dependency>
            <groupId>org.apache.hadoop</groupId>
            <artifactId>hadoop-client</artifactId>
            <version>3.1.1</version>
        </dependency>
        <dependency>
            <groupId>org.apache.hadoop</groupId>
            <artifactId>hadoop-common</artifactId>
            <version>3.1.1</version>
        </dependency>
        <dependency>
```

```
        <groupId>org.apache.logging.log4j</groupId>
        <artifactId>log4j-core</artifactId>
        <version>2.8.2</version>
    </dependency>
</dependencies>
```

2）目录与文件的创建、删除操作。创建类文件 MkdirDemo，在该类文件中实现目录与文件的创建、删除操作。在 HDFS 的 Java API 的用户中已经了解，操作 HDFS 的 API 接口是以 FileSystem 为基础的，在该步骤中会使用 FileSystem 类中的 mkdirs、create 和 delete 方法，完成目录与文件的创建、删除操作。而通过 FileSystem 访问远程集群则需要给定配置信息，Hadoop 通过自定义的 Configuration 类来给定 Hadoop 相关的连接信息。命令如下：

```
//创建方法 getFielSystem,实现获取文件系统对象的操作
    public static FileSystem getFileSystem() throws IOException,
URISyntaxException {
        Configuration conf=new Configuration(); //创建 conf 对象
        URI uri=new URI("hdfs://192.168.137.211:9000"); //创建 uri 对象
        final FileSystem fileSystem=FileSystem.get(uri,conf);
//创建 fileSystem 对象
        return fileSystem;
    }

    //使用此方法遍历目录
    public static void list(String dir) throws Exception{
        FileSystem fileSystem=getFileSystem();
        FileStatus[] listStatus=fileSystem.listStatus(new Path(dir));
        for (FileStatus fileStatus : listStatus) {
            boolean isDir=fileStatus.isDirectory();
            String name=fileStatus.getPath().toString();
            System.out.println(isDir+"  "+name);
        }
    }

    public static void mkdir(String path) throws Exception{
        final FileSystem fileSystem=getFileSystem();
        fileSystem.mkdirs(new Path(path)); //创建文件夹
        //遍历文件夹下的内容
        list("/");
    }

    public static void create(String path) throws Exception{
        final FileSystem fileSystem=getFileSystem();
        fileSystem.create(new Path(path)); //创建文件夹
        //遍历文件夹下的内容
```

```
        list("/");
    }

    public static void delete(String path) throws Exception{
        final FileSystem fileSystem=getFileSystem();
        fileSystem.delete(new Path(path), true); //创建文件夹
        //遍历文件夹下的内容
        list("/");
    }

    public static void main(String args[]) throws Exception {
        //创建目录
        //mkdir("/bigdata");
        //删除目录
        //delete("/bigdata");
        //创建文件
        create("/demo.txt");
    }
```

3）文件的上传与下载操作。在该步骤中可以使用 FileSystem 类中的 copyFromLocalFile 和 copyToLocalFile 方法，完成文件的上传与下载操作，也可以使用数据流与文件读写操作完成文件的上传与下载。

① 使用数据流与文件读写操作完成文件的上传和下载。在该步骤中会使用 FileSystem 类中的 open 方法，完成文件的读写操作。创建类文件 UploadDemo01，在该类文件中实现目录与文件的上传与下载操作。命令如下：

```
//创建方法 getFileSystem,实现获取文件系统对象的操作
    public static FileSystem getFileSystem() throws IOException,
URISyntaxException {
        Configuration conf=new Configuration(); //创建 conf 对象
        URI uri=new URI("hdfs://192.168.137.211:9000");  //创建 uri 对象
        final FileSystem fileSystem=FileSystem.get(uri,conf);
    //创建 fileSystem 对象
        return fileSystem;
    }

    //创建方法 uploadFile,实现文件的上传操作
    public static void uploadFile(String source, String dest) throws
IOException,FileNotFoundException, URISyntaxException {
        FileSystem fileSystem=getFileSystem();
        FSDataOutputStream out=fileSystem.create(new Path(dest));
    //创建文件,返回输出流对象
        FileInputStream in=new FileInputStream(source); //定义文件输入流
        IOUtils.copyBytes(in, out,1024, true);
```

```
        //将文件上传到 HDFS 的指定目录下
        }

        //创建方法 downloadFile,实现将文件下载到本地的操作
        public static void downloadFile(String source,String dest) throws
IOException, URISyntaxException{
            FileSystem fileSystem=getFileSystem();
            FSDataInputStream in=fileSystem.open(new Path(source));
            FileOutputStream out=new FileOutputStream(dest);
            IOUtils.copyBytes(in, out,1024, true);  //将文件内容下载到本地
        }

        public static void main(String args[]) throws Exception {
            //将本地"/opt/hello.txt"文件上传到 HDFS 的"/"目录下
            uploadFile("/opt/hello.txt","/hello.txt");
            //将 HDFS 的"/hello.txt"文件下载到本地"/opt"目录下
            //并命名为"hello1.txt"
            downloadFile("/hello.txt","/opt/hello1.txt");
        }
```

② 使用 copyFromLocalFile 和 copyToLocalFile 方法实现文件的上传与下载操作。创建类文件 UploadDemo02，使用 copyFromLocalFile 和 copyToLocalFile 方法实现目录与文件的上传与下载操作。命令如下：

```
    //创建方法 getFileSystem,实现获取文件系统对象的操作
        public static FileSystem getFileSystem() throws IOException,
URISyntaxException {
            Configuration conf=new Configuration(); //创建 conf 对象
            URI uri=new URI("hdfs://192.168.137.211:9000");  //创建 uri 对象
            final FileSystem fileSystem=FileSystem.get(uri,conf);
    //创建 fileSystem 对象
            return fileSystem;
        }

        public static void uploadfile(String pathLocal, String pathDistal) throws
Exception{
            final FileSystem fileSystem=getFileSystem();
            fileSystem.copyFromLocalFile(new Path(pathLocal), new
Path(pathDistal));
        }

        public static void downloadFile(String pathDistal, String pathLocal)
throws Exception{
            final FileSystem fileSystem=getFileSystem();
```

```
            fileSystem.copyToLocalFile(new Path(pathDistal), new
Path(pathLocal));
        }

        public static void main(String[] args) throws Exception{
            uploadfile("/opt/hello.txt", "/");
            downloadFile("/hello.txt", "/opt/hello1.txt");
        }
```

## 任务评价

**任务考核评价表**

| 任务名称：HDFS 的 Java API 操作 | | | | | |
|---|---|---|---|---|---|
| 班级： | 学号： | 姓名： | | 日期： | |
| 评价内容 | 评价标准 | 评价方式 | | 分值 | 得分 |
| | | 小组评价（权重为 0.3） | 导师评价（权重为 0.7） | | |
| 职业素养 | 1）遵守学校管理规定，遵守纪律，按时完成工作任务<br>2）考勤情况<br>3）工作态度积极、勤学好问 | | | 20 | |
| 专业能力 | 1）掌握 HDFS 的 Java API 一般用法<br>2）能够掌握 HDFS 的 Java API 目录和文件的相关操作 | | | 70 | |
| 创新能力 | 1）能提出新方法或应用新技术等<br>2）其他类型的创新性业绩 | | | 10 | |
| 总分合计 | | | | | |
| 指导教师综合评语 | 指导教师签名：　　　　　　日期： | | | | |

## 拓展小课堂

增强数据安全意识：在本单元中，我们学习了 HDFS 通过优秀的机架感知策略和副本机制来有效保障数据的安全和可用性。当今社会，数据已成为国家的战略资源、企业的关键资产和个体的人格表征。迎接数字时代，激活数据要素潜能，加快建设数字经济、数字社会、数字政府，以及数字化转型整体驱动生产方式、生活方式和治理方式的变革已成为第十四个五年规划的宏大愿景。然而，数据在体现和创造价值的同时，也面临着严峻的安全风险。近年来，数据安全事件造成的影响越来越严重，已逐渐深入扩展到国家政治、经济、民生等不同层面。作为社会的一员，我们每个人都要加强学习，强化数据安全风险意识。2021 年 6 月 10 日，中华人民共和国第十三届全国人民代表大会常务委员会第二十九次会议表决通过了《中华人民共和国数据安全法》并于 2021 年 9 月 1 日起施行。《中华人民共和国数据安全法》作为数据领域的基础性法律，聚焦数据安全领域的风险隐患，确立了数据分类分级管理、数据安全审查、数据安全风险评估、监测预警和应急处置等基本制度，提升国家数据安全保障能力。

## 单元总结

通过本单元的学习，学生应熟练掌握 HDFS 文件系统操作和系统管理操作。通过学习命令行操作，学生可完成文件的上传、下载及对文件权限进行修改等操作。通过学习系统管理操作，学生应掌握常用的运维操作。通过学习 HDFS 的 Java API 操作，学生应可通过代码实现文件操作。

## 在线测试

### 一、单选题

1．格式化 HDFS 的命令是（　　）。

A．hdfs -format　　B．hdfs dfsadmin -format

C．hdfs namenode -format　　D．hdfs datanode -format

2．HDFS 组件中的 DataNode 在 HDFS 系统中的作用是（　　）。

A．支配　　B．保存数据节点

C．管理　　D．降低数据丢失的风险

3．HDFS 集群中的 NameNode 职责不包括（　　）。

A．维护 HDFS 集群的目录树结构

B．维护 HDFS 集群的所有数据块的分布、副本数和负载均衡

C．负责保存客户端上传的数据

D．响应客户端的所有读写数据请求

4．HDFS 是基于流数据模式访问和处理超大文件的需求而开发的，它适合的读写任务是（　　）。

A．一次写入，少次读取　　B．多次写入，少次读取

C．一次写入，多次读取　　D．多次写入，多次读取

5．在 Hadoop 2.×中，HDFS 默认的 Block Size 值是（　　）。

A．32M　　B．64M　　C．128M　　D．256M

### 二、多选题

1．下列场景中不适合使用 HDFS 存储数据的是（　　）。

A．低延时的数据访问场景　　B．大量小文件的频繁访问场景

C．海量电影素材备份场景　　D．文件经常需要修改的场景

2．下列命令可以查看 HDFS 中文件内容的是（　　）。

A．hdfs dfs -cat /文件路径　　B．hdfs dfs -text /文件路径

C．hdfs dfs -ls /文件路径　　D．hdfs dfs -get /文件路径

三．判断题

1．HDFS 系统采用 NameNode 定期向 DataNode 发送心跳消息，用于检测系统是否正常运行。 （ ）

2．用户可以通过“hadoop fs-put”命令获取远端文件数据。 （ ）

## 技能训练

1）通过 HDFS 命令行操作完成文件的创建、修改、上传、下载功能，并将本地数据上传到 HDFS 中。

2）在已有集群中完成新增节点的操作。

3）通过 Java API 在代码中操作 HDFS 中的文件。

# 单元 5　使用 MapReduce 实现电商销售数据的统计

## 学习目标

通过本单元的学习，学生应理解 MapReduce 的原理与体系架构，了解 MapReduce 的发展现状，掌握 YARN 的运行机制，理解 MapReduce 的数据处理流程与任务管理机制，掌握 MapReduce 的任务执行方式与监控方式，能够通过 Java API 实现分词统计的操作；并可培养学生运用 MapReduce 实现电商销售数据统计的能力，也可培养学生认真仔细的工作作风和精益求精的工匠精神。

## 知识图谱

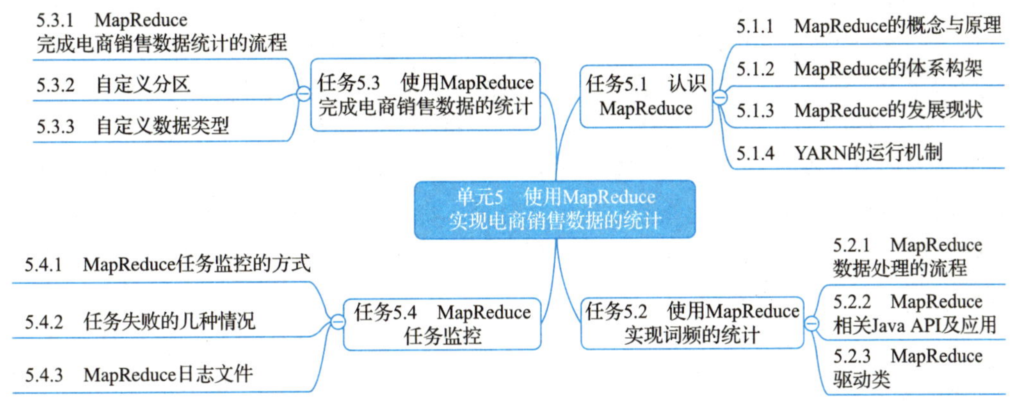


## 任务 5.1　认识 MapReduce

### 任务情境

**【任务场景】**

经理：小张，咱们后台数据量越来越大，服务器性能不佳，计算效率是个问题，你有什么好的建议吗？

认识 MapReduce

小张：Hadoop 的核心组件 MapReduce 可以用作大规模数据集的运算，我们已经有了 Hadoop 集群，不妨试试 MapReduce。

经理：嗯，没错。MapReduce 可以并行拆分和处理 TB 级数据，运行在普通服务器组成的集群上也能保证快速高效地处理海量数据，你先了解一下 MapReduce 的原理和运行机制吧。

小张：好的。

**【任务布置】**

MapReduce 的运行依赖于 JDK 和 Hadoop，因此必须将 Hadoop 的基础环境提前安装好，才能进行 MapReduce 的运行操作和其他操作。本任务要求在前面已经完成安装部署的 Hadoop 平台的 node1 节点上完成，要求理解 MapReduce 的原理和体系架构；理解 YARN 的运行机制；最终在 node1 节点上运行 MapReduce 自带的单词计数程序，查看运行结果。

## 知识准备

### 5.1.1 MapReduce 的概念与原理

#### 1. MapReduce 介绍

MapReduce 是一种分布式计算模型，由 Google 提出，起初主要用于搜索领域，解决海量数据的计算问题。MapReduce 是 Hadoop 框架中的一种编程模型，用于访问存储在 HDFS 中的大数据，它是一个核心组件，是 Hadoop 框架功能不可或缺的一部分。

MapReduce 是面向大数据并行处理的计算模型、框架和平台，它隐含了以下 3 层含义。

1）MapReduce 是一个基于集群的高性能并行计算平台。它允许使用市场上普通的商用服务器构成一个包含数十、数百至数千个节点的分布和并行的计算集群。

2）MapReduce 是一个并行计算与运行的软件框架。它提供了一个庞大但设计精良的并行计算软件框架，能自动完成计算任务的并行化处理，自动划分计算数据和计算任务，在集群节点上自动分配和执行任务及收集计算结果，将数据分布存储、数据通信、容错处理等并行计算涉及的很多系统底层的复杂细节交由系统负责处理，大大减少了软件开发人员的负担。

3）MapReduce 是一个并行程序设计模型与方法。它借助于函数式程序设计语言 Lisp 的设计思想，提供了一种简便的并行程序设计方法，使用 map( )和 reduce( )两个函数编程实现基本的并行计算任务，提供了抽象的操作和并行编程接口，可以简单方便地完成大规模数据的编程和计算处理。

#### 2. MapReduce 的原理

1）基本概念。使用一个比较形象的例子来解释 MapReduce：我们要清点图书馆中的所有图书。你清点 1 号书架，我清点 2 号书架。这就是“Map”。人数越多，清点图书就越快。现在把所有人清点的图书数量加在一起，这就是“Reduce”。

MapReduce 由两个阶段组成：Map（映射）和 Reduce（归纳），用户只需要实现 map( )和 reduce( )两个函数，即可实现分布式计算。这两个函数的形参是 key/value 对，表示函数的输入信息。

2）映射和归纳。简单来说，一个映射函数就是对一些独立元素组成的概念上的列表的每一个元素进行指定的操作。事实上，每个元素都是被独立操作的，而原始列表没有被更改，因为这里创建了一个新的列表来保存新的答案。这就是说，Map 操作是可以高度并行的，这对高性能要求的应用及并行计算领域的需求非常有用。

而归纳操作指的是对一个列表的元素进行适当的合并。虽然它不如映射函数那么并行，但是因为化简后总会有一个简单的答案，大规模的运算相对独立，所以化简函数在高度并行环境下也很有用。

### 3. MapReduce 的优势

1）易于理解。MapReduce 易于理解：简单地实现一些接口就可以完成一个分布式程序，并且分布式程序还可以分布到大量廉价的 PC 上运行。MapReduce 通过抽象模型和计算框架把需要做什么和具体做什么分开了，为开发者提供了一个抽象和高层的编程接口与框架，开发者仅需关心其他应用层的具体计算问题，大大降级了开发者使用时的心智负担。

2）良好的扩展性。当计算资源不能得到满足时，可以通过简单地增加机器来扩展它的计算能力。多项研究发现，基于 MapReduce 的分布式计算，其计算性能可以随节点数目增长并保持近似于线性的增长，这个特点是 MapReduce 处理海量数据的关键，通过将计算节点增至几百或几千可以很容易地处理数百 TB 甚至 PB 级别的离线数据。

3）分布可靠。MapReduce 通过把对数据集的大规模操作分发给网络上的每个节点实现可靠性；每个节点会周期性地返回它所完成的工作和最新的状态。如果一个节点保持沉默超过一个预设的时间间隔，则主节点记录下这个节点的状态为死亡，并把分配给这个节点的数据发到其他的节点。每个操作使用命名文件的原子操作以确保不会发生并行线程间的冲突；当文件被重命名时，系统可能会把它们复制到任务名以外的另一个任务上去（避免副作用）。

## 5.1.2 MapReduce 的体系架构

### 1. MapReduce 1.0 的体系架构

MapReduce 1.0 的体系架构如图 5-1 所示。

MapReduce 1.0 采用了 Manager/Worker（M/W）架构。它主要由以下几个组件组成：Client、JobTracker、TaskTracker 和 Task。下面分别对这几个组件进行介绍。

1）Client。用户编写的 MapReduce 程序通过 Client 提交到 JobTracker 端；同时，用户可以通过 Client 提供的一些接口查看作业的运行状态。在 Hadoop 内部使用“作业”（Job）表示 MapReduce 程序。一个 MapReduce 程序可以对应若干个作业，而每个作业则会被分解成若干个 Map/Reduce 任务（Task）。

2）JobTracker。JobTracker 主要负责资源监控和作业调度。JobTracker 监控所有 TaskTracker 与作业 Job 的健康状况，一旦发现失败情况，其会将相应的任务转移到其他节点；同时，JobTracker 会跟踪任务的执行进度、资源使用量等信息，并将这些信息告诉 TaskScheduler（任务调度器），而任务调度器会在资源出现空闲时，选择合适的任务使用这些资源。在 Hadoop 中，任务调度器是一个可插拔的模块，用户可以根据自己的需要设计相应的调度器。

3）TaskTracker。TaskTracker 会周期性地通过 Heartbeat（心跳检测）将本节点上资源的使用情况和任务的运行进度汇报给 JobTracker，同时接收 JobTracker 发送过来的命令并执行相应的操作（如启动新任务、杀死任务等）。TaskTracker 使用“slot”等量划分本节点上的资源量。“slot”代表计算资源（CPU、内存等）。一个 Task 获取到一个 slot 后才有机会运行，而 Hadoop 调度器的作用就是将各 TaskTracker 上的空闲 slot 分配给 Task 使用。slot 分为 Map slot 和 Reduce slot 两种，分别供 Map Task 和 Reduce Task 使用。TaskTracker 通过 slot 数目（可配置参数）限定 Task 的并发度。

4）Task。Task 分为 Map Task 和 Reduce Task 两种，均由 TaskTracker 启动。HDFS 以固定大小的 block 为基本单位存储数据，而对于 MapReduce 而言，其处理单位是 split。split 是一个逻辑概念，它只包含一些元数据信息，如数据起始位置、数据长度、数据所在节点等。它的划分方法完全由用户自己决定。但需要注意的是，split 的多少决定了 Map Task 的数目，因为每个 split 会交由一个 Map Task 来处理。

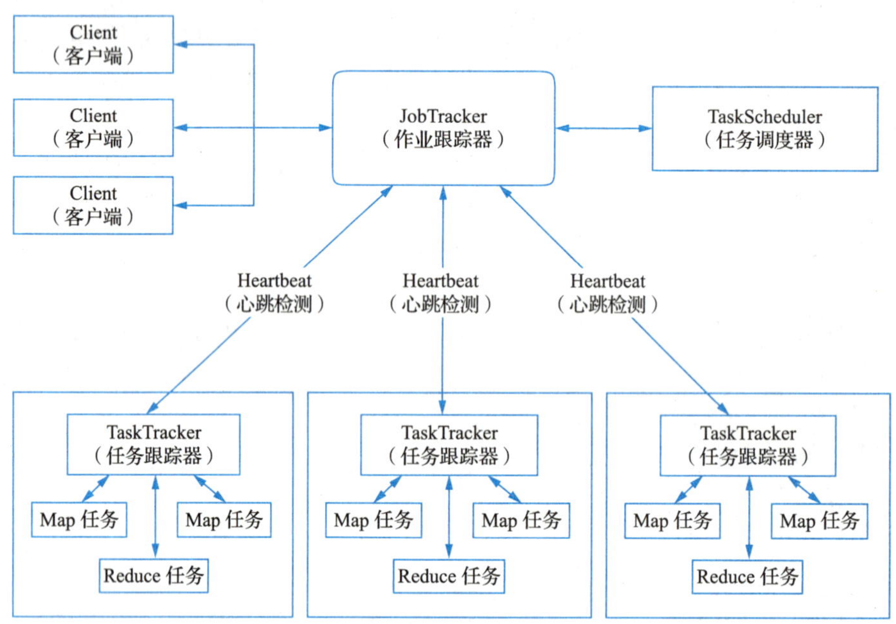


图 5-1　MapReduce 1.0 的体系架构

### 2. MapReduce 2.0 的体系架构

MapReduce 2.0 的体系架构如图 5-2 所示。

Hadoop 2.0 新引入的资源管理系统，是直接从 MapReduce v1 演化而来的；其核心思想是，将 MapReduce v1 中 JobTracker 的资源管理和任务调度两个功能分开，分别由 ResourceManager 和进程实现。

1）Client。与 MapReduce v1 的 Client 类似，用户通过 Client 与 YARN 交互，提交 MapReduce 作业，查询作业运行状态，管理作业等。

2）ResourceManager。ResourceManager 是一个全局的资源管理器，负责整个系统的资源管理和分配。它主要由两个组件构成：调度器和应用程序管理器。

① 调度器。调度器根据容量、队列等限制条件（如每个队列分配一定的资源，最多执行一定数量的作业等），将系统中的资源分配给正在运行的应用程序。

需要注意的是，该调度器是一个“纯调度器”，它不再从事任何与具体应用程序相关的工作，如不负责监控或跟踪应用的执行状态等，也不负责重新启动因应用执行失败或硬件故障而产生的失败任务，这些均交由应用程序相关的 ApplicationMaster 来完成。调度器仅根据各应用程序的资源需求进行资源分配，而资源分配单位用一个抽象概念——资源容器 Container 来表示。Container 是一个动态资源分配单位，它将内存、CPU、磁盘、网络等资源封装在一起，从而限定每个任务使用的资源量。此外，该调度器是一个可插拔的组件，用户可以根据自己的需要设计新的调度器，YARN 提供了多种直接可用的调度器，如 Fair Scheduler 和 Capacity Scheduler 等。

② 应用程序管理器。应用程序管理器负责管理整个系统中的所有应用程序，包括应用程序提交、与调度器协商资源以启动 ApplicationMaster、监控 ApplicationMaster 运行状态并在失败时重新启动等。

3）NodeManager。NodeManager 是每个节点上的资源和任务管理器，一方面，它会定时地向 ResourceManager 汇报本节点上的资源使用情况和各 Container 的运行状态；另一方面，它接收并处理来自 ApplicationMaster 的 Container 启动/停止等各种请求。

4）ApplicationMaster。ApplicationMaster 功能类似于 1.0 中的 JobTracker，但不负责资源管理，其功能包括任务划分、任务调度、任务状态监控和容错。ApplicationMaster 有较好的容错性，一旦运行失败，由 YARN 的 ResourceManager 负责重新启动，最多重启次数可由用户设置，默认是 2 次。一旦超过最高重启次数，则作业运行失败。

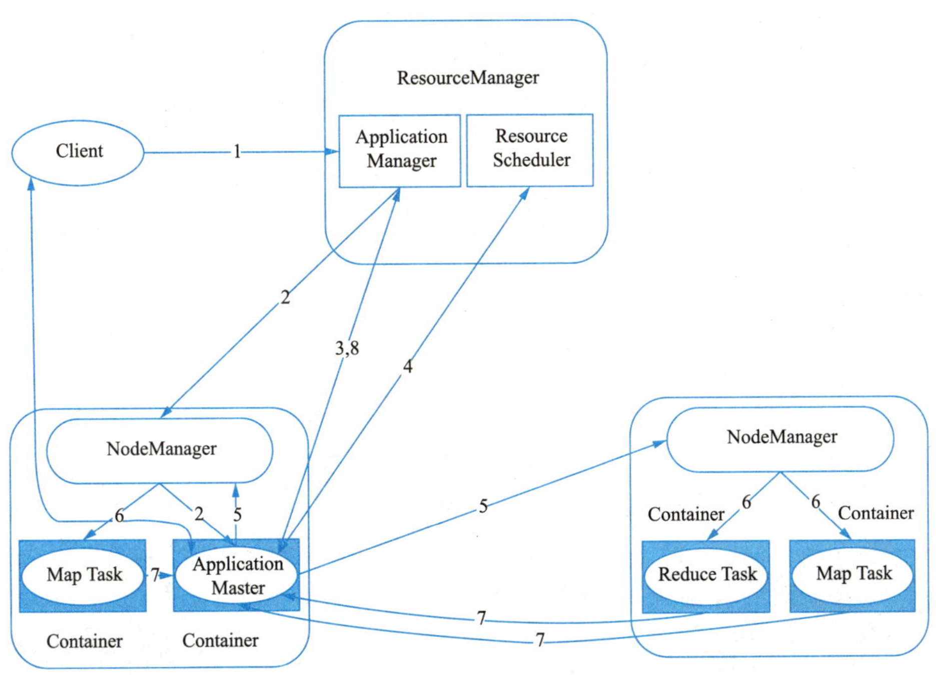


图 5-2　MapReduce 2.0 的体系架构

5）Container。Container 是 YARN 中的资源抽象，它封装了某个节点上的多维度资源，如内存、CPU、磁盘、网络等，当 ApplicationMaster 向 ResourceManager 申请资源时，ResourceManager 为 ApplicationMaster 返回的资源便是使用 Container 表示的。YARN 会为每个任务分配一个 Container，且该任务只能使用该 Container 中描述的资源。每个 Container 可以根据需要运行 ApplicationMaster、Map、Reduce 或任意的程序。

6）Map Task/Reduce Task。Map Task/Reduce Task 周期性地向 ApplicationMaster 汇报心跳。一旦 Task 挂掉，则 ApplicationMaster 将为其重新申请资源，并重新运行。其最多重新运行次数可由用户设置，默认是 4 次。

注意：每个 MapReduce 作业对应一个 ApplicationMaster 任务调度。

### 3. MapReduce 任务的执行过程

文件 split 机制如图 5-3 所示。

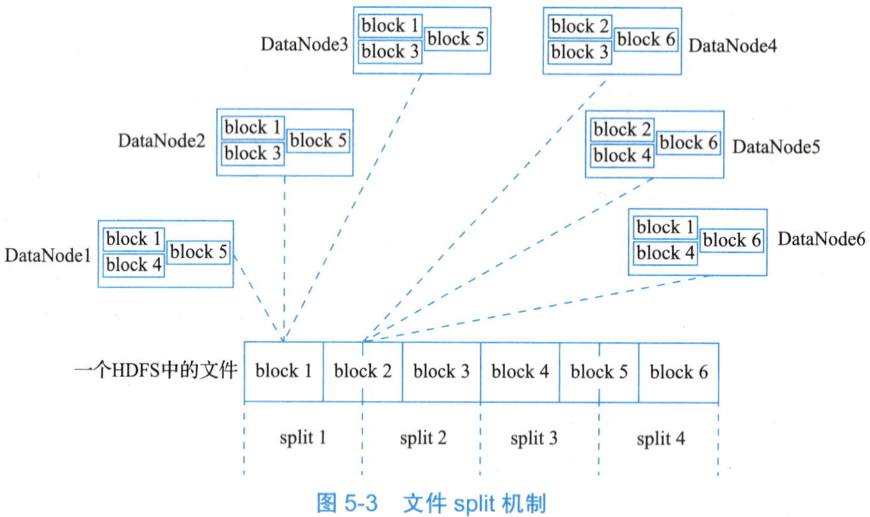


图 5-3　文件 split 机制

Map Task 任务的执行过程如图 5-4 所示。由图 5-4 可知，Map Task 先将对应的 split 迭代解析成一个个 key/value 对，依次调用用户自定义的 map( )函数进行处理，最终将临时结果存放到本地磁盘上，其中临时数据被分成若干个 partition（分片），每个 partition 将被一个 Reduce Task 处理。

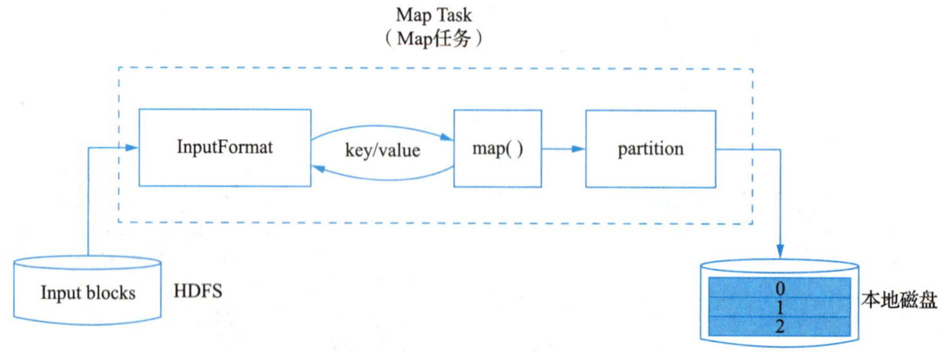


图 5-4　Map Task 任务的执行过程

Reduce 任务的执行过程如图 5-5 所示，该过程分为以下 3 个阶段。

1）从远程节点上读取 Map Task 中间结果（称为 shuffle 阶段）。

2）按照 key 对 key/value 对进行排序（称为 sort 阶段）。

3）依次读取<key, value list>，调用用户自定义的 reduce( )函数进行处理，并将最终结果存到 HDFS 上（称为 Reduce 阶段）。

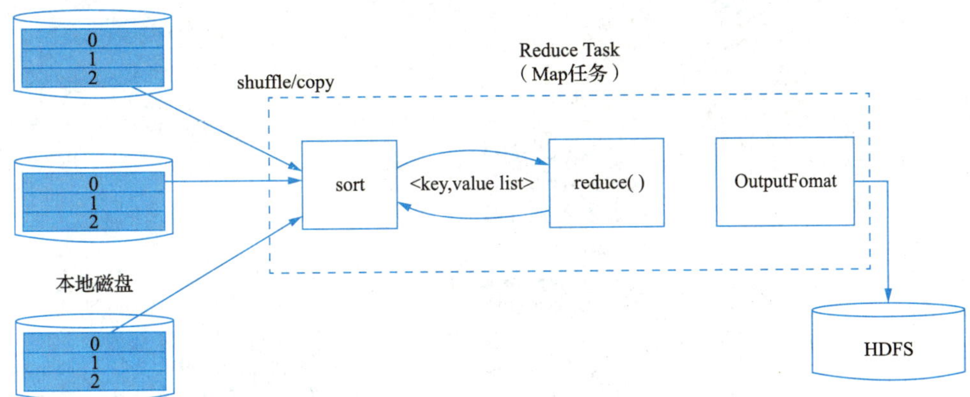


图 5-5　Reduce 任务的执行过程

## 5.1.3　MapReduce 的发展现状

以前，MapReduce 主要应用在非常广泛的应用程序中，包括分布 grep、分布排序、Web 连接图反转、每台机器的词矢量、Web 访问日志分析、反向索引构建、文档聚类、机器学习、基于统计的机器翻译等。值得注意的是，MapReduce 实现以后，它被用来重新生成 Google 的整个索引，并取代老的 ad hoc 程序去更新索引。

Hadoop 解决了有无问题。很快人们发现 MapReduce 复杂度很高，即使技术实力强大如 Facebook 都很难写出高效正确的 MapReduce 程序。此外除了解决批处理问题，人们需要 Hadoop 能解决其遇到的交互式查询任务。为此，Facebook 开发了 Hive，该项目快速流行起来，到现在还有很多用户。Facebook 当时更是有高达 95%的用户使用 Hive 而不是裸写 MapReduce 程序。

但 MapReduce 的思想和技术原理还是值得我们学习的。2010 年出版的 *Data-Intensive Text Processing with MapReduce* 一书的作者 Jimmy Lin 在书中提出：MapReduce 改变了我们组织大规模计算的方式，它代表了第一个有别于冯・诺依曼结构的计算模型，是在集群规模而非单个机器上组织大规模计算的新的抽象模型上的第一个重大突破，是目前所见到的最为成功的、基于大规模计算资源的计算模型。

## 5.1.4　YARN 的运行机制

Hadoop 的主要组件有 HDFS 和 YARN，HDFS 是分布式文件系统，主要用于进行文件的存储；而 YARN 是 Hadoop 集群资源管理系统，支持分布式计算模式。

YARN 通过管理集群资源使用的资源管理器和运行在集群节点上启动、监控容器的节-

点管理器两类长期运行的守护进程提供核心服务。容器是用于执行特定应用程序的进程，每个容器都有资源限制(内存、CPU)，一个容器就是一个 Linux 进程即 Linux cgroup。YARN 的运行过程如图 5-6 所示。

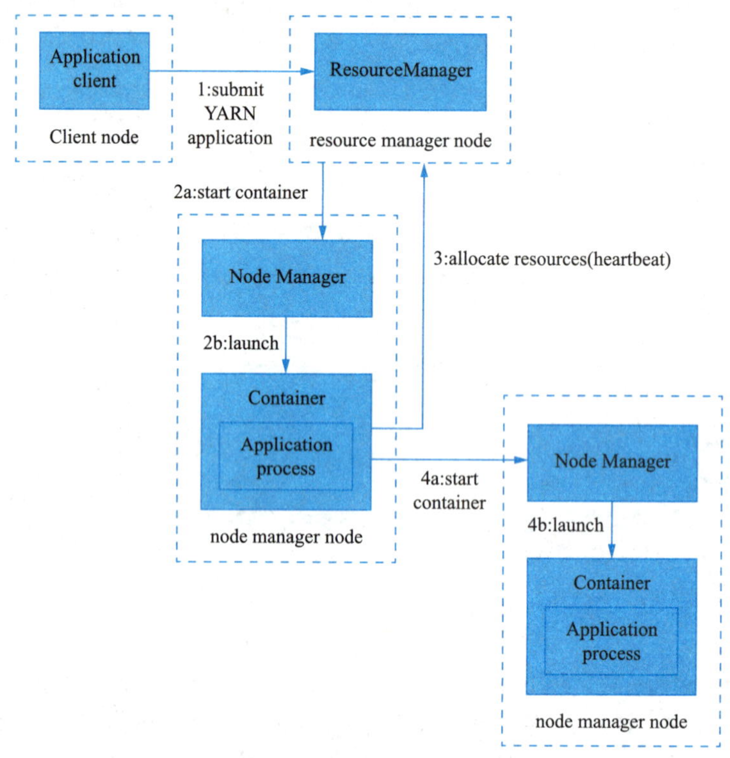


图 5-6　YARN 的运行过程

### 1. 在 YARN 上运行一个应用的步骤

1）客户端联系资源管理器，要求运行一个 application master 进程（图 5-6 中的步骤 1）。

2）资源管理器找到一个能够在容器启动 application master 的节点管理器（图 5-6 中的步骤 2a 和步骤 2b）。

3）application master 运行后，根据应用本身向资源管理器请求更多容器（图 5-6 中的步骤 3）。

4）资源管理器给 application master 分配需要的资源后，application master 在对应资源节点管理器启动容器，节点管理器获取任务运行需要的 resources 后，在该容器运行任务（图 5-6 中的 4a 和步骤 4b）。

YARN 有一个灵活资源请求模型，当请求多个容器时，可以指定每个容器需要的计算机资源数量（内存和 CPU），也可以指定对容器本地限制要求。容器本地限制可用于申请位于指定节点或机架或集群中任何位置的容器，确保分布式数据处理可以高效使用集群宽带资源。HDFS 默认存储 3 个副本，如果 3 个副本所在节点或机架资源申请失败后，则可以申请集群中的任意节点。

### 2. YARN 调度

在理想情况下，YARN 应用发出资源请求后会立刻给予满足，但现实是资源是有限的，通常需要等待一段时间才能得到所需的资源，因此 YARN 提供多种调度器和可配置策略来供选择。YARN 提供 FIFO 调度器、容量调度器和公平调度器 3 种调度器。使用哪种调度器取决于 yarn-site.xml 中的 yarn.resourcemanager.scheduler.class 属性的配置。

1）FIFO 调度器。FIFO 调度器将应用放置在一个队列中，按照提交顺序运行应用，首先为队列中的第一个应用请求分配资源，第一个应用请求被满足后再依次为队列的下一个应用服务。FIFO 调度器简单易懂，不需要配置，但不适合共享集群。如果大应用（运行资源多）占用集群的所有资源，则其他应用必须等待直到轮到自己运行。这种情况下容量调度器或公平调度器更适合，这两种调度器允许长时间作业及时完成，又允许较小临时作业能得到反馈。

2）容量调度器。使用容量调度器时，由一个独立的专门队列保证小作业一提交就启动，队列容量为固定队列中作业所保留的容量，这种策略是以整个集群利用率为代价的，相比于 FIFO 调度器，其大作业执行的时间更长。

3）公平调度器。使用公平调度器时，不需要预留一定的资源，调度器会在所有运行的作业之间动态平衡资源，第一个作业启动时，因为是唯一运行的作业，所以可以获得集群的所有资源。当第二个作业启动时，它被分配到集群的一半资源，每个作业都能公平地共享资源。在这个过程中，第二个作业从启动到能获得公平共享资源之间会有时间滞后，必须等待第一个作业使用的容器用完并释放出资源。当小作业结束且不再申请资源后，大作业将再次使用全部的资源，最终实现既能达到较高的集群利用率，又能保证小作业及时完成。

## 任务实施

**【工作流程】**

1）在本地/home/hdfs 下创建备用文件 hello。

2）在文件中输入内容。

3）将 hello 文件上传到 HDFS 根目录。

4）运行 jar 包。

5）常见问题分析。

**【操作步骤】**

1）在本地/home/hdfs 下创建备用文件 hello，命令如下：

```
[root@master01 /]# mkdir /home/hdfs
[root@master01 /]# cd /home/hdfs
[root@master01 /]# vim hello
```

2）在文件中输入如下内容：

```
Hello HDFS
Hello MapReduce
```

3）将 hello 文件上传到 HDFS 根目录，命令如下：

```
[root@master01 /]# hdfs dfs -put /home/hdfs/hello /
```

4）运行 jar 包。在 Hadoop 的安装目录下有个 jar 包，其中有很多框架自带的例子，如词频统计 WordCount、计算圆周率 pi 等。运行 jar 包的命令如下：

```
/usr/local/hadoop/share/hadoop/mapreduce/hadoop-mapreduce-examples-3.1.1.jar
```

使用以下命令查看 jar 包中的内容：

```
[root@master01 /]# hadoop jar hadoop-mapreduce-examples-3.1.1.jar
```

使用以下命令运行自带的 WordCount 程序：

```
[root@master01 /]# hadoop jar hadoop-mapreduce-examples-3.1.1.jar wordcount
/hello /out
```

在新生成的 out 目录下查看运行结果，出现以下输出结果即为成功。

```
[root@master01 /]# hdfs dfs -cat /out/part-r-00000
HDFS  1
Hello   2
MapReduce   1
```

5）常见问题分析。初次运行 hadoop jar 命令时可能会出现找不到或无法加载主类的错误，如下：

```
[2021-12-02 17:30:16.701]Container exited with a non-zero exit code 1. Error
file: prelaunch.err.
Last 4096 bytes of prelaunch.err :
Last 4096 bytes of stderr :
错误：找不到或无法加载主类 org.apache.hadoop.mapreduce.v2.app.MRAppMaster
[2021-12-02 17:30:16.701]Container exited with a non-zero exit code 1. Error
file: prelaunch.err.
Last 4096 bytes of prelaunch.err :
Last 4096 bytes of stderr :
错误：找不到或无法加载主类 org.apache.hadoop.mapreduce.v2.app.MRAppMaster
```

这时需要到 yarn-site.xml 配置文件中修改配置，添加以下内容。

```
    <property>
        <name>yarn.application.classpath</name>
<value>/opt/hadoop/etc/hadoop:/opt/hadoop/share/hadoop/common/lib/*:/opt
/hadoop/share/hadoop/common/*:/opt/hadoop/share/hadoop/hdfs:/opt/hadoop/share
/hadoop/hdfs/lib/*:/opt/hadoop/share/hadoop/hdfs/*:/opt/hadoop/share/hadoop
/mapreduce/lib/*:/opt/hadoop/share/hadoop/mapreduce/*:/opt/hadoop/share/hadoop
/yarn:/opt/hadoop/share/hadoop/yarn/lib/*:/opt/hadoop/share/hadoop/yarn/*<
/value>
    </property>
```

## 任务评价

任务考核评价表

<table>
<tr><td colspan="7">任务名称：认识 MapReduce</td></tr>
<tr><td>班级：</td><td>学号：</td><td colspan="2">姓名：</td><td colspan="3">日期：</td></tr>
<tr><td rowspan="2">评价内容</td><td rowspan="2">评价标准</td><td colspan="2">评价方式</td><td rowspan="2">分值</td><td rowspan="2">得分</td></tr>
<tr><td>小组评价（权重为 0.3）</td><td>导师评价（权重为 0.7）</td></tr>
<tr><td>职业素养</td><td>1）遵守学校管理规定，遵守纪律，按时完成工作任务<br>2）考勤情况<br>3）工作态度积极、勤学好问</td><td></td><td></td><td>20</td><td></td></tr>
<tr><td>专业能力</td><td>1）掌握 MapReduce 的概念与原理<br>2）掌握 MapReduce 体系架构及两个版本之间的架构差异<br>3）能够正确完成 WordCount 程序</td><td></td><td></td><td>70</td><td></td></tr>
<tr><td>创新能力</td><td>1）能提出新方法或应用新技术等<br>2）其他类型的创新性业绩</td><td></td><td></td><td>10</td><td></td></tr>
<tr><td>总分合计</td><td colspan="5"></td></tr>
<tr><td>指导教师综合评语</td><td colspan="5">指导教师签名：　　　　　　　　日期：</td></tr>
</table>

# 任务 5.2　使用 MapReduce 实现词频的统计

## 任务情境

自定义 Mapper 和 Reducer

**【任务场景】**

经理：小张，我们后续要使用 Java 编写 MapReduce 程序，你对 MapReduce 的 Java API 了解吗？

小张：Hadoop 框架的底层就是用 Java 实现的，所以 Hadoop 提供了许多用来调用 MapReduce 的 Java API，我们借助 MapReduce 的 Java API 可以完成多项自定义操作。

经理：是的，使用 MapReduce 的 Java API 时也要注意数据类型的转换，要使用 Hadoop 特有的 Writable 数据类型，你先了解一下 MapReduce 的 Java API，然后自己实现一个 WordCount 程序，在服务器上运行试试吧。

小张：好的。

**【任务布置】**

MapReduce 的运行依赖于 JDK 和 Hadoop，因此必须将 Hadoop 的基础环境提前安装好，才能进行 MapReduce 的运行操作和其他操作。本任务要求在前面已经完成安装部署的 Hadoop 平台的 node1 节点上完成。要求理解 MapReduce 数据处理的流程，掌握 MapReduce 相关 Java API 及驱动类的创建方法；基于 IDEA 进行开发，最终在 node1 上运行打包后的程序，实现词频统计。

## 知识准备

### 5.2.1 MapReduce 数据处理的流程

MapReduce 数据处理流程主要分为 Map 和 Reduce 两个阶段，如图 5-7 所示。首先执行 Map 阶段，然后执行 Reduce 阶段。Map 和 Reduce 的处理逻辑由用户自定义实现，但要符合 MapReduce 框架的约定。

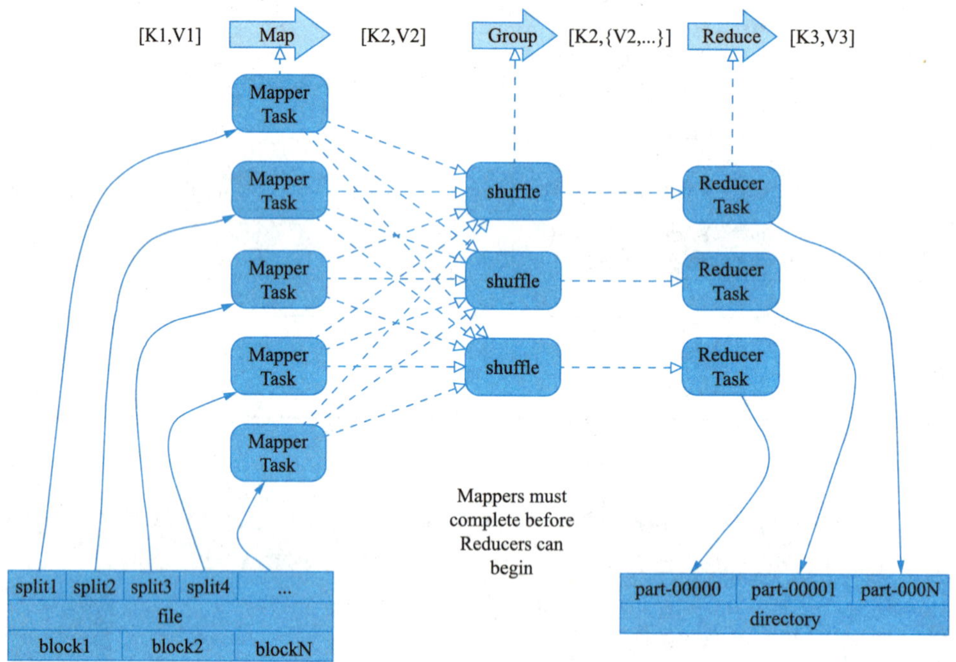


图 5-7 MapReduce 数据处理的流程

在正式执行 Map 之前，需要将输入数据进行分片。所谓分片，就是将输入数据切分为大小相等的数据块，每一块作为单个 Map Task 的输入被处理，以便于多个 Map Task 同时工作。

分片完毕后，多个 Map Task 便可以同时工作了。每个 Map Task 在读入各自的数据后，进行计算处理，最终输出给 Reduce。Map Task 在输出数据时，需要为每一条输出数据指定一个 key，这个 key 值决定了这条数据将会被发送给哪一个 Reduce Task。key 值和 Reduce Task 是多对一的关系，具有相同 key 的数据会被发送给同一个 Reduce Task，单个 Reduce Task 有可能会接收到多个 key 值的数据。

在进入 Reduce 阶段之前，MapReduce 框架会对数据按照 key 值排序，使具有相同 key 的数据彼此相邻。如果开发者指定了合并操作 Combiner，框架会调用 Combiner，它负责对中间过程的具有相同 key 的数据进行本地的聚集，这有助于降低从 Map 阶段到 Reduce 阶段的数据传输量。Combiner 的逻辑可以由开发者自定义实现。这部分的处理通常称为 shuffle（洗牌）。

接下来进入 Reduce 阶段。相同 key 的数据会到达同一个 Reduce Task。同一个 Reduce Task 会接收来自多个 Map Task 的数据。每个 Reduce Task 会对 key 相同的多个数据进行 Reduce 操作。最后，一个 key 的多条数据经过 Reduce 的作用后，将变成一个值。

### 1. Map 任务处理

1）读取输入的文件内容，解析成 key/value 对。对输入文件的每一行，解析成 key/value 对。每一个键值对调用一次 map( )函数。

2）写自己的逻辑，对输入的 key、value 进行处理，转换成新的 key、value 后输出。

3）对输出的 key、value 进行分区。

4）对不同分区的数据，按照 key 进行排序、分组。相同 key 的 value 放到一个集合中。

5）（可选）对分组后的数据进行归约。

### 2. Reduce 任务处理

1）对多个 Map 任务的输出，按照不同的分区，通过网络复制到不同的 Reduce 节点。

2）对多个 Map 任务的输出进行合并、排序。写 reduce( )函数自己的逻辑，对输入的 key、value 进行处理，将其转换成新的 key、value 后输出。

3）把 Reduce 的输出保存到文件中。

了解了 MapReduce 的执行流程之后，就可以回过头来看任务 5.1 完成 MapReduce 自带的单词计数程序时的具体执行流程是什么了，WordCount 程序的执行流程分析如表 5-1 所示。

表 5-1　WordCount 程序的执行流程分析

<table>
<tr><th>阶段</th><th>步骤</th><th>结果</th></tr>
<tr><td rowspan="5">Map</td><td>1）读取 HDFS 中的文件。每一行解析成一个<k1,v1>，每一个键值对调用一次 map( )函数</td><td>解析成 2 个<k,v>，分别是<0, Hello HDFS>、<12, Hello MapReduce>。调用 2 次 map( )函数</td></tr>
<tr><td>2）覆盖 map( )函数，接收 1）产生的<k1,v1>，进行处理，转换为新的<k2,v2>后输出</td><td>public void map(k, v, ctx){<br>　//使用空格进行分割<br>　String[] splited=v.split(" ");<br>　for(String word : splited){<br>　　//每个单词生成 <word, 1><br>　　//次数记为固定 1<br>　　ctx.write(word, 1);<br>　}<br>}</td></tr>
<tr><td>3）对 2）输出的<k,v>进行分区，默认分为 1 个区</td><td rowspan="2">Map 输出后的数据是<br><Hello,1>,<HDFS,1>,<Hello,1>,<MapReduce,1><br>排序后的数据是<br><HDFS,1><Hello,1>,<Hello,1>, <MapReduce,1><br>分组后的数据是<br><HDFS,{1}>,<Hello,{1,1}>,<MapReduce,{1}></td></tr>
<tr><td>4）对不同分区中的数据按照 key 进行排序、分组。分组指的是相同 key 的 value 放到一个集合中</td></tr>
<tr><td>5）（可选）对分组后的数据进行规约</td><td>—</td></tr>
</table>

（续表）

| 阶段 | 步骤 | 结果 |
|---|---|---|
| Reduce | 1）多个 Map 任务的输出，按照不同的分区，通过网络复制到不同的 Reduce 节点上 | //reduce()函数被调用的次数为 3<br>public void reduce(k,vs, ctx){<br>long sum=0L;<br>for(long times : vs){<br>sum+=times;<br>}<br>ctx.write(k, sum);<br>} |
| | 2）对多个 Map 的输出进行合并、排序。覆盖 reduce( )函数，接收的是分组后的数据，实现自己的业务逻辑，处理后，产生新的<k,v>输出 | |
| | 3）将 Reduce 输出的<k,v>写到 HDFS 中 | HDFS 1<br>Hello 2<br>MapReduce 1 |

## 5.2.2 MapReduce 相关 Java API 及应用

在本节中，我们重点介绍 MapReduce Java API。在这里，要了解 MapReduce 编程中常用的类和方法。

### 1. MapReduce 中的数据类型

MapReduce 中所有的数据类型都要实现 Writable 接口，以便于这些类型定义的数据可以被序列化，然后进行网络传输和文件存储。Hadoop 数据类型都放在 org.apache.hadoop.io 包下。Hadoop 数据类型和 Java 数据类型的对比如表 5-2 所示。

表 5-2　Hadoop 数据类型和 Java 数据类型的对比

| 数据类型 | Hadoop 数据类型 | Java 数据类型 |
|---|---|---|
| 布尔型 | BooleanWritable | boolean |
| 整型 | ByteWritable | byte |
| | ShortWritable | short |
| | IntWritable | int |
| | LongWritable | long |
| 浮点型 | FloatWritable | float |
| | DoubleWritable | double |
| 字符串（文本） | Text | string |
| 数组 | ArrayWritable | Array |
| Map 集合 | MapWritable | map |

### 2. MapReduce Mapper 类

在 MapReduce 中，Mapper 类的作用是将输入的键值对映射到一组中间键值对。它将输入记录转换为中间记录。这些中间记录与给定的输出键相关联，并传递给 Reducer 类以获得最终输出。Mapper 类的方法如表 5-3 所示。

表 5-3　Mapper 类的方法

| 方法 | 描述 |
| --- | --- |
| void cleanup(Context context) | 此方法仅在任务结束时调用一次 |
| void map(KEYIN key, VALUEIN value, Context context) | 对于输入数据的每个键值对，只能调用此方法一次 |
| void run(Context context) | 可以重写此方法以控制 Mapper 任务的执行 |
| void setup(Context context) | 此方法仅在任务开始时调用一次 |

### 3. MapReduce Reducer 类

在 MapReduce 中，Reducer 类的作用是减少中间值的集合。它可以通过使用 JobContext.getConfiguration( )方法访问作业的配置来实现。Reducer 类的方法如表 5-4 所示。

表 5-4　Reducer 类的方法

| 方法 | 描述 |
| --- | --- |
| void cleanup(Context context) | 此方法仅在任务结束时调用一次 |
| void reduce(KEYIN key, Iterable<VALUEIN> values, Context context) | 此方法只为每个键值对调用一次 |
| void run(Context context) | 这个方法可以用来控制 Reducer 任务 |
| void setup(Context context) | 此方法仅在任务开始时调用一次 |

### 4. MapReduce Job 类

Job 类用于配置作业和提交作业，它还控制执行和查询的状态。Job 类的方法如表 5-5 所示。

表 5-5　Job 类的方法

| 方法 | 描述 |
| --- | --- |
| Counters getCounters( ) | 此方法用于获取作业的计数器 |
| long getFinishTime( ) | 此方法用于获取作业的完成时间 |
| Job getInstance( ) | 此方法用于生成一个没有特定集群的新工作 |
| Job getInstance(Configuration conf) | 此方法用于生成一个需要提供配置的新作业 |
| Job getInstance(Configuration conf, String jobName) | 此方法用于生成一个需要提供配置和作业名称的新作业 |
| String getJobFile( ) | 该方法用于获取提交的作业配置的路径 |
| String getJobName( ) | 此方法用于获取用户指定的作业名称 |
| void setJarByClass(Class< > class) | 核心接口，指定执行类所在的 jar 包的本地位置。Java 通过 class 文件找到执行 jar 包，该 jar 包被上传到 HDFS |
| void setJobName(String name) | 此方法用于设置用户指定的作业名称 |
| void setMapOutputKeyClass(Class< > class) | 该方法用于设置 Map 输出数据的 key 类型 |
| void setMapOutputValueClass(Class< > class) | 该方法用于设置 Map 输出数据的 value 类型 |
| setOutputKeyClass(Class< > theClass) | 核心接口，指定 MapReduce 作业的 key 输出类型 |
| setOutputValueClass(Class< > theClass) | 核心接口，指定 MapReduce 作业的 value 输出类型 |
| void setMapperClass(Class<extends Mapper> class) | 核心接口，指定 MapReduce 作业的 Mapper 类，默认为空 |
| void setNumReduceTasks(int tasks) | 该方法用于设置工作的 Reducer 任务数 |
| void setReducerClass(Class<extends Reducer> class) | 核心接口，指定 MapReduce 作业的 Reducer 类，默认为空 |
| setPartitionerClass(Class<extends Partitioner> class) | 指定 MapReduce 作业的 Partitioner 类。此方法用来分配 Map 的输出结果到哪个 Reducer 类，默认使用 Hash Partitioner，均匀分配 Map 的每条键值对记录 |

### 5.2.3 MapReduce 驱动类

驱动类主要用于关联 Mapper 类和 Reducer 类，以及提交整个程序。驱动类的开发有着固定的格式。

编写驱动类的步骤包括以下 7 步。

#### 1. 获取 job 对象

新建一个配置对象，并作为参数传递给获取 job 的实例方法。

命令如下：

```
Configuration configuration=new Configuration();
Job job=Job.getInstance(configuration);
```

#### 2. 设置 jar 的路径

设置 jar 的路径即设置当前驱动类的路径，参数即为当前驱动类的类名。

命令如下：

```
job.setJarByClass(WordCountDriver.class);
```

#### 3. 关联 Mapper 类和 Reducer 类

设置 Mapper 和 Reducer 类，参数为自定义的 Mapper 类的类名及 Reducer 类的类名。

命令如下：

```
job.setMapperClass(WordcountMapper.class);
job.setReducerClass(WordcountReducer.class);
```

#### 4. 设置 Mapper 输出的 key 和 value 类型

设置 Mapper 输出的 key 和 value 类型时，可以根据业务灵活调整，但是需要使用已实现 Writable 接口的 Hadoop 的数据类型。

命令如下：

```
job.setMapOutputKeyClass(Text.class);
job.setMapOutputValueClass(IntWritable.class);
```

#### 5. 设置最终输出的 key 和 value 类型

设置最终输出的 key 和 value 类型时，可以根据业务灵活调整，类型需要使用已实现 Writable 接口的数据类型。

命令如下：

```
job.setOutputKeyClass(Text.class);
job.setOutputValueClass(IntWritable.class);
```

### 6. 设置输入或输出路径

设置输入或输出路径，即要读取的数据输入路径和输出数据路径。设置路径的方法有两种，一种是通过传入参数动态读取；另一种是在程序中写成固定路径，这种方式会降低扩展性，推荐使用第一种方式。第一种方式在运行时必须传入输入、输出路径，如 hadoop jar WordCountApp/hello/out。

需要注意，这里的路径都是 HDFS 中的路径，也就是读取和输出的文件都是在 HDFS 中的。例如：

```
FileInputFormat.setInputPaths(job, new Path(args[0]));
FileOutputFormat.setOutputPath(job, new Path(args[1]));
//或
FileInputFormat.setInputPaths(job,new Path("/map/input"));
FileOutputFormat.setOutputPath(job,new Path("/map/output"));
```

### 7. 提交 job

将作业提交到群集并等待它完成，参数设置为 true 代表显示对应的进度。根据作业结果，终止当前运行的 Java 虚拟机，退出程序。

命令如下：

```
Boolean result=job.waitForCompletion(true);
System.exit(result ? 0 : -1);
```

## 任务实施

**【工作流程】**

编写驱动类

1）创建新的项目。

2）编写自定义的 Mapper 类，继承父类并重写 map( )方法。

3）编写自定义的 Reducer 类，继承父类并重写 reduce( )方法。

4）创建驱动类 WorkCountApp。

5）将程序导出为 jar 包运行，查看结果。

**【操作步骤】**

1）创建新的项目，项目类型选择 Maven，项目名称为 MRWordCount，POM 依赖的内容如下：

```
<dependencies>
    <dependency>
        <groupId>junit</groupId>
        <artifactId>junit</artifactId>
        <version>RELEASE</version>
    </dependency>
    <dependency>
        <groupId>org.apache.hadoop</groupId>
```

```
        <artifactId>hadoop-hdfs</artifactId>
        <version>3.1.1</version>
    </dependency>
    <dependency>
        <groupId>org.apache.hadoop</groupId>
        <artifactId>hadoop-client</artifactId>
        <version>3.1.1</version>
    </dependency>
    <dependency>
        <groupId>org.apache.hadoop</groupId>
        <artifactId>hadoop-common</artifactId>
        <version>3.1.1</version>
    </dependency>
    <dependency>
        <groupId>org.apache.logging.log4j</groupId>
        <artifactId>log4j-core</artifactId>
        <version>2.8.2</version>
    </dependency>
</dependencies>
```

2）编写自定义的 Mapper 类。创建 Java 类 MyMapper，继承父类 Mapper，重写父类 map( )方法，命令如下：

```
import org.apache.hadoop.io.LongWritable;
import org.apache.hadoop.io.Text;
import org.apache.hadoop.mapreduce.Mapper;
/**
 * k1：表示每一行的首地址,LongWritable
 * v1：表示每一行的内容,Text
 * k2：表示每一行的单词,Text
 * v2：固定为1,LongWritable
 * @author root
 */
public class MyMapper extends Mapper<LongWritable, Text, Text,
LongWritable>{
    /**
    * 继承父类,重写 map( )方法
    */
        protected void map(LongWritable k1, Text v1, Context context)
            throws java.io.IOException ,InterruptedException{
            //对 v1 使用空格进行分割,返回单词数组
            String words[]=v1.toString().split(" ");
            Text k2=new Text();
            LongWritable v2=new LongWritable(1);
            for(String word: words)
```

```
        {
            k2.set(word);
            context.write(k2, v2);  //将 k2/v2 写入磁盘
        }
    };
}
```

3）编写自定义的 Reducer 类。创建 Java 类 MyReducer，继承父类 Reducer，重写父类 reduce( )方法，命令如下：

```
import org.apache.hadoop.io.LongWritable;
import org.apache.hadoop.io.Text;
import org.apache.hadoop.mapreduce.Reducer;

/**
 * k2: 表示每个单词,Text
 * v2: 固定为 1,LongWritable
 * k3: 每个单词,Text
 * v3: 每个单词出现的总次数,LongWritable
 * @author root
 *
 */
public class MyReducer extends Reducer<Text, LongWritable, Text, LongWritable>{
    /**
     * 重写父类的 reduce()方法
     */
    protected void reduce(Text k2, Iterable<LongWritable> vs2, Context context)
    throws java.io.IOException ,InterruptedException {

        Text k3=k2; //k3 和 k2 一样,表示每个单词
        long sum=0;
        for(LongWritable i :vs2 )
        {
            sum+=i.get();
        }
        LongWritable v3=new LongWritable(sum);

        context.write(k3, v3); //最终结果

    };
}
```

4）创建驱动类 WordCountApp，命令如下：

```
import org.apache.hadoop.fs.Path;
import org.apache.hadoop.io.LongWritable;
import org.apache.hadoop.io.Text;
import org.apache.hadoop.mapreduce.Job;
import org.apache.hadoop.mapreduce.lib.input.FileInputFormat;
import org.apache.hadoop.mapreduce.lib.output.FileOutputFormat;
import org.apache.hadoop.conf.Configuration;
public class WordCountApp{
    public static void main(String[] args) throws IOException,
ClassNotFoundException, InterruptedException{
        Configuration conf=new Configuration();
        Job job=Job.getInstance(conf, "myjob");
        job.setJarByClass(WordCountApp.class);

        Path fileIn=new Path(args[0]);
        //MapReduce 任务输出路径必须是 HDFS 上不存在的
        //否则抛出异常
        Path fileOut=new Path(args[1]);
        //Mapper 阶段
        job.setMapperClass(MyMapper.class);  //设置使用的 Mapper 类
        job.setMapOutputKeyClass(Text.class); //设置 k2/v2 类型
        job.setMapOutputValueClass(LongWritable.class);
        FileInputFormat.setInputPaths(job, fileIn);  //设置任务的输入文件路径

        //Reducer 阶段
        job.setReducerClass(MyReducer.class); //设置使用的 Reducer 类
        //设置 k3/v3 的类型,如果 k3/v3 和 k2/v2 的类型一致, 则此步骤可以省略
        //job.setOutputKeyClass(Text.class);
        //job.setOutputValueClass(LongWritable.class);
        FileOutputFormat.setOutputPath(job, fileOut); //设置最终结果的输出路径

        //将作业提交到群集并等待它完成,参数设置为 true 表示显示对应的进度
        Boolean result=job.waitForCompletion(true);
        //根据作业结果,终止当前运行的 Java 虚拟机,退出程序
        System.exit(result ? 0 : -1);
    }
}
```

5）将程序导出为 jar 包运行，查看结果。

在 IDEA 中打开 Maven 面板，选择 package 进行打包，将打包后的 jar 包上传到服务器上。运行 jar 包，命令如下：

```
[root@master01 ~]# hadoop jar wordcount.jar WordCountApp /hello /out1
```

运行完成后查看运行结果，首先查看/out1 下是否生成_SUCCESS 文件，命令如下：

```
[root@master01 ~]# hdfs dfs -ls /out1
```

```
Found 2 items
-rw-r--r--   2 root supergroup          0 2021-11-11 11:01 /out1/_SUCCESS
-rw-r--r--   2 root supergroup         25 2021-11-11 11:01 /out1/part-r-00000
```

查看结果文件，命令如下：

```
[root@master01 ~]# hdfs dfs -cat /out1/part-t-00000
HDFS  1
Hello   2
MapReduce    1
```

## 任务评价

**任务考核评价表**

| 任务名称：使用 MapReduce 实现词频的统计 | | | | | |
|---|---|---|---|---|---|
| 班级： | 学号： | 姓名： | | 日期： | |
| 评价内容 | 评价标准 | 评价方式 | | 分值 | 得分 |
| | | 小组评价（权重为 0.3） | 导师评价（权重为 0.7） | | |
| 职业素养 | 1）遵守学校管理规定，遵守纪律，按时完成工作任务<br>2）考勤情况<br>3）工作态度积极、勤学好问 | | | 20 | |
| 专业能力 | 1）掌握 MapReduce 数据处理的流程<br>2）掌握 MapReduce 相关 Java API 的应用方法<br>3）能够使用 Java API 正确完成 WordCount 程序 | | | 70 | |
| 创新能力 | 1）能提出新方法或应用新技术等<br>2）其他类型的创新性业绩 | | | 10 | |
| 总分合计 | | | | | |
| 指导教师综合评语 | 指导教师签名：　　　　日期： | | | | |

# 任务 5.3　使用 MapReduce 完成电商销售数据的统计

## 任务情境

自定义数据类型

**【任务场景】**

经理：小张，接下来我们要使用 MapReduce 对电商销售数据进行统计，可能要用到自定义分区和自定义数据类型，你了解 MapReduce 中的自定义分区和自定义数据类型吗？

小张：在日常业务中，Hadoop 提供的数据类型有时不能满足使用，需要根据业务创建合适的自定义数据类型，也可以通过自定义分区对数据进行分区。

经理：是的，自定义数据类型根据场景的不同需要实现不同的接口，自定义分区可以把数据分到不同的 Reducer 中。我给你一份后台导出的数据，你先了解一下 MapReduce 中的自定义分区和自定义数据类型，然后使用 MapReduce 统计每个买家收藏商品的数量，根据收藏日期进行自定义分区。

小张：好的。

**【任务布置】**

MapReduce 的运行依赖于 JDK 和 Hadoop，因此必须将 Hadoop 的基础环境提前安装好，才能进行 MapReduce 的运行操作和其他操作。本任务要求在前面已经完成安装部署的 Hadoop 平台的 node1 节点上完成。要求掌握 MapReduce 自定义分区与自定义数据类型的创建方法；基于 IDEA 进行开发，统计每个卖家收藏的商品数量，将收藏统计结果分为两个分区，2020-04-14 日之前及 14 日当天的数据为一个分区，2020-04-14 日之后的数据为一个分区。

## 知识准备

### 5.3.1 MapReduce 完成电商销售数据统计的流程

现有某电商网站用户对商品的收藏数据，记录了用户收藏的商品 ID 及收藏日期，名称为 buyer_favorite1。buyer_favorite1 包括买家 ID、商品 ID、收藏日期这 3 个字段，数据以空格分割，样本数据及格式如下：

```
10181 1000481 2020-04-04 16:54:31
20001 1001597 2020-04-07 15:07:52
20001 1001560 2020-04-07 15:08:27
20042 1001368 2020-04-08 08:20:30
20067 1002061 2020-04-08 16:45:33
20056 1003289 2020-04-12 10:50:55
20056 1003290 2020-04-12 11:57:35
20056 1003292 2020-04-12 12:05:29
20054 1002420 2020-04-14 15:24:12
20055 1001679 2020-04-14 19:46:04
20054 1010675 2020-04-14 15:23:53
20054 1002429 2020-04-14 17:52:45
20076 1002427 2020-04-14 19:35:39
20054 1003326 2020-04-20 12:54:44
20056 1002420 2020-04-15 11:24:49
20064 1002422 2020-04-15 11:35:54
```

```
20056 1003066 2020-04-15 11:43:01
20056 1003055 2020-04-15 11:43:06
20056 1010183 2020-04-15 11:45:24
20056 1002422 2020-04-15 11:45:49
20056 1003100 2020-04-15 11:45:54
20056 1003094 2020-04-15 11:45:57
20056 1003064 2020-04-15 11:46:04
20056 1010178 2020-04-15 16:15:20
20076 1003101 2020-04-15 16:37:27
20076 1003103 2020-04-15 16:37:05
20076 1003100 2020-04-15 16:37:18
20076 1003066 2020-04-15 16:37:31
20054 1003103 2020-04-15 16:40:14
20054 1003100 2020-04-15 16:40:16
```

## 5.3.2　自定义分区

### 1. MapReduce Partitioner 类

通过前面的学习我们知道 Mapper 最终处理的键值对<key, value>，是需要送到 Reducer 去合并的在合并时，有相同 key 的键值对会被送到同一个 Reducer 中进行归并。哪个 key 到哪个 Reducer 的分配过程，是由 Partitioner 规定的。

MapReduce 作业接收一个输入数据集并生成键值对列表，这里的键值对列表是 Map 阶段的输出结果数据。在这个阶段中，输入的数据会被切分成分片，每个 Map 任务处理一个数据分片，并生成键值对列表。接着，Map 的输出数据被发送到 Reducer 任务，它会执行用户自定义的 reduce( )函数，该函数会对 Map 的输出数据进行计算。但在 Reduce 阶段之前，Map 的输出数据会被基于 key 进行分区和排序。

分区的目的是把具有相同 key 的值集合在一起，确保 key 相同的值都会在同一个 Reducer 任务中。这样才能保证 Map 的输出数据被均匀地分发到 Reducer 任务中。

Hadoop MapReduce 默认的 Hadoop Partitioner 是哈希 Partitioner（Hash Partitioner），它会对 key 计算哈希值，并基于该哈希值对键值对数据进行分区。

Partitioner 的数量等于 Reducer 任务的数量，Partitioner 会根据 Reducer 任务的数量来划分数据，Reducer 任务数量可以通过下面的方法进行设置：JobConf.setNumReduceTasks( )。

因此，来自同一个分区的数据会被一个 Reducer 任务处理。需要注意的是，只有作业具有多个 Reducer 任务时，分区才会被创建。也就是说，如果作业只有一个 Reducer 任务，分区阶段是不会发生的。

如果在输入数据集中，有一个 key 的数量比其他 key 的数量要大得多，那么有两种机制可以对数据进行分区。

1）数量比其他 key 大得多的数据分到一个分区。

2）其他 key 根据它们的 hashCode( )值进行分区。

但如果 hashCode( )方法不能均匀地把其他 key 的数据分发到分区，那么数据将会被均匀地发送到 Reducer 任务。低效的分区意味着，某些 Reducer 任务将比其他 Reducer 任务处理更多的数据。那么，整个作业的运行时间将取决于这些需要处理更多数据的 Reducer 任务，也就是说，作业的运行时间会更长。

为了克服低效分区的问题，我们可以自定义分区器（Partitioner），这样就可以根据具体业务修改分区逻辑，把数据均分地分发到不同的 Reducer 任务中。

#### 2. Partitioner 的实现过程

1）分析具体的业务逻辑，确定大概有多少个分区。

2）书写一个类，它要继承 org.apache.hadoop.mapreduce.Partitioner 这个抽象类。

3）重写 public int getPartition 这个方法，根据具体逻辑，读数据库或配置返回相同的数字。

4）在 main( )方法中设置 Partioner 的类，即 job.setPartitionerClass(DataPartitioner.class)。

5）设置 Reducer 任务的数量，即 job.setNumReduceTasks(2)。

#### 3. 总结

分区 Partitioner 的主要作用有以下两点。

1）根据业务需要，产生多个输出文件。

2）多个 Reducer 任务并发运行，提高整体工作的运行效率。

### 5.3.3 自定义数据类型

Hadoop 使用了自己写的序列化格式 Writable，它格式紧凑、速度快，但是很难使用 Java 以外的语言进行拓展或使用，因为 Writable 是 Hadoop 的核心，大多数 MapReduce 程序会为键和值使用它，Hadoop 中的数据类型都要实现 Writable 接口，以便使用这些类型定义的数据可以被网络传输和被文件存储。

自定义数据类型的过程及要求如下。

1）继承接口 Writable，实现其方法 write( )和 readFields( )，以便该数据能被序列化后完成网络传输或文件输入/输出。

2）如果该数据需要作为主键 key 使用，或需要比较数值大小时，则需要实现 WritableComparable 接口，实现其方法有 write( )、readFields( )、CompareTo( )。

3）自定义的数据类型中必须要有一个无参的构造方法，为了方便基于反射机制，自动调用无参构造方法进行创建对象。

4）在自定义数据类型中，建议使用 Java 的原生数据类型，最好不要使用 Hadoop 对原生类型进行封装的数据类型，如 int x ;//IntWritable 和 String s; //Text 等。

## 任务实施

自定义 Mapper 类、分区类和 Reducer 类

驱动类编码运行

**【工作流程】**

1）创建新的项目。

2）编写自定义数据类型类，继承 Writable 接口并重写 write( )和 readFields( )方法。

3）编写 Mapper 类，继承父类并重写 map( )方法。

4）编写自定义分区类，继承父类并重写 getPartition( )方法。

5）编写 Reducer 类，继承父类并重写 reduce( )方法。

6）编写驱动类。

7）将程序导出为 jar 包运行，查看结果。

**【操作步骤】**

1）创建新的项目，项目类型选择 Maven，项目名称为 MRCollectionCount。

2）编写自定义数据类型类 CollectionWritable，继承 Writable 接口并重写 write( )和 readFields( )方法，命令如下：

```
import org.apache.hadoop.io.Writable;

import java.io.DataInput;
import java.io.DataOutput;
import java.io.IOException;

public class CollectionWritable implements Writable {

    private int count;           //收藏次数

    private String collectTime;  //收藏时间

    public int getCount() {
        return count;
    }

    public void setCount(int count) {
        this.count=count;
    }

    public String getCollectTime() {
        return collectTime;
    }

    public void setCollectTime(String collectTime) {
        this.collectTime=collectTime;
    }

    public CollectionWritable(int count, String collectTime) {
        super();
        this.collectTime=collectTime;
```

```
            this.count=count;
        }

        public CollectionWritable() {

        }

        @Override
        public void write(DataOutput dataOutput) throws IOException {
            dataOutput.writeInt(this.count);
            dataOutput.writeUTF(this.collectTime);
        }

        @Override
        public void readFields(DataInput dataInput) throws IOException {
            this.count=dataInput.readInt();
            this.collectTime=dataInput.readUTF();
        }

        @Override
        public String toString() {
            return "CollectionWritable{" +
                    "count=" + count +
                    ", collectTime='" + collectTime + '\'' +
                    '}';
        }
    }
```

3）编写 Mapper 类，继承父类并重写 map( )方法，命令如下：

```
    import org.apache.hadoop.io.LongWritable;
    import org.apache.hadoop.io.Text;
    import org.apache.hadoop.mapreduce.Mapper;

    import java.io.IOException;

    public class MyMapper extends Mapper<LongWritable, Text, Text,
CollectionWritable> {
        @Override
    protected void map(LongWritable key, Text value, Mapper<LongWritable, Text,
Text, CollectionWritable>.Context context) throws IOException,
InterruptedException {
            //通过空格分割
            final String[] splited=value.toString().split(" ");
```

```
            //第一列为用户 ID
            final String userId=splited[0];
            final Text k2=new Text(userId);
            //收藏次数记为 1
            final int count=1;
            //第三列为收藏时间
            final String collectTime=splited[2];
            final CollectionWritable v2=new CollectionWritable(count, collectTime);
            context.write(k2, v2);
        }
    }
```

4）编写自定义分区类，继承父类并重写 getPartition( )方法，命令如下：

```
import org.apache.hadoop.io.Text;
import org.apache.hadoop.mapreduce.lib.partition.HashPartitioner;

public class MyPartition extends HashPartitioner<Text, CollectionWritable> {
    @Override
    public int getPartition(Text k2, CollectionWritable v2, int 
numReduceTasks) {
        String date=v2.getCollectTime();
//通过比对收藏时间进行分区
        if (date.compareTo("2020-04-14") > 0) {
            return 1;
        } else {
            return 0;
        }
    }
}
```

5）编写 Reducer 类，继承父类并重写 reduce( )方法，命令如下：

```
import org.apache.hadoop.io.LongWritable;
import org.apache.hadoop.io.Text;
import org.apache.hadoop.mapreduce.Reducer;

import java.io.IOException;

public class MyReducer extends Reducer<Text, CollectionWritable, Text, 
LongWritable> {
    @Override
    protected void reduce(Text k2, Iterable<CollectionWritable> values, 
Reducer<Text, CollectionWritable, Text, LongWritable>.Context context) throws 
IOException, InterruptedException {
```

```
            Text k3=k2;
            long sum=0;
        //对收藏次数进行累加
            for(CollectionWritable collect : values) {
                sum+=collect.getCount();
            }

            LongWritable v3=new LongWritable(sum);

            context.write(k3, v3);
        }
    }
```

6）编写驱动类，命令如下：

```
import org.apache.hadoop.conf.Configuration;
import org.apache.hadoop.fs.Path;
import org.apache.hadoop.io.LongWritable;
import org.apache.hadoop.io.Text;
import org.apache.hadoop.mapreduce.Job;
import org.apache.hadoop.mapreduce.lib.input.FileInputFormat;
import org.apache.hadoop.mapreduce.lib.output.FileOutputFormat;

import java.io.IOException;

public class CollectionApp {
    public static void main(String[] args) throws IOException,
ClassNotFoundException, InterruptedException {
        Configuration conf=new Configuration();
        Job job=Job.getInstance(conf, "collectionJob");
        job.setJarByClass(CollectionApp.class);

        Path fileIn=new Path(args[0]);
        Path fileOut=new Path(args[1]);

        job.setMapperClass(MyMapper.class);
        job.setMapOutputKeyClass(Text.class);
        job.setMapOutputValueClass(CollectionWritable.class);
        FileInputFormat.setInputPaths(job, fileIn);

        //设置自定义分区类
        job.setPartitionerClass(MyPartition.class);
        //将Reducer任务数量设置为2
        job.setNumReduceTasks(2);
```

```
        job.setReducerClass(MyReducer.class);
        job.setOutputKeyClass(Text.class);
        job.setOutputValueClass(LongWritable.class);
        FileOutputFormat.setOutputPath(job, fileOut);

        Boolean result=job.waitForCompletion(true);
        System.exit(result ? 0 : -1);
    }
}
```

7）将程序导出为 jar 包运行，查看结果，命令如下：

```
[root@master01 ~]# hadoop jar CollectionApp.jar CollectionApp
/collection.txt /co_out
```

运行完成后查看运行结果，首先查看/out 下是否生成_SUCCESS 文件，并且有两个分区文件，命令如下：

```
[root@master01 ~]# hdfs dfs -ls /co_out
Found 3 items
-rw-r--r--   2 root supergroup          0 2021-11-19 14:45 /co_out/_SUCCESS
-rw-r--r--   2 root supergroup         73 2021-11-19 14:45
/co_out/part-r-00000
-rw-r--r--   2 root supergroup          0 2021-11-19 14:45
/co_out/part-r-00001
```

查看结果文件，命令如下：

```
[root@master01 ~]# hdfs dfs -cat /co_out/part-r-00000
10181   1
20001   2
20042   1
20054   3
20055   1
20056   3
20067   1
20076   1
[root@master01 ~]# hdfs dfs -cat /co_out/part-r-00001
20054   3
20056   9
20064   1
20076   4
```

## 任务评价

任务考核评价表

<table>
<tr><td colspan="7">任务名称：使用 MapReduce 完成电商销售数据的统计</td></tr>
<tr><td>班级：</td><td>学号：</td><td colspan="2">姓名：</td><td colspan="3">日期：</td></tr>
<tr><td rowspan="2">评价内容</td><td rowspan="2">评价标准</td><td colspan="2">评价方式</td><td rowspan="2">分值</td><td rowspan="2">得分</td></tr>
<tr><td>小组评价（权重为 0.3）</td><td>导师评价（权重为 0.7）</td></tr>
<tr><td>职业素养</td><td>1）遵守学校管理规定，遵守纪律，按时完成工作任务<br>2）考勤情况<br>3）工作态度积极、勤学好问</td><td></td><td></td><td>20</td><td></td></tr>
<tr><td>专业能力</td><td>1）掌握 MapReduce 自定义分区和自定义数据类型的概念<br>2）掌握 MapReduce 自定义分区和自定义数据类型的方法<br>3）能够使用自定义分区与自定义数据类型正确完成电商数据的统计程序</td><td></td><td></td><td>70</td><td></td></tr>
<tr><td>创新能力</td><td>1）能提出新方法或应用新技术等<br>2）其他类型的创新性业绩</td><td></td><td></td><td>10</td><td></td></tr>
<tr><td>总分合计</td><td colspan="5"></td></tr>
<tr><td>指导教师综合评语</td><td colspan="5">指导教师签名：　　　　　　　　日期：</td></tr>
</table>

# 任务 5.4 MapReduce 任务监控

## 任务情境

**【任务场景】**

经理：小张，现在你已经了解了 MapReduce 的原理，也能通过 Java API 实现一些功能了，但是你知道 MapReduce 在执行过程中是如何监控的吗？

小张：在任务执行时可以在命令行看到一些信息，也可以通过浏览器和 Hadoop 命令进行监控。

经理：嗯，不错，掌握这几种监控方式就可以对大部分的 MapReduce 场景进行有效监控了，你再去了解一下 MapReduce 任务执行失败的常见原因。

小张：好的。

**【任务布置】**

理解 MapReduce 任务的监控方式，理解 MapReduce 任务执行失败的常见原因，再次运行电商数据分析程序，监控任务执行的过程。

## 知识准备

### 5.4.1　MapReduce 任务监控的方式

当 MapReduce 任务被提交到集群运行时，经常会遇到任务运行缓慢或报错响应的情况，下面介绍 MapReduce 任务监控的几种形式，用于对 MapReduce 程序进行有效监控。

#### 1. 执行时监控

执行 Hadoop jar 命令后控制台会输出任务信息，命令如下：

```
[root@master01 ~]# hadoop jar /opt/hadoop/share/hadoop/mapreduce/
hadoop-mapreduce-examples-3.1.1.jar wordcount /collection.txt /out
2021-11-30 03:55:46,111 INFO client.RMProxy: Connecting to ResourceManager
at master01/192.168.137.214:8032
2021-11-30 03:55:46,374 INFO mapreduce.JobResourceUploader: Disabling
Erasure Coding for path: /tmp/hadoop-yarn/staging/root/.staging/
job_1638262379053_0001
2021-11-30 03:55:47,138 INFO input.FileInputFormat: Total input files to
process : 1
2021-11-30 03:55:47,226 INFO mapreduce.JobSubmitter: number of splits:1
2021-11-30 03:55:47,250 INFO Configuration.deprecation:
yarn.resourcemanager.system-metrics-publisher.enabled is deprecated. Instead,
use yarn.system-metrics-publisher.enabled
2021-11-30 03:55:47,334 INFO mapreduce.JobSubmitter: Submitting tokens for
job: job_1638262379053_0001
2021-11-30 03:55:47,336 INFO mapreduce.JobSubmitter: Executing with tokens:
[]
2021-11-30 03:55:47,450 INFO conf.Configuration: resource-types.xml not
found
2021-11-30 03:55:47,450 INFO resource.ResourceUtils: Unable to find
'resource-types.xml'.
2021-11-30 03:55:47,616 INFO impl.YarnClientImpl: Submitted application
application_1638262379053_0001
2021-11-30 03:55:47,640 INFO mapreduce.Job: The url to track the job:
http://master01:8088/proxy/application_1638262379053_0001/
2021-11-30 03:55:47,641 INFO mapreduce.Job: Running job:
job_1638262379053_0001
2021-11-30 03:55:53,710 INFO mapreduce.Job: Job job_1638262379053_0001
running in uber mode : false
2021-11-30 03:55:53,710 INFO mapreduce.Job:  map 0% reduce 0%
2021-11-30 03:55:58,774 INFO mapreduce.Job:  map 100% reduce 0%
2021-11-30 03:56:02,799 INFO mapreduce.Job:  map 100% reduce 100%
```

```
    2021-11-30 03:56:02,807 INFO mapreduce.Job: Job job_1638262379053_0001
completed successfully
    2021-11-30 03:56:02,863 INFO mapreduce.Job: Counters: 53
            File System Counters
                    FILE: Number of bytes read=1019
                    FILE: Number of bytes written=431061
                    FILE: Number of read operations=0
                    FILE: Number of large read operations=0
                    FILE: Number of write operations=0
                    HDFS: Number of bytes read=1179
                    HDFS: Number of bytes written=735
                    HDFS: Number of read operations=8
                    HDFS: Number of large read operations=0
                    HDFS: Number of write operations=2
            Job Counters
                    Launched map tasks=1
                    Launched reduce tasks=1
                    Data-local map tasks=1
                    Total time spent by all maps in occupied slots (ms)=2525
                    Total time spent by all reduces in occupied slots (ms)=1913
                    Total time spent by all map tasks (ms)=2525
                    Total time spent by all reduce tasks (ms)=1913
                    Total vcore-milliseconds taken by all map tasks=2525
                    Total vcore-milliseconds taken by all reduce tasks=1913
                    Total megabyte-milliseconds taken by all map tasks=2585600
                    Total megabyte-milliseconds taken by all reduce tasks=1958912
            Map-Reduce Framework
                    Map input records=30
                    Map output records=120
                    Map output bytes=1500
                    Map output materialized bytes=1019
                    Input split bytes=100
                    Combine input records=120
                    Combine output records=70
                    Reduce input groups=70
                    Reduce shuffle bytes=1019
                    Reduce input records=70
                    Reduce output records=70
                    Spilled Records=140
                    Shuffled Maps=1
                    Failed Shuffles=0
                    Merged Map outputs=1
                    GC time elapsed (ms)=71
                    CPU time spent (ms)=1020
```

```
                Physical memory (bytes) snapshot=623235072
                Virtual memory (bytes) snapshot=5606387712
                Total committed heap usage (bytes)=483393536
                Peak Map Physical memory (bytes)=362135552
                Peak Map Virtual memory (bytes)=2794975232
                Peak Reduce Physical memory (bytes)=261099520
                Peak Reduce Virtual memory (bytes)=2811412480
        Shuffle Errors
                BAD_ID=0
                CONNECTION=0
                IO_ERROR=0
                WRONG_LENGTH=0
                WRONG_MAP=0
                WRONG_REDUCE=0
        File Input Format Counters
                Bytes Read=1079
        File Output Format Counters
                Bytes Written=735
```

执行时需重点关注以下几行信息：

```
    2021-11-30 03:55:47,641 INFO mapreduce.Job: Running job:
job_1638262379053_0001
    2021-11-30 03:55:53,710 INFO mapreduce.Job: Job job_1638262379053_0001
running in uber mode : false
    2021-11-30 03:55:53,710 INFO mapreduce.Job:  map 0% reduce 0%
    2021-11-30 03:55:58,774 INFO mapreduce.Job:  map 100% reduce 0%
    2021-11-30 03:56:02,799 INFO mapreduce.Job:  map 100% reduce 100%
    2021-11-30 03:56:02,807 INFO mapreduce.Job: Job job_1638262379053_0001
completed successfully
```

通过上面的输出信息可以查看当前任务的 ID，以及 Map 阶段、Reduce 阶段的任务进度，当输出“Job job_id completed successfully”时，表明任务已成功执行完毕。

### 2. 浏览器监控

执行 Hadoop 任务后在浏览器中打开管理节点的 MapReduce Web UI 界面（通常为管理节点的 IP+8088 端口），可以查看任务的情况。使用浏览器监控 MapReduce 任务的页面如图 5-8 所示。

任务列表展示了任务名称、任务类型、状态、开始时间、任务进度等信息，单击任务 ID 可以查看任务的详细信息，如图 5-9 所示。

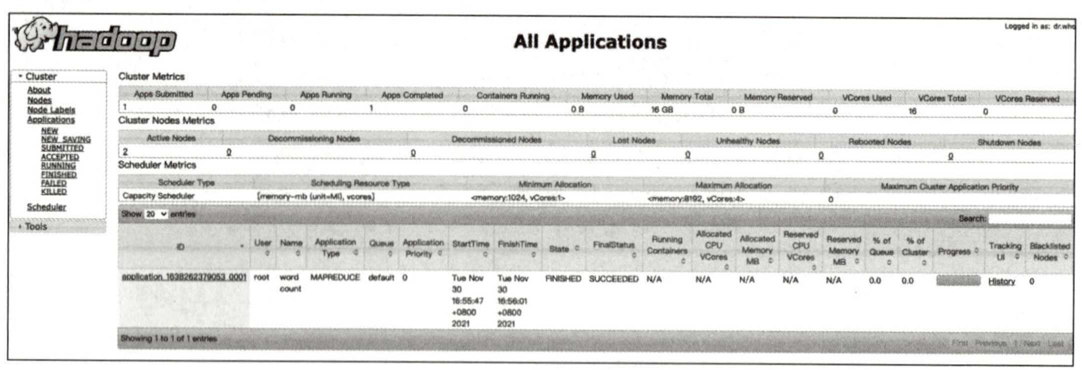

图 5-8　使浏览器监控 MapReduce 任务

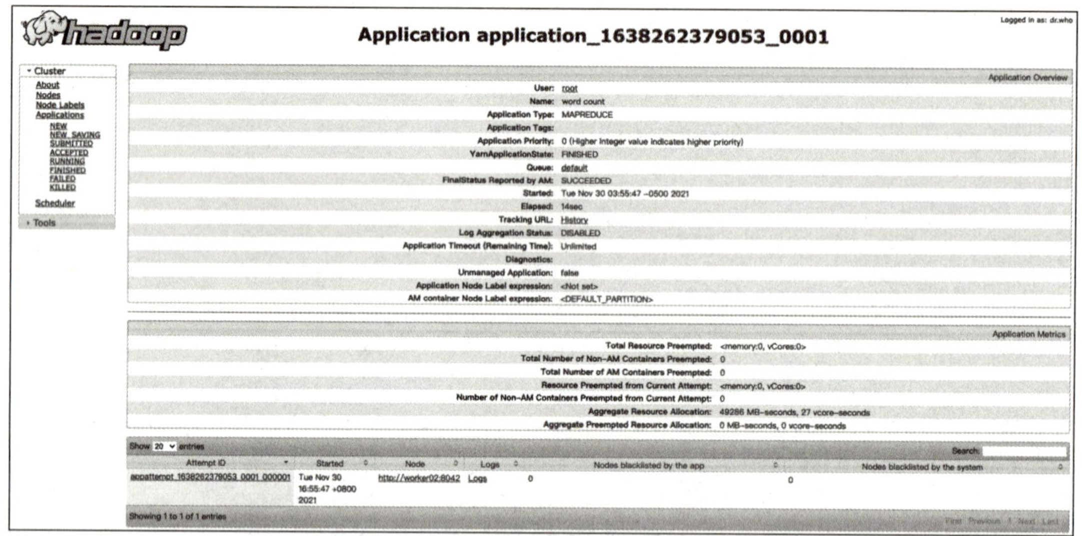

图 5-9　任务的详细信息

在任务的详细信息页面，可以查看任务的概览情况，以及执行任务使用的资源情况。

### 3. Hadoop 命令监控

通过 Hadoop 命令也可以完成对任务的查看与管理操作。Hadoop 任务管理命令如表 5-6 所示。

表 5-6　Hadoop 任务管理命令

| 命令 | 描述 |
| --- | --- |
| mapred job -list | 查看所有的 job 信息 |
| mapred job -kill job_id | 通过 ID 杀掉 job |
| mapred job -status job_id | 打印 Map 和 Reduce 完成的百分比和所有的计数器 |
| mapred job -kill-task task_id | 杀死任务 |
| mapred job -fail-task task_id | 使任务失败 |

### 5.4.2　任务失败的几种情况

在真实生产环境中，用户代码、进程崩溃、机器故障等都可能导致 MapReduce 程序失败，但是 Hadoop 主要的优势之一就是它能自动处理此类故障并完成作业。以下为任务失败的常见几种情况。

#### 1. 任务运行失败

1）任务代码异常。JVM 在退出前向 application master 发送错误报告，错误报告会被记入用户日志。application master 将任务标记为 failed，然后释放容器和资源。

2）任务 JVM 突然退出。JVM 软件缺陷导致 MapReduce 用户代码由于某些特殊原因造成 JVM 退出。NodeManager 注意到 JVM 退出，通知 application master 将任务标记为失败。

3）任务挂起。application master 长时间未接收到进度更新，将任务标记为失败，JVM 进程也将会自动杀死。其默认超时时间是 10 分钟，对应的属性是 mapreduce.task.timeout，单位是毫秒；如果设置为 0，则永远不会被标记为失败，挂起的任务占用的资源不会被释放，降低了集群效率，要避免这种设置。

#### 2. ApplicationMaster 运行失败

YARN 中的应用程序在运行失败时会有几次尝试机会，就像 MapReduce 任务在遇到硬件故障或网络故障时要进行几次尝试一样，可以通过参数 yarn.resourcemanager.am.max-retries 属性设置，默认应用程序失败一次就会被标记为失败。

application master 会向资源管理器发送周期性的心跳，当 application master 出现故障时，资源管理器将检测到该故障并在一个新的容器（由节点管理器管理）中开始一个新的 master 实例。MapReduce application master 可以恢复故障应用程序所运行任务的状态，使其不必重新运行，默认没有开启，但可以通过参数 yarn.app.mapreduce.am.job.recovery.enable=true 属性进行设置。

客户端向 application master 轮询进度报告，如果它的 application master 运行失败，客户端就需要重新定位新的实例。在作业初始化期间，客户端向资源管理器询问并缓存 application master 的地址，使其每次需要向 application master 查询时不必重载资源管理器。但如果 application master 运行失败，客户端就会在发出状态更新请求时超时，这时客户端就会向资源管理器请求新的 application master 的地址。

#### 3. NodeManager 运行失败

节点管理器失败就会停止向资源管理器发送心跳信息并被移出可用的节点资源管理器池。默认时间是 10 分钟，可以通过以下参数命令进行设置：

```
yarn.resourcemanager.nm.liveness-monitor.expiry-interval-ms
```

节点管理器失败则上面运行的所有任务或 application master 都将会按照之前描述的机制进行恢复。

如果应用程序失败次数过高，那么该节点管理器可能会被拉黑，由 application master

管理黑名单。对于 MapReduce 来说，如果一个节点资源管理器上有超过 3 个任务失败，那么 application master 就会尽量将任务调度到不同的节点上，可以通过 mapreduce.job.maxtaskfailures.per.tracker 属性设置该阈值。

#### 4. ResourceManager 运行失败

资源管理器失败是很严重的问题，没有资源管理器，作业和任务都将无法启动，在默认配置中，资源管理器是单点故障。为了保障资源管理器的高可用，需要配置一对资源管理器，以便在主资源管理器失败后，备份资源管理器可以继续运行。

将所有的 application master 的运行信息保存在一个高可用的状态存储中（ZooKeeper 或 HDFS），这样备份资源管理器就可以快速地进行重构，状态信息只需要存储节点管理器和 application master 信息即可，因为备份资源管理器读取 application master 信息后就可以在集群中重启所有的 application master，该行为不会被计入失败尝试。

### 5.4.3 MapReduce 日志文件

很多工程师在开发程序时会使用 System.out.pirntln( )输出内容来查看运行情况，但是在 MapReduce 程序中，通常使用日志文件来查看程序的运行情况和定位运行问题。下面介绍常见日志输出位置及日志中包含的信息。

ResourceManager 日志存放在 Hadoop 安装目录下的 logs 目录下的 yarn-*-resourcemanager-*.log 中。

NodeManager 日志存放在各 NodeManager 节点上 Hadoop 安装目录下的 logs 目录下的 yarn-*-nodemanager-*.log 中。

应用程序日志包括 jobhistory 日志和 Container 日志，其中 jobhistory 日志是应用程序运行日志，包括应用程序的启动时间、结束时间，每个任务的启动时间、结束时间，以及各种 counter 信息等。

Container 日志包括 ApplicationMaster 日志和普通 Task 日志，它们均存放在 Hadoop 安装目录下的 userlogs 目录中的 application_×××目录下。其中，ApplicationMaster 日志目录的名称为 container_×××_000001，普通 Task 日志的目录名称则为 container_×××_000002、container_×××_000003 等。每个目录下包括 3 个日志文件，即 stdout、stderr 和 syslog，其中，stdout 是通过标准输出打印出来的日志，如 System.out.println，注意，程序中通过标准输出打印的日志并不会直接显示在终端上，而是保存在这个文件中；syslog 是通过 log4j 打印的日志，通常这个日志中包含的有用信息最多，也是错误调试中最关键的参考日志。

## 任务实施

**【工作流程】**

再次运行电商数据分析程序，监控任务执行的过程。

**【操作步骤】**

1）运行电商数据分析程序，查看执行情况，命令如下：

```
[root@master01 ~]# hadoop jar CollectionApp.jar CollectionApp
```

```
/collection.txt /co_out1
```

查看是否有以下重要信息输出，命令如下：

```
    2021-11-30 22:51:40,185 INFO mapreduce.Job: Running job:
job_1638262379053_0012
    2021-11-30 22:51:44,276 INFO mapreduce.Job: Job job_1638262379053_0012
running in uber mode : false
    2021-11-30 22:51:44,277 INFO mapreduce.Job:  map 0% reduce 0%
    2021-11-30 22:51:48,320 INFO mapreduce.Job:  map 100% reduce 0%
    2021-11-30 22:51:52,355 INFO mapreduce.Job:  map 100% reduce 50%
    2021-11-30 22:51:53,360 INFO mapreduce.Job:  map 100% reduce 100%
    2021-11-30 22:51:53,372 INFO mapreduce.Job: Job job_1638262379053_0012
completed successfully
    2021-11-30 22:51:53,435 INFO mapreduce.Job: Counters: 53
```

2）运行电商数据分析程序，在浏览器中查看运行情况。更换输出目录，重新执行命令，打开浏览器查看运行情况。任务列表如图 5-10 所示，任务详情如图 5-11 所示。

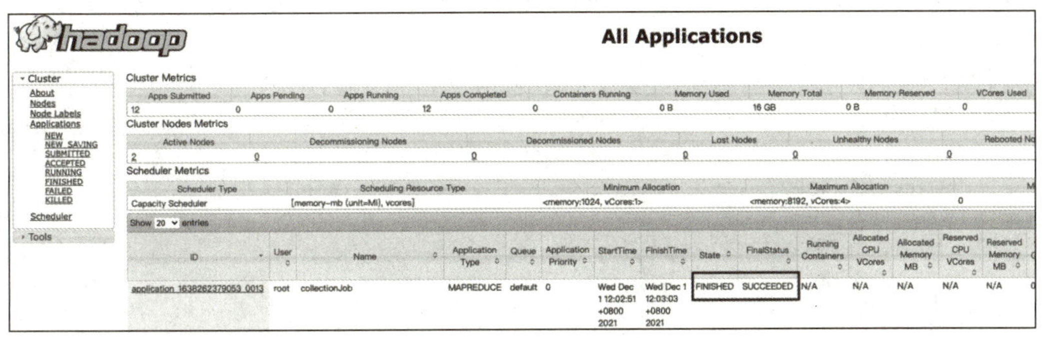


图 5-10　任务列表

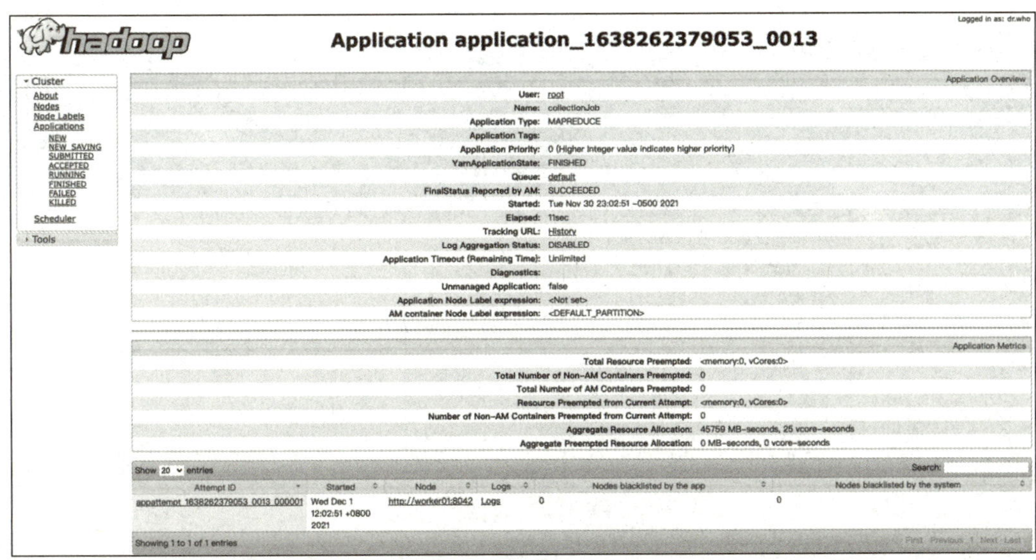


图 5-11　任务详情

通过状态可以看到任务是否成功执行。

3）运行电商数据分析程序，使用 Hadoop 命令查看运行情况。再次更换输出目录，重新执行命令，打开一个终端窗口通过 Hadoop 命令查看任务的运行情况。命令如下：

```
[root@master01 ~]# hadoop jar collectionApp.jar CollectionApp
/collection.txt /co_out3
```

在打开的终端窗口中运行 Hadoop 命令，命令如下：

```
[root@master01 ~]# mapred job -list
2021-11-30 23:02:52,544 INFO client.RMProxy: Connecting to ResourceManager
at master01/192.168.137.214:8032
2021-11-30 23:02:53,239 INFO conf.Configuration: resource-types.xml not
found
2021-11-30 23:02:53,239 INFO resource.ResourceUtils: Unable to find
'resource-types.xml'.
Total jobs:1
                  JobId              JobName          State            StartTime
UserName          Queue       Priority   UsedContainers   RsvdContainers
UsedMem         RsvdMem         NeededMem          AM info
     job_1638262379053_0014        collectionJob          PREP
1638331371269          root          default       DEFAULT                1
0    2048M             0M            2048M
http://master01:8088/proxy/application_1638262379053_0014/
```

可以看到已有新任务生成。

## 任务评价

任务考核评价表

| 任务名称：MapReduce 任务监控 | | | | | |
|---|---|---|---|---|---|
| 班级： | 学号： | 姓名： | | 日期： | |
| 评价内容 | 评价标准 | 评价方式 | | 分值 | 得分 |
| | | 小组评价（权重为 0.3） | 导师评价（权重为 0.7） | | |
| 职业素养 | 1）遵守学校管理规定，遵守纪律，按时完成工作任务<br>2）考勤情况<br>3）工作态度积极、勤学好问 | | | 20 | |
| 专业能力 | 1）掌握 MapReduce 任务的监控方式<br>2）掌握 MapReduce 任务失败的处理机制 | | | 70 | |

（续表）

| 评价内容 | 评价标准 | 评价方式 | | 分值 | 得分 |
|---|---|---|---|---|---|
| | | 小组评价（权重为 0.3） | 导师评价（权重为 0.7） | | |
| 创新能力 | 1）能提出新方法或应用新技术等<br>2）其他类型的创新性业绩 | | | 10 | |
| 总分合计 | | | | | |
| 指导教师综合评语 | 指导教师签名：　　　　日期： | | | | |

## 拓展小课堂

“分而治之”解决大难题：本单元学习了 MapReduce 海量数据处理思维，即分而治之，简称分治法，就是利用集群的力量，把一个大的问题，转化为若干个子问题，每个子问题都解决了，大的问题便随之解决。在我们的人生旅程中，也不可避免地会遇到这样或那样的难题，只要我们充分发挥团队的力量，善于利用分治法的思想，那么再大的难题也终将会大事化小、小事化了！

## 单元总结

本单元的主要任务是认识 MapReduce，了解 MapReduce 的基本原理，掌握 MapReduce Java API 的使用方法，理解 MapReduce 任务的管理机制。通过本单元的学习，可以通过 MapReduce 完成词频分析及电商数据的分析，具备监控 MapReduce 任务执行过程的能力。

## 在线测试

### 一、单选题

1．有关 MapReduce，下列说法正确的是（　　）。

A．它提供了资源管理能力

B．它是开源数据仓库系统，用于查询和分析存储在 Hadoop 中的大型数据集

C．它是 Hadoop 数据处理层

D．它是 Hadoop 数据管理层

2．在 MapReduce 中，如果将 Reducer 任务的个数设置为 0 会发生（　　）。

A．仅有 Reduce 作业发生

B．仅有 Map 作业发生

C．Reducer 输出会成为最终输出（Mapper 输出是最终输出）

D．没有 Map 作业发生

3．在 MapReduce 中，下列（　　）会将输入键值对处理成中间键值对。

A．Mapper　　　　B．Reducer

C. Mapper 和 Reducer　　D. Driver

4. 在 MapReduce 中，Map 数取决于（　　）的总量。

A. 任务数　　B. 输入数据　　C. 输出数据　　D. 分区数

5. 在 Hadoop 的分区阶段，默认的 Partitioner 是（　　）。

A. HashPar　　B. Partitioner

C. Hash Partitioner　　D. MyPartition

## 二、多选题

1. MapReduce 体系架构主要由（　　）部分组成。

A. NodeManager　　B. ApplicationMaster

C. Client　　D. ResourceManager

2. 下列关于 MapReduce 的说法中，正确的是（　　）。

A. MapReduce 是一种计算框架

B. MapReduce 来源于 Google 的学术论文

C. MapReduce 程序只能使用 Java 语言编写

D. MapReduce 隐藏了并行计算的细节，方便使用

3. 关于 MapReduce 框架中一个作业的 Reducer 任务的数目，下列说法不正确的是（　　）。

A. 由自定义的 Partitioner 来确定

B. 是分块总数目的一半

C. 可以由用户来自定义，通过 JobConf.setNumReducetTask(int)来设定一个作业中 Reducer 的任务数目

D. 由 MapReduce 随机确定其数目

## 三、判断题

1. Hadoop 框架是使用 Java 来实现的，MapReduce 应用程序则一定要使用 Java 来编写。（　　）

2. MapReduce 的输入和输出都是键值对的形式。（　　）

## 技能训练

1）应用 MapReduce 计算框架编码实现上网流量统计，将程序打成 jar 包，运行程序，查看运行结果。

2）已知某电信公司的移动用户上网日志流量数据，此日志文件中每一行数据记录的是某一时刻某电信用户（手机上网或固话拨号）上网的日志记录信息。日志文件中各项数据的含义如表 5-7 所示。

表 5-7　日志文件中各项数据的含义

| 序号 | 字段 | 字段类型 | 描述 |
|---|---|---|---|
| 0 | reportTime | long | 记录报告时间戳 |
| 1 | mobile | String | 手机号码 |
| 2 | apmac | String | AP mac |
| 3 | acmac | String | AC mac |
| 4 | host | String | 访问的服务器 |
| 5 | domain | String | 访问的域问 |
| 6 | siteType | String | 网址种类 |
| 7 | upPackNun | long | 上行数据包数，单位为个 |
| 8 | downPackNum | long | 下行数据包数，单位为个 |
| 9 | upPayLoad | long | 上行总流量 |
| 10 | downPayLoad | long | 下行总流量 |
| 11 | httpStatus | String | HTTP Response 的状态 |

已知每一个上网用户的每次上网的流量信息由 4 个字段数据进行标识，分别为上行数据包数（upPackNum）、下行数据包数（downPackNum）、上行总流量（upPayLoad）、下行总流量（downPayLoad）；文件中每一行表示在某个时间用户的上网流量信息，现在要求统计日志中每个用户上网的总流量信息。

要求使用 Hadoop 的 MapReduce 分布式计算框架统计本日志文件中每个上网用户上网的总流量信息。

分析如下。

k1：每行首地址。

v1：每行的内容。

k2：每行中用户的手机号。

v2：每行中的上网流量（upPackNum、downPackNum、upPayLoad、downPayLoad）。

k3：每个用户的手机号。

v3：每个用户上网的总流量（upPackNums、downPackNums、upPayLoads、downPayLoads）。

# 单元 6　Hadoop 高可用集群规划部署

## 学习目标

通过本单元的学习，学生应了解 ZooKeeper 的应用场景和特性，理解 ZooKeeper 的原理与体系架构，掌握 ZooKeeper 的部署和访问方法，理解 Hadoop 高可用的原理，掌握 Hadoop 高可用的配置方法和操作方法，能够通过 Web UI 监控 Hadoop 高可用集群的运行状态。此外，还可培养学生对 Hadoop 进行高可用的配置、监控与运维的技能。

## 知识图谱

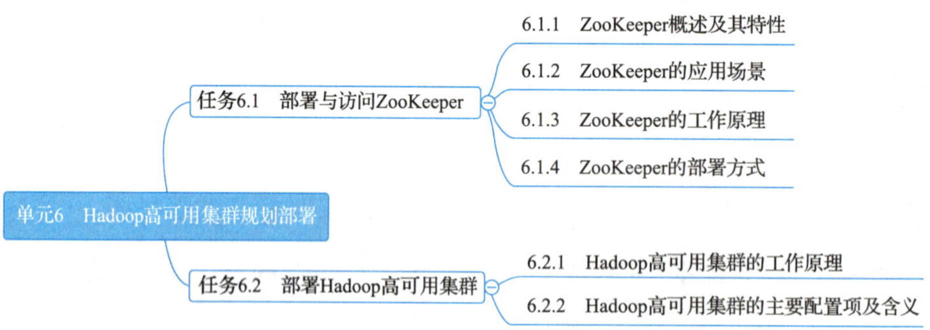


## 任务 6.1　部署与访问 ZooKeeper

### 任务情境

部署与访问 ZooKeeper

**【任务场景】**

经理：我们需要将 Hadoop 集群升级到高可用架构，Hadoop 高可用集群会依赖 ZooKeeper。

小张：好的，我先对 ZooKeeper 进行研究，为 Hadoop 集群升级做一些准备工作。

经理：ZooKeeper 也是一个集群，就用上次部署 Hadoop 集群的那 3 个节点吧。

小张：好的，我在那 3 个节点上部署一套 ZooKeeper 集群。

经理：好。

**【任务布置】**

本任务要求了解 ZooKeeper 的工作原理和体系架构，完成 ZooKeeper 集群的安装部署，学会启动、关闭 ZooKeeper，查看 ZooKeeper 的运行状态。ZooKeeper 是 Hadoop 高可用集群和 HBase 集群依赖的重要组件。本任务会完成 3 个节点的 ZooKeeper 集群的搭建，为后面 HBase 集群安装部署打下基础。

## 知识准备

### 6.1.1　ZooKeeper 概述及其特性

#### 1. ZooKeeper 概述

ZooKeeper 是一个开放源码的分布式应用程序协调服务框架，是 Google Chubby 的一个开源的实现。ZooKeeper 是基于 Java 语言开发的，目前是 Apache 顶级子项目之一，在分布式集群中被广泛应用。ZooKeeper 可以为分布式应用提供一致性服务，如分布式同步、配置管理、集群管理、命名管理、队列管理等。

从设计模式的角度来理解，ZooKeeper 是一个基于观察者模式设计的分布式服务管理框架。它负责存储和管理大家都关心的数据，然后接收观察者的注册，一旦这些数据的状态发生变化，ZooKeeper 就通知已经在 ZooKeeper 上注册的观察者来做出相应的反应。简单地说，ZooKeeper=文件系统+通知机制。

#### 2. ZooKeeper 的特性

1）最终一致性：Client 不论连接到哪个 Server，展示给它的都是同一个视图。

2）可靠性：具有简单、健壮、良好的性能，如果消息 *m* 被一台服务器接收，那么消息 *m* 将被所有服务器接收。

3）实时性：ZooKeeper 保证客户端在一个时间间隔范围内获得服务器的更新信息，或者服务器失效的信息。但由于网络延时等原因，ZooKeeper 不能保证两个客户端能同时得到刚更新的数据，如果需要最新数据，应该在读数据之前调用 sync( )接口。

4）等待无关（wait-free）：慢的或失效的 Client 不得干预快速的 Client 的请求，这样可使每个 Client 都能有效地等待。

5）原子性：更新只能成功或失败，没有中间状态。

6）顺序性：包括全局有序和偏序两种。全局有序是指如果在一台服务器上消息 a 在消息 b 之前被发布，则在所有 Server 上消息 a 都将在消息 b 之前被发布；偏序是指如果一个消息 b 在消息 a 后被同一个发送者发布，则消息 a 必将排在消息 b 前面。

### 6.1.2　ZooKeeper 的应用场景

#### 1. 数据发布与订阅

发布与订阅即所谓的配置管理，就是将数据发布到 ZooKeeper 节点上，供订阅者动态获取数据，实现配置信息的集中式管理和动态更新。举例如下。

1）索引信息和集群中机器节点状态存放在 ZooKeeper 的一些指定节点上，供各客户端订阅使用。

2）应用中使用到的一些配置信息集中管理，在应用启动时主动来获取一次，并在节点上注册一个 Watcher，以后每次配置有更新时，实时通知到应用，获取最新的配置信息。

3）业务逻辑中需要用到的一些全局变量，如一些消息中间件的消息队列通常有一个 offset，这个 offset 存放在 ZooKeeper 上，这样集群中每个发送者都能知道当前的发送进度。

4）系统中有些信息需要动态获取，并且还会存在人工手动去修改这个信息，以前通常是暴露出接口，有了 ZooKeeper 后，只要将这些信息存放到 ZooKeeper 节点上即可。

### 2. 分布通知/协调

ZooKeeper 中特有 Watcher 注册与异步通知机制，能够很好地实现分布式环境下不同系统之间的通知与协调，实现对数据变更的实时处理。使用的方法通常是，不同系统都对 ZooKeeper 上的同一个 znode 进行注册，监听 znode 的变化（包括 znode 本身及其子节点的内容），其中一个系统更新了 znode，那么另一个系统能够收到通知，并做出相应的处理，使用 ZooKeeper 来进行分布式通知和协调能够大大降低系统之间的耦合。举例如下。

1）检测系统和被检测系统之间并不直接关联起来，而是通过 ZooKeeper 上的某个节点进行关联，大大减少系统的耦合。

2）某系统由控制台和推送系统两部分组成，控制台的职责是控制推送系统进行相应的推送工作。管理人员在控制台做的一些操作，实际上是修改了 ZooKeeper 上某些节点的状态，而 ZooKeeper 就把这些变化通知给注册 Watcher 的客户端，实施相应的推送任务。

3）一些类似于任务分发系统，子任务启动后，到 ZooKeeper 来注册一个临时节点，并定时将自己的进度进行汇报（将进度信息写回这个临时节点），这样任务管理者就能够实时了解任务的进度。

### 3. 分布式锁

分布式锁，主要得益于 ZooKeeper 为我们保证了数据的强一致性，即用户只要完全相信每时每刻，ZooKeeper 集群中任意节点上的相同 znode 数据一定是相同的。锁服务可以分为两类，一个是保持独占，另一个是控制时序。

保持独占，就是所有试图来获取这个锁的客户端，最终只有一个可以成功获得这把锁。通常的做法是把 ZooKeeper 上的一个 znode 看作是一把锁，通过 create znode 的方式来实现。所有客户端都去创建/distribute_lock 节点，最终成功创建的那个客户端也即拥有了这把锁。

控制时序，就是所有试图来获取这个锁的客户端，最终都会被安排执行，只是有个全局时序了。其做法和上面的基本类似，只是这里/distribute_lock 已经预先存在，客户端在它下面创建临时有序节点（这个可以通过节点的属性控制：CreateMode.EPHEMERAL_SEQUENTIAL 来指定）。ZooKeeper 的父节点（/distribute_lock）维持一份 sequence，保证子节点创建的时序性，从而也形成了每个客户端的全局时序。

### 4. Master 选举

Master 选举是 ZooKeeper 中最为经典的使用场景了。在分布式环境中，相同的业务应用分布在不同的机器上，有些业务逻辑（如一些耗时的计算、网络 I/O 处理），往往只需要让整个集群中的某一台机器进行执行，其余机器可以共享这个结果，这样可以大大减少重复劳动、提高性能，于是这个 Master 选举便是这种场景下碰到的主要问题。例如，在搜索系统中，如果集群中每个机器都生成一份全量索引，不仅耗时，而且不能保证彼此之间的索引数据一致。因此让集群中的 Master 来进行全量索引的生成，然后同步到集群的其他机器中。

利用 ZooKeeper 的强一致性，能够保证在分布式高并发情况下节点创建的全局唯一性，即同时有多个客户端请求创建/currentMaster 节点，最终一定只有一个客户端请求能够创建成功。利用这个特性，就能很轻易地在分布式环境中进行集群选取了。

另外，这种场景演化一下，就是动态 Master 选举，这就要用到 EPHEMERAL_SEQUENTIAL 类型节点的特性了。上文提到，有多个客户端请求创建/currentMaster 节点，最终只有一个客户端能够创建成功。在这里稍微变化下，就是允许所有客户端都能够创建成功，但是要有一个创建顺序，于是所有的客户端请求最终在 ZooKeeper 上创建结果的一种可能情况是这样：/currentMaster/{sessionId}-1、/currentMaster/{sessionId}-2、/currentMaster/{sessionId}-3 等，每次选取序列号最小的那个机器作为 Master，如果这个机器挂了，由于它创建的节点会马上消失，那么之后最小的那个机器就是 Master 了。

### 6.1.3　ZooKeeper 的工作原理

ZooKeeper 的文件系统和 Linux 的文件系统很像，也是树状，每个目录路径都是唯一的，对于命名空间的操作也都是采用绝对路径操作。ZooKeeper 的文件系统结构如图 6-1 所示。

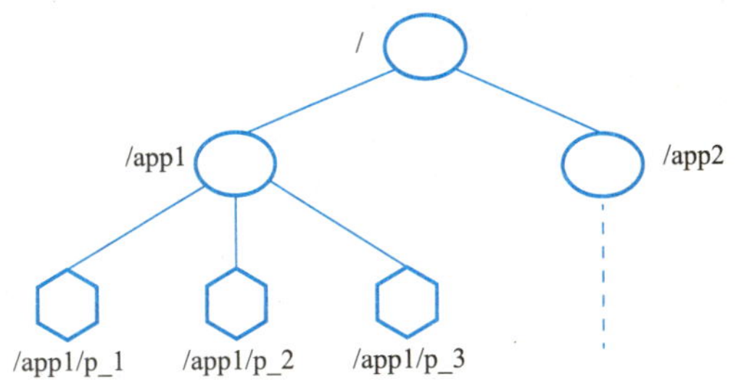


图 6-1　ZooKeeper 的文件系统结构

同为树形结构，ZooKeeper 文件系统与 Linux 文件系统不同的是，Linux 文件系统有目录和文件的区别，而 ZooKeeper 把路径上的每个节点统一称为 znode，如图 6-1 中的/app1 是一个 znode，/app1/p_1 也是一个 znode。一个 znode 节点可以包含子 znode，同时也可以包含数据。每个 znode 有唯一的路径标识，既能存储数据，也能创建子 znode。

znode 有 4 种形式的目录节点，4 种形式的 znode 的特点分别如下。

1）PERSISTENT：这是持久化的 znode 节点，一旦创建了这个 znode 节点，存储的数据不会主动消失，除非是客户端主动删除。

2）PERSISTENT_SEQUENTIAL：持久顺序节点，这是自动增加顺序编号的持久化 znode 节点。这类节点的基本特性和上面的节点类型是一致的。额外的特性是，在 ZooKeeper 中，每个父节点会为它的第一级子节点维护一份时序，会记录每个子节点创建的先后顺序。基于这个特性，在创建子节点时，可以设置这个属性，那么在创建节点的过程中，ZooKeeper会自动为给定节点名加上一个数字后缀，作为新的节点名。这个数字后缀的范围是整型的最大值。例如，客户端A在ZooKeeper服务器上建立一个名称为/zk/test的znode节点，指定了这种类型的节点后，zk会创建/zk/conf0000000000子节点。客户端B再创建节点时就会创建/zk/conf0000000001，客户端C连接后会创建/zk/conf0000000002，以此类推，从而保证任意一个客户端创建znode都能保证得到的znode是递增的，而且是唯一的。

3）EPHEMERAL：这是临时的znode节点，客户端连接到ZooKeeper服务器时会建立一个会话session，使用这个连接实例创建了临时的znode节点后，一旦客户端关闭了ZooKeeper的连接，服务器就会清除会话session，同时这个连接建立的临时znode节点会从命名空间删除。也就是临时类型的znode节点的生命周期和客户端建立的连接一样。EPHEMERAL类型的节点不能有子节点。

4）EPHEMERAL_SEQUENTIAL：这是临时自动编号znode节点，znode节点编号会自动增加，但是会随会话session的关闭而自动删除。

ZooKeeper集群使用选举机制产生集群中具有不同功能的角色，ZooKeeper的角色主要分为3类，如表6-1所示。

表6-1 ZooKeeper的角色描述

| 角色 | | 描述 |
|---|---|---|
| 领导者（Leader） | | Leader负责进行投票的发起和决议，更新系统状态 |
| 学习者（Learner） | 跟随者（Follower） | Follower用于接收客户的请求并向客户端返回结果，在选举过程中参与投票 |
| | 观察者（Observer） | Observer可以接收客户端的连接，将写请求转发给Leader节点。但Observer不参与投票的过程，只同步Leader的状态。Observer的目的是扩展系统，提高读取速度 |
| 客户端（Client） | | 请求发起方 |

ZooKeeper集群在所有的节点（主机）中选举出一个Leader，然后让这个Leader来负责管理集群。此时，集群中的其他服务器则成了此Leader的Follower或Observer（Observer与Follower的唯一不同的地方就是Observer不会参加选举投票）。并且，当Leader出现故障时，ZooKeeper要能够快速地在Follower中选举出下一个Leader。这就是ZooKeeper的Leader机制。ZooKeeper集群的角色状态通常如图6-2所示。

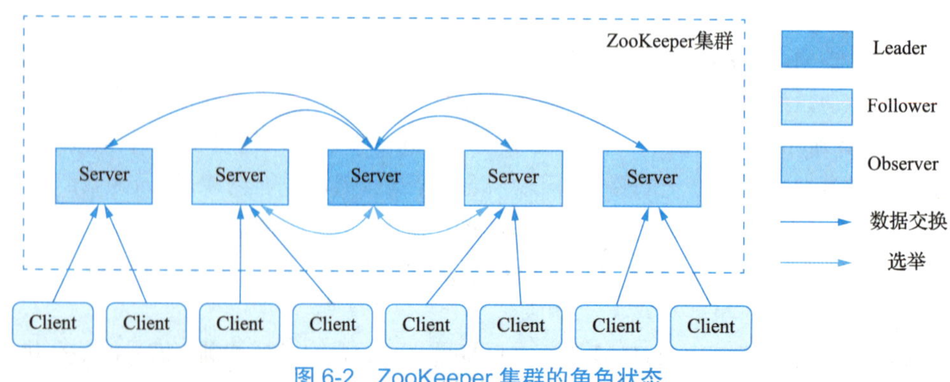


图6-2 ZooKeeper集群的角色状态

每个 Server 在工作过程中有以下 3 种状态。

1）LOOKING：当前 Server 不知道 Leader 是谁，正在搜寻。

2）LEADING：当前 Server 即为选举出来的 Leader。

3）FOLLOWING：Leader 已经选举出来，当前 Server 与之同步。

ZooKeeper 通过选举选出新的 Leader，当 Leader 崩溃或失去大多数的 Follower 时，ZooKeeper 进入恢复模式，恢复模式需要重新选举出一个新的 Leader，让所有的 Server 都恢复到一个正确的状态。要使 Leader 获得多数 Server 的支持，则 Server 总数必须是奇数 $2n+1$，且存活的 Server 的数目不得少于 $n+1$。

选完 Leader 以后，Follower 和 Observer 需要与 Leader Server 进行状态同步，以保证 ZooKeeper 各节点对外提供一致的信息，同步流程如图 6-3 所示。

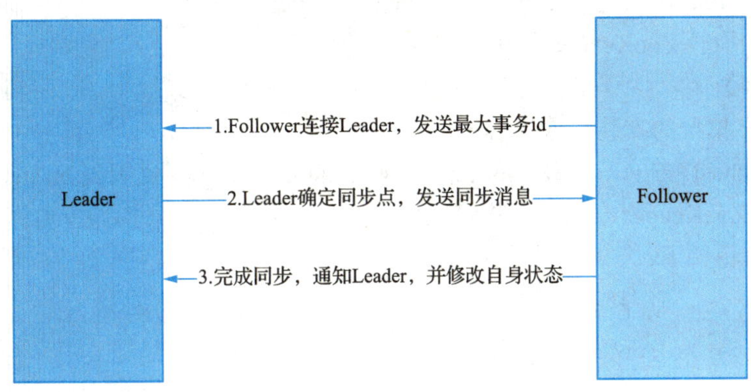


图 6-3　ZooKeeper 状态的同步流程

基本流程描述如下。

1）Leader 等待 Follower 连接。

2）Follower 连接 Leader，将最大事务 id 发送给 Leader。

3）Leader 根据 Follower 的最大事务 id 确定同步点，发送同步消息给 Follower。

4）完成同步后通知 Follower 已经成为 uptodate 状态。

5）Follower 收到 uptodate 消息后，又可以重新接收 Client 的请求进行服务了。

### 6.1.4　ZooKeeper 的部署方式

ZooKeeper 的部署方式分为 3 种模式：单机模式、伪分布式模式和完全分布式集群模式。在部署 Hadoop 高可用集群和 HBase 完全分布式集群时，需要使用独立安装的 ZooKeeper 集群。为了方便后面搭建 Hadoop 高可用集群和 HBase 集群，本任务要求完成 3 个节点的 ZooKeeper 集群安装部署的过程。ZooKeeper 集群的规划如表 6-2 所示。

表 6-2　ZooKeeper 集群的规划

| 主机名 | 节点环境 |
| --- | --- |
| master01 | CentOS 7、JDK 1.8，Hadoop 2.7.3 |
| worker01 | CentOS 7、JDK 1.8，Hadoop 2.7.3 |
| worker02 | CentOS 7、JDK 1.8，Hadoop 2.7.3 |

## 任务实施

**【工作流程】**

使用 master01、worker01、worker02 这 3 个节点部署一个 ZooKeeper 集群，流程如下。

1）下载 ZooKeeper 安装包并解压。

2）配置 ZooKeeper 环境变量。

3）创建并修改 ZooKeeper 的配置文件 zoo.cfg。

4）创建 data 文件夹和 myid 文件。

5）将 master01 节点的 zk 目录和 profile 文件复制到另外两个节点上。

6）修改 worker01 节点和 worker02 节点上的 myid 文件。

7）启动和检验 ZooKeeper 集群。

**【操作步骤】**

ZooKeeper 集群的安装步骤如下。

1）在 Apache 官方网站下载 zookeeper-3.4.13.tar.gz 安装包，复制到 master01 节点的/opt 目录下，解压 ZooKeeper 安装包，将解压后的文件夹名改为 zk（换为短名称比较方便，也可以不换），命令如下：

```
[root@master01 opt]# tar zxvf zookeeper-3.4.13.tat.gz
[root@master01 opt]# mv zookeeper-3.4.13 zk
```

2）配置环境变量。在/etc/profile 文件中配置 ZooKeeper，添加以下两行内容：

```
export ZK_HOME=/opt/zk
export PATH=$ZK_HOME/bin:$PATH
```

3）创建并修改 ZooKeeper 的配置文件 zoo.cfg，命令如下：

```
[root@master01 zk]#cp /opt/zk/conf/zoo_sample.cfg zoo.cfg
[root@master01 zk]#vim /opt/zk/conf/zoo.cfg
dataDir=/opt/zk/data
server.1=master01:2888:3888
server.2=worker01:2888:3888
server.3=worker02:2888:3888
```

4）在 zk 目录下创建文件夹 data（与 zoo.cfg 配置文件中的 dataDir 配置项的值一致），在 data 目录下创建文件 myid，值为 1。命令如下：

```
[root@master01 zk]#mkdir /opt/zk/data
[root@master01 zk]#vim /opt/zk/data/myid
 1
```

5）将 master01 节点的 zk 目录和 profile 文件复制到另外两个节点 worker01、worker02 上，命令如下：

```
[root@master01 opt]scp -r /opt/zk worker01:/opt/
```

```
[root@master01 opt]scp /etc/profile worker01:/etc/
[root@master01 opt]scp -r /opt/zk worker02:/opt/
[root@master01 opt]scp /etc/profile worker02:/etc/
```

6）远程登录 worker01 和 worker02，把 worker01 节点和 worker02 节点上的 myid 文件分别改为 2 和 3，命令如下：

```
[root@worker01 zk]#vim /opt/zk/data/myid
2
[root@worker02 zk]#vim /opt/zk/data/myid
3
```

7）启动和检验 ZooKeeper 集群。在 master01、worker01 和 worker02 这 3 个节点上分别执行命令 zkServer.sh start 来启动集群，命令如下：

```
[root@master01 zk]#/opt/zk/bin/zkServer.sh start
ZooKeeper JMX enabled by default
Using config: /opt/zk/bin/../conf/zoo.cfg
Starting zookeeper ... STARTED
[root@worker01 zk]#/opt/zk/bin/zkServer.sh start
ZooKeeper JMX enabled by default
Using config: /opt/zk/bin/../conf/zoo.cfg
Starting zookeeper ... STARTED
[root@worker02 zk]#/opt/zk/bin/zkServer.sh start
ZooKeeper JMX enabled by default
Using config: /opt/zk/bin/../conf/zoo.cfg
Starting zookeeper ... STARTED
```

3 个节点全部执行完启动命令后，在 3 个节点上分别执行命令 zkServer.sh status 查看集群状态，命令如下：

```
[root@master01 zk]#/opt/zk/bin/zkServer.sh status
ZooKeeper JMX enabled by default
Using config: /opt/zk/bin/../conf/zoo.cfg
Mode: follower
[root@worker01 zk]#/opt/zk/bin/zkServer.sh status
ZooKeeper JMX enabled by default
Using config: /opt/zk/bin/../conf/zoo.cfg
Mode: follower
[root@worker02 zk]#/opt/zk/bin/zkServer.sh status
ZooKeeper JMX enabled by default
Using config: /opt/zk/bin/../conf/zoo.cfg
Mode: leader
```

通过 3 个节点的 ZooKeeper 状态可以看出，master01 节点和 worker01 节点为 Follower 角色，worker02 节点为 Leader 角色。

如果要关闭 ZooKeeper，则需要在每个节点上运行 zkServer.sh stop 命令。命令如下：

```
[root@master01 zk]#/opt/zk/bin/zkServer.sh stop
ZooKeeper JMX enabled by default
Using config: /opt/zk/bin/../conf/zoo.cfg
Stopping zookeeper ... STOPPED
[root@worker01 zk]#/opt/zk/bin/zkServer.sh stop
ZooKeeper JMX enabled by default
Using config: /opt/zk/bin/../conf/zoo.cfg
Stopping zookeeper ... STOPPED
[root@worker02 zk]#/opt/zk/bin/zkServer.sh stop
ZooKeeper JMX enabled by default
Using config: /opt/zk/bin/../conf/zoo.cfg
Stopping zookeeper ... STOPPED
```

## 任务评价

任务考核评价表

<table>
<tr><td colspan="6">任务名称：部署与访问 ZooKeeper</td></tr>
<tr><td>班级：</td><td>学号：</td><td colspan="2">姓名：</td><td colspan="2">日期：</td></tr>
<tr><td rowspan="2">评价内容</td><td rowspan="2">评价标准</td><td colspan="2">评价方式</td><td rowspan="2">分值</td><td rowspan="2">得分</td></tr>
<tr><td>小组评价（权重为 0.3）</td><td>导师评价（权重为 0.7）</td></tr>
<tr><td>职业素养</td><td>1）遵守学校管理规定、遵守纪律，按时完成工作任务<br>2）考勤情况<br>3）工作态度积极、勤学好问</td><td></td><td></td><td>20</td><td></td></tr>
<tr><td>专业能力</td><td>1）理解 ZooKeeper 的工作原理<br>2）完成 ZooKeeper 的部署任务</td><td></td><td></td><td>70</td><td></td></tr>
<tr><td>创新能力</td><td>1）能提出新方法或应用新技术等<br>2）其他类型的创新性业绩</td><td></td><td></td><td>10</td><td></td></tr>
<tr><td>总分合计</td><td colspan="5"></td></tr>
<tr><td>指导教师综合评语</td><td colspan="5">指导教师签名：　　　　　　　　日期：</td></tr>
</table>

# 任务 6.2　部署 Hadoop 高可用集群

## 任务情境

**【任务场景】**

经理：Hadoop 分布式集群存在 NameNode 单点问题，当 NameNode 异常后就不能正常提供服务了，咱们搭建的 Hadoop 集群还没有配置高可用，存在一定的风险。

小张：Hadoop 支持高可用架构。

经理：是的，高可用架构同时运行两个 NameNode，一个是 Active 状态，另一个是 Standby 状态，将上次部署的 Hadoop 集群升级到高可用的架构，能提升数据存储和任务运行的稳定性。

小张：好的，我了解一下 Hadoop 高可用集群的工作原理和配置方法，然后对咱们的集群进行升级。

经理：好。

**【任务布置】**

本任务要求在任务 3.1 搭建的 Hadoop 集群的基础上，使用任务 6.1 中部署的 ZooKeeper 集群服务，对 Hadoop 进行高可用架构的配置，然后对高可用集群进行运行和验证，实现 NameNode 和 ResourceManager 的高可用。

## 知识准备

### 6.2.1　Hadoop 高可用集群的工作原理

在单元 3 中我们介绍了 Hadoop 的集群部署，其中描述了其高可靠的特点，也就是其数据的多副本存储机制。但 HDFS 集群的 NameNode 一直存在单点故障问题，集群只存在一个 NameNode 节点，它维护了 HDFS 所有的元数据信息，当该节点所在服务器宕机或服务不可用时，整个 HDFS 集群处于不可用状态，所以 Hadoop 集群的分布式部署不具备高可用的特点，在生产环境下存在极大的风险和隐患。Hadoop 2.×版本后提出了高可用（high availability，HA）解决方案，通过 HDFS 高可用方案可以实现 NameNode 节点的高可用，高可用的实现主要分为元数据同步和主备切换两部分。

注意：在 Hadoop 集群（非高可用）部署架构下，SecondNameNode 的作用不是为了实现高可用，而是为了提高 NameNode 启动时的效率。如果 NameNode 执行了很多操作的话，就会导致 edits 文件很大，那么在下一次启动的过程中，就会导致 NameNode 的启动速度很慢，慢到几个小时也是有可能的，所以出现了 SecondNameNode，用于 fsimage 和 edits 的合并，防止文件过大。

#### 1. 元数据同步

Hadoop 的元数据的主要作用是维护 HDFS 文件系统中文件和目录的相关信息。Hadoop 2.×版本后元数据的存储形式主要有 3 类：内存镜像、磁盘镜像（fsimage）、日志（editlog）。

1）在 NameNode 启动时，会加载磁盘镜像到内存中以进行元数据的管理，存储在 NameNode 内存。

2）磁盘镜像是某一时刻 HDFS 的元数据信息的快照，包含所有相关 DataNode 节点文件块的映射关系和命名空间（namespace）信息，存储在 NameNode 本地文件系统。

3）日志文件记录 Client 发起的每一次操作信息，即保存所有对文件系统的修改操作，用于定期和磁盘镜像合并成最新镜像，保证 NameNode 元数据信息的完整，存储在

NameNode 本地和共享存储系统中。

① NameNode 主备节点。在同一个 HDFS 集群中，运行两个互为主备的 NameNode 节点。一台为主 NameNode 节点，处于 Active 状态；一台为备 NameNode 节点，处于 Standby 状态。其中，只有 Active NameNode 对外提供读写服务，Standby NameNode 会根据 Active NameNode 的状态变化，在必要时切换成 Active 状态。

② JournalNode 集群。在主备切换过程中，新的 Active NameNode 必须确保与原 Active NamNode 的元数据同步完成，才能对外提供服务，所以使用 JournalNode 集群作为共享存储系统。当客户端对 HDFS 进行操作时，会在 Active NameNode 的 edits.log 文件中做日志记录，同时日志记录也会写入 JournalNode 集群，负责存储 HDFS 新产生的元数据。当有新数据写入 JournalNode 集群时，Standby NameNode 能监听到此情况，将新数据同步过来，Active NameNode（写入）和 Standby NameNode（读取）实现元数据的同步。另外，所有 DataNode 会向两个主备 NameNode 做 BlockReport。

### 2. 主备切换

每个 NameNode 节点上各有一个 ZKFC 进程，ZKFC 即 ZKFailoverController，作为独立进程存在，负责控制 NameNode 的主备切换。ZKFC 会监控 NameNode 的健康状况，当发现 Active NameNode 异常时，通过 ZooKeeper 集群进行 NameNode 主备选举，完成 Active 状态和 Standby 状态的切换。ZKFC 在启动时，同时会初始化 HealthMonitor 和 ActiveStandbyElector 服务，ZKFC 同时会向 HealthMonitor 和 ActiveStandbyElector 注册相应的回调方法（如图 6-4 中的①回调、②回调），HealthMonitor 定时调用 NameNode 的 HAServiceProtocol RPC 接口（monitorHealth 和 getServiceStatus），监控 NameNode 的健康状态，并向 ZKFC 反馈。ActiveStandbyElector 接收 ZKFC 的选举请求，通过 ZooKeeper 自动完成 NameNode 的主备选举，选举完成后回调 ZKFC 的主备切换方法对 NameNode 进行 Active 状态和 Standby 状态的切换。Hadoop 主备切换的流程如图 6-4 所示。

下面介绍主备选举的过程。

1）启动两个 NameNode、ZKFC。

2）两个 ZKFC 通过各自的 ActiveStandbyElector 发起 NameNode 的主备选举，这个过程利用 ZooKeeper 的写一致性和临时节点机制来实现。

3）当发起一次主备选举时，ActiveStandbyElector 会尝试在 ZooKeeper 创建临时节点 /hadoop-ha/${dfs.nameservices}/ActiveStandbyElectorLock，ZooKeeper 的写一致性保证最终只会有一个 ActiveStandbyElector 创建成功。

4）ActiveStandbyElector 从 ZooKeeper 获得选举结果。

5）创建成功的 ActiveStandbyElector 回调 ZKFC 的回调方法②，将对应的 NameNode 切换为 Active NameNode 状态。

6）而创建失败的 ActiveStandbyElector 回调 ZKFC 的回调方法②，将对应的 NameNode 切换为 Standby NameNode 状态。

7）不管是否选举成功，所有 ActiveStandbyElector 都会在临时节点 ActiveStandbyElectorLock 上注册一个 Watcher 监听器，来监听这个节点的状态变化事件。

8）如果 Active NameNode 对应的 HealthMonitor 检测到 NameNode 状态异常，则通知

对应的 ZKFC。

9）ZKFC 会调用 ActiveStandbyElector 方法，删除在 ZooKeeper 上创建的临时节点 ActiveStandbyElectorLock（或者 ActvieStandbyElector 与 ZooKeeper 的 session 断开，临时节点也会被删除，但有可能此时原 Active NameNode 仍然是 Active 状态）。

10）此时，Standby NameNode 的 ActiveStandbyElector 注册的 Watcher 就会监听到此节点的 NodeDeleted 事件。

11）接收到这个事件后，此 ActiveStandbyElector 发起主备选举，成功创建临时节点 ActiveStandbyElectorLock，如果创建成功，则 Standby NameNode 被选举为 Active NameNode。

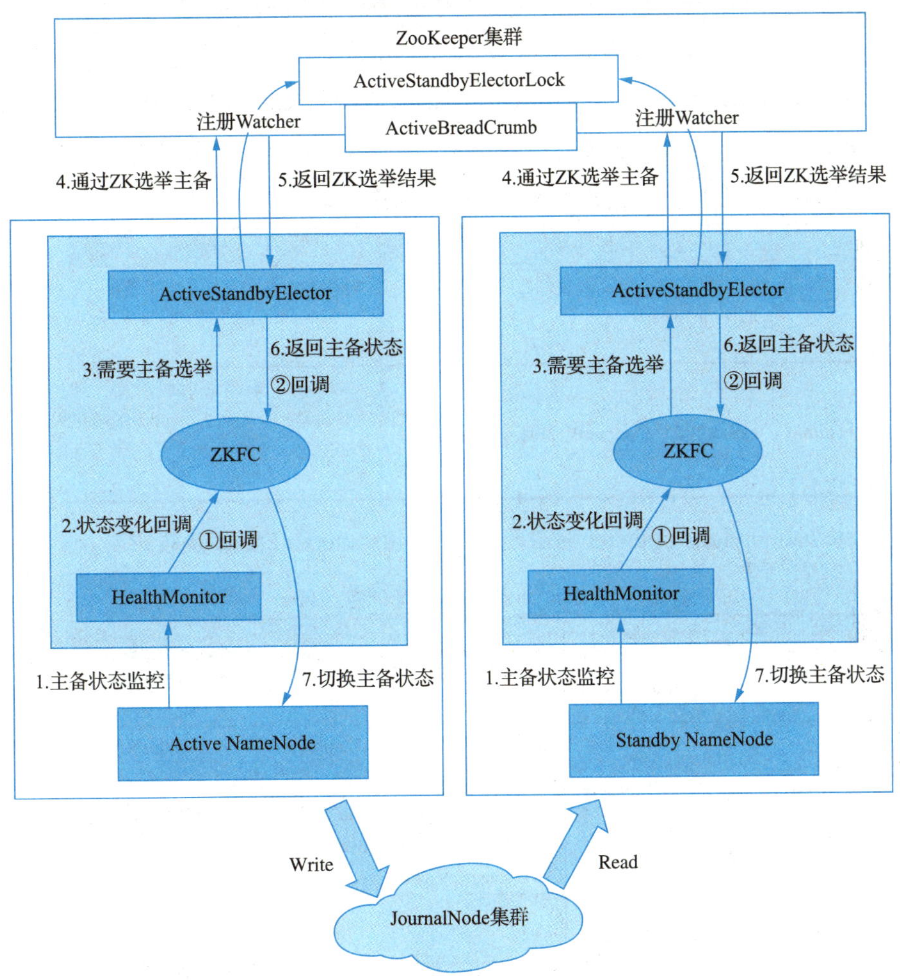


图 6-4　Hadoop 主备切换的流程

## 6.2.2　Hadoop 高可用集群的主要配置项及含义

本小节我们将单元 3 中的 Hadoop 分布式集群升级为高可用集群，对原环境中的 core-site.xml、hdfs-site.xml、yarn-site.xml 这 3 个配置文件进行修改，分布式集群升级到高可用集群后各节点的规划如表 6-3 所示。

表 6-3　Hadoop 高可用集群规划

| 节点类型 | 节点名称 | IP 地址 | 组件 |
|---|---|---|---|
| Master | master01 | 192.168.137.211 | NameNode<br>ResourceManager<br>JournalNode |
| Worker | worker01 | 192.168.137.212 | NameNode<br>ResourceManager<br>JournalNode<br>DataNode<br>NodeManager |
| | worker02 | 192.168.137.213 | JournalNode<br>DataNode<br>NodeManager |

1）对 etc/hadoop/core-site.xml 修改配置项。core-site.xml 配置参数如表 6-4 所示。

表 6-4　core-site.xml 配置参数

| 配置项 | 配置内容 | 说明 | 类型 |
|---|---|---|---|
| fs.defaultFS | hdfs://mycluster | mycluster 是自定义的一个名称，需要与 hdfs-site.xml 中的 dfs.nameservices 值一致 | 修改项 |
| ha.zookeeper.quorum | master01:2181,worker01:2181,worker02:2181 | ZooKeeper 集群的访问配置，其中 master01、worker01、worker02 指的是 ZooKeeper 集群的安装节点，有几个写几个 | 新增项 |

2）对 etc/hadoop/hdfs-site.xml 修改配置项。hdfs-site.xml 配置参数如表 6-5 所示。

表 6-5　hdfs-site.xml 配置参数

| 配置项 | 配置内容 | 说明 | 类型 |
|---|---|---|---|
| dfs.nameservices | mycluster | 为 HDFS 集群定义一个服务名称，需要与 core-site.xml 中的 fs.defaultFS 对应 | 新增项 |
| dfs.ha.namenodes.mycluster | nn1、nn2 | nameservice 包含哪些 NameNode，为各个 NameNode 命名，此配置项名称中的 mycluster 需要与 dfs.nameservices 的值相同 | 新增项 |
| dfs.namenode.rpc-address.mycluster.nn1 | master01:8020 | 别名为 nn1 的 NameNode 节点的 RPC 地址和端口号，需要注意此配置项名称中的 mycluster 和 nn1，需要与 dfs.nameservices 和 dfs.ha.namenodes.mycluster 中的值相匹配 | 新增项 |
| dfs.namenode.rpc-address.mycluster.nn2 | worker01:8020 | 同上 | 新增项 |
| dfs.namenode.http-address.mycluster.nn1 | master01:50070 | 别名为 nn1 的 NameNode 节点的 HTTP 地址和端口号，需要注意此配置项名称中的 mycluster 和 nn1，需要与 dfs.nameservices 和 dfs.ha.namenodes.mycluster 中的值相匹配 | 新增项 |
| dfs.namenode.http-address.mycluster.nn2 | worker01:50070 | 同上 | 新增项 |
| dfs.journalnode.edits.dir | /hadoop/journalnode | 指定 JournalNode 在本地磁盘存放数据的位置 | 新增项 |

（续表）

| 配置项 | 配置内容 | 说明 | 类型 |
|---|---|---|---|
| dfs.namenode.shared.edits.dir | qjournal://master01:8485;worker01:8485;worker02:8485/mycluster | 指定 NameNode 的元数据在 JournalNode 上存放的位置，master01、worker01、worker02 是部署 JournalNode 的节点，有几个写几个，mycluster 是文件夹名称，可任意取名（本示例在当前环境配置下，元数据存放在各 JournalNode 节点的 /hadoop/journalnode/mycluster 目录下） | 新增项 |
| dfs.ha.automatic-failover.enabled | true | 配置是否启动故障恢复，在高可用部署架构下配置为 true | 新增项 |
| dfs.client.failover.proxy.provider.mycluster | org.apache.hadoop.hdfs.server.namenode.ha.ConfiguredFailoverProxyProvider | 配置故障恢复时自动切换的实现方式 | 新增项 |
| dfs.ha.fencing.methods | sshfence | 指定高可用进行隔离的方法，默认是 sshfence，sshfence 通过 SSH 登录前一个 Active NameNosde 并将其杀死 | 新增项 |
| dfs.ha.fencing.ssh.private-key-files | /root/.ssh/id_rsa | SSH 私钥文件，用于 sshfence，注意需要与进行 SSH 免密登录时采用的加密算法所生成的私钥文件名一致 | 新增项 |
| dfs.ha.fencing.ssh.connect-timeout | 30000 | 配置 fencing 的超时时间 | 新增项 |

3）对 etc/hadoop/yarn-site.xml 修改配置项。yarn-site.xml 配置参数如表 6-6 所示。

表 6-6　yarn-site.xml 配置参数

| 配置项 | 配置内容 | 说明 | 类型 |
|---|---|---|---|
| yarn.resourcemanager.hostname | 指定 YARNResourceManager 的地址 | 在高可用架构下删除此配置项 | 删除项 |
| yarn.resourcemanager.ha.enabled | true | 配置是否开启 RM 高可用 | 新增项 |
| yarn.resourcemanager.cluster-id | mycluster | 指定 RM 的 cluster id，可任意取名 | 新增项 |
| yarn.resourcemanager.ha.rm-ids | rm1,rm2 | 指定 RM 节点的别名 | 新增项 |
| yarn.resourcemanager.hostname.rm1 | master01 | 指定别名为 rm1 节点的地址 | 新增项 |
| yarn.resourcemanager.hostname.rm2 | worker01 | 同上 | 新增项 |
| yarn.resourcemanager.zk-address | master01:2181,worker01:2181,worker02:2181 | 指定 ZooKeeper 集群地址 | 新增项 |

部署 Hadoop 高可用集群-1

部署 Hadoop 高可用集群-2

部署 Hadoop 高可用集群-3

部署 Hadoop 高可用集群-4

## 任务实施

【工作流程】

在任务 3.1 中的 Hadoop 集群和任务 6.1 中的 ZooKeeper 集群正常工作的前提下，将 Hadoop 分布式集群升级为高可用集群的主要工作流程包括以下几项。

1）修改 master01 节点的 core-site.xml。

2）修改 master01 节点的 hdfs-site.xml。

3）将 master01 节点的 core-site.xml、hdfs-site.xml 覆盖到 worker01、worker02 节点相应的配置文件。

4）删除 master01、worker01、worker02 节点上 hadoop.tmp.dir （core-site.xml 配置文件中的配置项）指定的目录。

5）启动 master01、worker01、worker02 节点的 JournalNode。

6）在其中一个 NameNode 节点（master01）上进行格式化。

7）把格式化后的元数据复制到另一台 NameNode 节点上。

8）启动两个 NameNode。

9）初始化 ZKFC。

10）全面停止 HDFS 服务，再全面启动 HDFS 服务。

11）访问 NameNode 监控页面。

12）主备切换验证。

13）停掉所有的 Hadoop 相关进程。

14）修改 master01 节点的 yarn-site.xml。

15）将 master01 节点的 yarn-site.xml 覆盖到 worker01、worker02 节点相应的配置文件。

16）启动 YARN。

17）访问 YARN 监控页面。

18）验证主备切换。

**【操作步骤】**

1）修改 master01 节点的 core-site.xml，命令如下：

```
[root@master01 hadoop]# vim /opt/hadoop/etc/hadoop/core-site.xml
<configuration>
    <property>
        <name>fs.defaultFS</name>
        <value>hdfs://mycluster</value>
        <description>修改 HDFS 的访问地址为高可用的格式</description>
    </property>
    <property>
        <name>hadoop.tmp.dir</name>
        <value>/hadoop/namenode/tmp</value>
        <description>Hadoop 运行过程中产生的临时文件保存目录</description>
    </property>
<property>
        <name>ha.zookeeper.quorum</name>
        <value>master01:2181,worker01:2181,worker02:2181</value>
<description>在高可用架构下,配置 ZooKeeper 的访问地址</description>
    </property>
</configuration>
```

2）修改 master01 节点的 hdfs-site.xml，命令如下：

```
[root@master01 hadoop]# vim /opt/hadoop/etc/hadoop/hdfs-site.yml
<configuration>
```

```
    <property>
        <name>dfs.name.dir</name>
        <value>/hadoop/namenode/data</value>
        <description>在 NameNode 节点上存储 HDFS 名称的空间元数据 </description>
    </property>
    <property>
        <name>dfs.data.dir</name>
        <value>/hadoop/datanode/data01,/hadoop/datanode/data02</value>
        <description>DataNode 上数据块的物理存储位置</description>
    </property>
    <property>
        <name>dfs.replication</name>
        <value>2</value>
<description>
<!--副本数量,一般设置为 3。因为使用 2 个 Worker 节点,所以设置为 2-->
</description>
    </property>
    <property>
        <name>dfs.namenode.secondary.http-address</name>
        <value>master01:50090</value>
<description>
<!--Secondary NameNode 运行的节点,如果是高可用部署架构,不需要此配置项-->
</description>
    </property>

    <!--下面配置的信息是高可用部署架构所需要新增的配置项-->
<property>
        <name>dfs.nameservices</name>
        <value>mycluster</value>
    </property>
    <property>
        <name>dfs.ha.namenodes.mycluster</name>
        <value>nn1,nn2</value>
    </property>
    <property>
        <name>dfs.namenode.rpc-address.mycluster.nn1</name>
        <value>master01:8020</value>
    </property>
    <property>
        <name>dfs.namenode.rpc-address.mycluster.nn2</name>
        <value>worker01:8020</value>
    </property>
    <property>
        <name>dfs.namenode.http-address.mycluster.nn1</name>
        <value>master01:50070</value>
```

```
        </property>
        <property>
            <name>dfs.namenode.http-address.mycluster.nn2</name>
            <value>worker01:50070</value>
        </property>
        <property>
            <name>dfs.journalnode.edits.dir</name>
            <value>/hadoop/journalnode</value>
        </property>
        <property>
            <name>dfs.namenode.shared.edits.dir</name>
            <value>qjournal://master01:8485;worker01:8485;worker02:8485/
mycluster</value>
        </property>
        <property>
            <name>dfs.ha.automatic-failover.enabled</name>
            <value>true</value>
        </property>
        <property>
            <name>dfs.client.failover.proxy.provider.mycluster</name>
            <value>org.apache.hadoop.hdfs.server.namenode.ha.
ConfiguredFailoverProxyProvider</value>
        </property>
        <property>
            <name>dfs.ha.fencing.methods</name>
            <value>sshfence</value>
        </property>
        <property>
            <name>dfs.ha.fencing.ssh.private-key-files</name>
            <value>/root/.ssh/id_dsa</value>
        </property>
        <property>
            <name>dfs.ha.fencing.ssh.connect-timeout</name>
            <value>30000</value>
        </property>
    </configuration>
```

3）将 master01 节点的 core-site.xml、hdfs-site.xml 覆盖到 worker01、worker02 节点相应的配置文件，命令如下：

```
    [root@master01 hadoop]# scp /opt/hadoop/etc/hadoop/core-site.yml worker01:/
opt/hadoop/etc/hadoop/
    [root@master01 hadoop]# scp /opt/hadoop/etc/hadoop/hdfs-site.yml worker02:/
opt/hadoop/etc/hadoop/
```

4）删除 master01、worker01、worker02 节点上 hadoop.tmp.dir（core-site.xml 配置文件中的配置项）指定的目录，命令如下：

```
[root@master01 hadoop]# rm -rf /hadoop/namenode/tmp
[root@worker01 hadoop]# rm -rf /hadoop/namenode/tmp
[root@worker02 hadoop]# rm -rf /hadoop/namenode/tmp
```

5）启动 master01、worker01、worker02 节点的 JournalNode，命令如下：

```
[root@master01 hadoop]# /opt/hadoop/sbin/hadoop-daemon.sh start journalnode
[root@worker01 hadoop]# /opt/hadoop/sbin/hadoop-daemon.sh start journalnode
[root@worker02 hadoop]# /opt/hadoop/sbin/hadoop-daemon.sh start journalnode
```

6）在其中一个 NameNode 节点（master01 节点）上进行格式化，命令如下：

```
[root@master01 hadoop]# /opt/hadoop/bin/hdfs namenode -format
```

7）把格式化后的元数据（在 core-site.xml 中配置项 hadoop.tmp.dir 所配置的目录 /hadoop/namenode/tmp）复制到另一台 NameNode 节点（worker01 节点）上，命令如下：

```
[root@master01 hadoop]# scp -r /hadoop/namenode/tmp worker01:/hadoop/
namenode/
```

8）启动两个 NameNode，命令如下：

```
[root@master01 hadoop]# /opt/hadoop/sbin/hadoop-daemon.sh start namenode
[root@worker01 hadoop]# /opt/hadoop/bin/hdfs namenode -bootstrapStandby
[root@worker01 hadoop]# /opt/hadoop/sbin/hadoop-daemon.sh start namenode
```

9）初始化 ZKFC，命令如下：

```
[root@master01 hadoop]# /opt/hadoop/bin/hdfs zkfc -formatZK
```

10）全面停止 HDFS 服务，再全面启动 HDFS 服务，命令如下：

```
[root@master01 hadoop]# /opt/hadoop/sbin/stop-dfs.sh
[root@master01 hadoop]# /opt/hadoop/sbin/start-dfs.sh
```

11）访问 NameNode 监控页面。

启动 HDFS 服务后，访问 master01 节点的 NameNode 页面：http://master01:50070/。master01 节点的 NameNode 服务为 Active 状态，如图 6-5 所示。

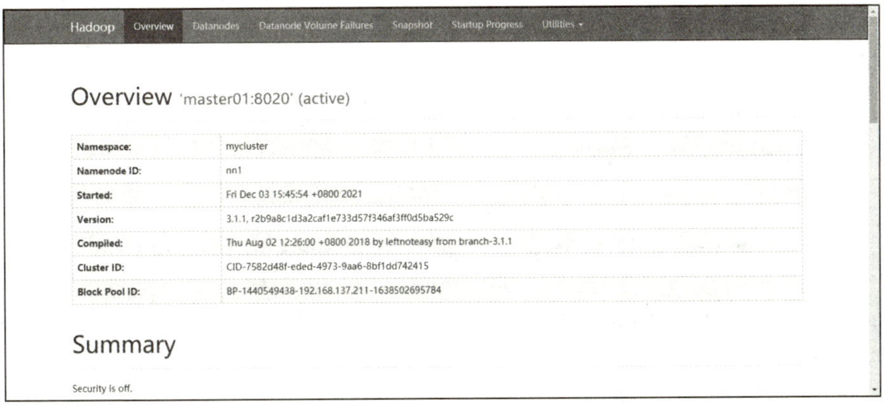

图 6-5　master01 节点的 NameNode 服务为 Active 状态

访问 worker01 节点的 NameNode 页面：http://worker01:50070/。worker01 节点的 NameNode 服务为 Standby 状态，如图 6-6 所示。

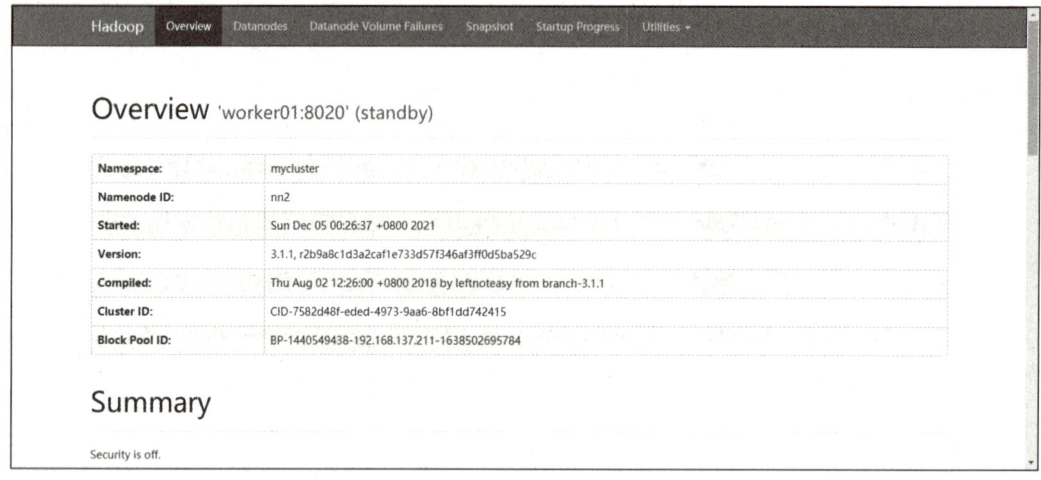


图 6-6　worker01 节点的 NameNode 服务为 Standby 状态

12）主备切换验证。停掉 master01 节点的 NameNode 服务，再启动 master01 节点的 NameNode 服务，命令如下：

```
[root@master01 hadoop]# /opt/hadoop/sbin/hadoop-daemon.sh stop namenode
[root@master01 hadoop]# /opt/hadoop/sbin/hadoop-daemon.sh start namenode
```

访问 master01 节点的 NameNode 页面：http://master01:50070/。master01 节点的 NameNode 服务为 Standby 状态，如图 6-7 所示。

Hadoop　Overview　Datanodes　Datanode Volume Failures　Snapshot　Startup Progress　Utilities

Overview 'master01:8020' (standby)

| Namespace: | mycluster |
| --- | --- |
| Namenode ID: | nn1 |
| Started: | Sun Dec 05 00:30:24 +0800 2021 |
| Version: | 3.1.1, r2b9a8c1d3a2caf1e733d57f346af3ff0d5ba529c |
| Compiled: | Thu Aug 02 12:26:00 +0800 2018 by leftnoteasy from branch-3.1.1 |
| Cluster ID: | CID-7582d48f-eded-4973-9aa6-8bf1dd742415 |
| Block Pool ID: | BP-1440549438-192.168.137.211-1638502695784 |

Summary

Security is off.

图 6-7　master01 节点的 NameNode 服务变为 Standby 状态

访问 worker01 节点的 NameNode 页面：http://worker01:50070/。worker01 节点的 NameNode 服务为 Active 状态，如图 6-8 所示。

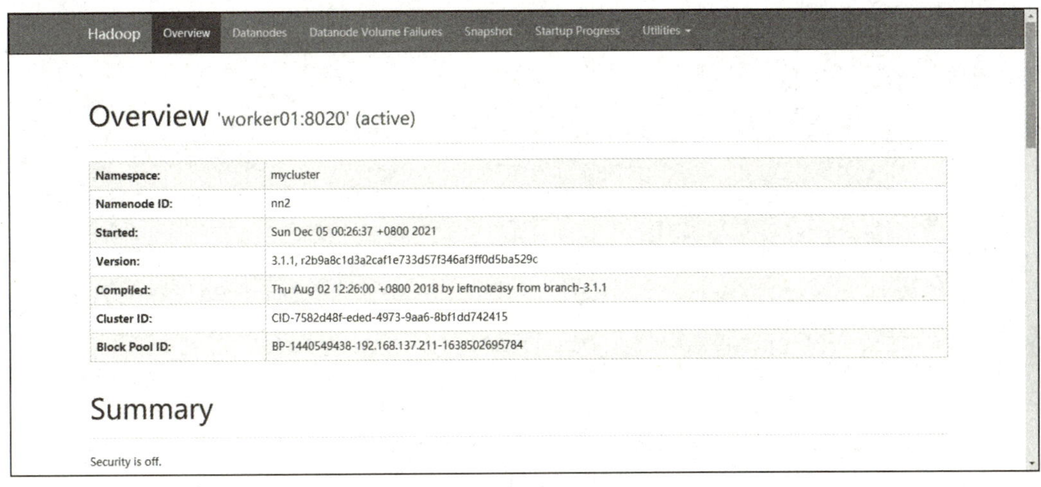


图 6-8　worker01 节点的 NameNode 服务变为 Active 状态

13）停掉所有的 Hadoop 相关进程，命令如下：

```
[root@master01 hadoop]# /opt/hadoop/sbin/stop-all.sh
```

14）修改 master01 节点的 yarn-site.xml，命令如下：

```
[root@master01 hadoop]# vim /opt/hadoop/etc/hadoop/yarn-site.xml
<configuration>
<property>
<name>yarn.resourcemanager.hostname</name>
<value>master01</value>
<description>resourcemanager 运行节点,在高可用架构下删除此配置项</description>
</property>
<property>
<name>yarn.nodemanager.aux-services</name>
<value>mapreduce_shuffle</value>
<description>YARN 集群为 MapReduce 程序提供的 shuffle 服务</description>
</property>

<!-- 下面配置的信息是高可用部署架构所需要新增的配置项 -->
<property>
   <name>yarn.resourcemanager.ha.enabled</name>
   <value>true</value>
</property>
<property>
   <name>yarn.resourcemanager.cluster-id</name>
   <value>mycluster</value>
</property>
<property>
   <name>yarn.resourcemanager.ha.rm-ids</name>
   <value>rm1,rm2</value>
```

```
</property>
<property>
  <name>yarn.resourcemanager.hostname.rm1</name>
  <value>master01</value>
</property>
<property>
  <name>yarn.resourcemanager.hostname.rm2</name>
  <value>worker01</value>
</property>
<property>
  <name>yarn.resourcemanager.zk-address</name>
  <value>master01:2181,worker01:2181,worker02:2181</value>
</property>
</configuration>
```

15）将 master01 节点的 yarn-site.xml 覆盖到 worker01、worker02 节点相应的配置文件，命令如下：

```
[root@master01 hadoop]# scp /opt/hadoop/etc/hadoop/yarn-site.yml worker01:/opt/hadoop/etc/hadoop/
[root@master01 hadoop]# scp /opt/hadoop/etc/hadoop/yarn-site.yml worker02:/opt/hadoop/etc/hadoop/
```

16）启动 YARN，命令如下：

```
[root@master01 hadoop]# /opt/hadoop/sbin/start-yarn.sh
```

17）访问两个 ResourceManager 节点的 YARN 监控页面。

在当前环境下启动后，worker01 节点的 ResourceManager 服务为 Active 状态。

访问 master01 节点的 YARN 页面：http://master01:8088/，如图 6-9 所示。

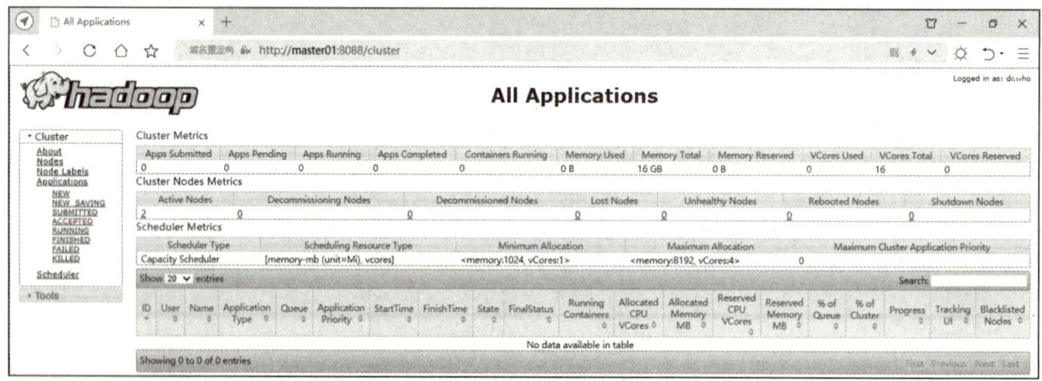


图 6-9　master01 节点的 YARN 页面

访问 worker01 节点的 YARN 页面：http://worker01:8088/，如图 6-10 所示。

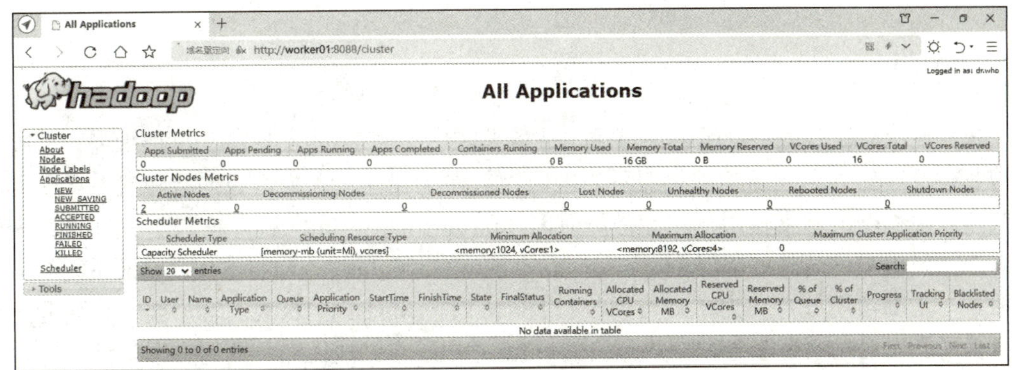


图 6-10　worker01 节点的 YARN 页面

18）验证主备切换。停掉 worker01 节点的 ResourceManager 服务，再启动 worker01 节点的 ResourceManager 服务，命令如下：

```
[root@worker01 hadoop]# /opt/hadoop/sbin/yarn-daemon.sh stop resourcemanager
[root@worker01 hadoop]# /opt/hadoop/sbin/yarn-daemon.sh start resourcemanager
```

此时，master01 节点的 ResourceManager 服务为 Active 状态。

访问 master01 的 YARN 页面：http://master01:8088/，如图 6-9 所示。

访问 worker01 的 YARN 页面：http://worker01:8088/，如图 6-10 所示。

## 任务评价

任务考核评价表

<table>
<tr><td colspan="6">任务名称：部署 Hadoop 高可用集群</td></tr>
<tr><td>班级：</td><td>学号：</td><td colspan="2">姓名：</td><td colspan="2">日期：</td></tr>
<tr><td rowspan="2">评价内容</td><td rowspan="2">评价标准</td><td colspan="2">评价方式</td><td rowspan="2">分值</td><td rowspan="2">得分</td></tr>
<tr><td>小组评价（权重为 0.3）</td><td>导师评价（权重为 0.7）</td></tr>
<tr><td>职业素养</td><td>1）遵守学校管理规定，遵守纪律，按时完成工作任务<br>2）考勤情况<br>3）工作态度积极、勤学好问</td><td></td><td></td><td>20</td><td></td></tr>
<tr><td>专业能力</td><td>1）理解 Hadoop 高可用集群的工作原理<br>2）完成 Hadoop 高可用集群的部署任务</td><td></td><td></td><td>70</td><td></td></tr>
<tr><td>创新能力</td><td>1）能提出新方法或应用新技术等<br>2）其他类型的创新性业绩</td><td></td><td></td><td>10</td><td></td></tr>
<tr><td>总分合计</td><td colspan="5"></td></tr>
<tr><td>指导教师综合评语</td><td colspan="5"><br>指导教师签名：　　　　　　　　日期：</td></tr>
</table>

## 拓展小课堂

客户至上、提升服务：所谓高可用，是指为客户提供7×24小时的无间断服务，保障用户的业务程序对外不间断地提供服务，把因为软件、硬件、人为造成的故障对业务的影响降低到最小程度。通常使用平均无故障时间（mean time to failure，MTTF）来衡量系统的可靠性，使用平均故障间隔时间（mean time between failures，MTBF）来度量系统的可维护性。于是高可用被定义为，高可用=MTTF/(MTTF+MTBF)×100%。客户至上是商业企业的经营观念，把为顾客服务摆在第一位的思想，“把顾客当成上帝”即树立以消费者为中心的观念，想顾客之所想，急顾客之所急，满足顾客之所需。将来无论我们从事什么样的工作岗位，都要树立客户至上的价值观，不断提升服务水平。

## 单元总结

本单元的主要任务是认识ZooKeeper，了解ZooKeeper和Hadoop高可用架构的基本原理和流程，掌握ZooKeeper集群的部署方法和Hadoop高可用集群的搭建方法。通过本单元的学习，可以根据计算资源情况进行Hadoop高可用集群的规划和部署。

## 在线测试

### 一、单选题

1．下列不属于ZooKeeper的Follower节点负责的是（　　）。

A．接收客户请求　　B．对写请求进行处理

C．向客户端返回结果　　D．参与选举投票

2．要使ZooKeeper Leader获得多数Server的支持，则Server总数必须是奇数$2n+1$，且存活的Server的数目不得少于（　　）。

A．1　　B．$n-1$　　C．$n$　　D．$n+1$

3．下列不属于ZooKeeper集群角色的是（　　）。

A．Leader　　B．Standby　　C．Follower　　D．Observer

4．下列不属于Hadoop高可用集群所需的进程是（　　）。

A．NameNode　　B．SecondaryNameNode

C．JournalNode　　D．DFSZKFailoverController

### 二、多选题

1．下列属于ZooKeeper特性的有（　　）。

A．实时性：ZooKeeper保证客户端在一个时间间隔范围内获得服务器的更新信息，或者服务器失效的信息

B．等待无关（wait-free）：慢的或失效的Client不得干预快速的Client的请求，使每个Client都能有效的等待

C．原子性：更新只能成功或失败，没有中间状态

D．最终一致性：Client 不论连接到哪个 Server，展示给它的都是同一个视图

2．在 ZooKeeper 集群中，Server 在工作过程中可能的状态包括（　　）。

A．LEADING　　B．FOLLOWING

C．LOOKING　　D．FAILING

3．Hadoop 的高可用主要实现的是（　　）。

A．NameNode 的高可用　　B．DataNode 的高可用

C．ResourceManager 的高可用　　D．NodeManager 的高可用

### 三、判断题

1．启动 ZooKeeper 集群只需要在主节点运行 Zkserver.sh start 命令即可。（　　）

2．Hadoop 高可用集群需要借助 ZooKeeper 实现。（　　）

## 技能训练

规划一个 3 节点的 Hadoop 高可用集群，考虑 ZooKeeper、NameNode、DataNode、ResourceManager、NodeManager 节点的分配。

1）从 0 开始搭建 3 节点 Hadoop 高可用集群并运行，检查 Hadoop 集群各进程的启动情况是否与规划一致。

2）通过模拟 Active NameNode 节点异常，查看 Active NameNode 是否切换到了另一个节点。

3）通过模拟 Active ResourceManager 节点异常，查看 Active ResourceManager 是否切换到了另一个节点。

# 单元7　分布式数据库HBase部署与应用

## 学习目标

通过本单元的学习，学生应理解 HBase 的原理与体系架构，掌握 HBase 伪分布式的安装步骤，理解 ZooKeeper 的原理与体系架构，掌握 ZooKeeper 集群的搭建方法和操作方法，掌握 HBase 完全分布式集群的部署过程，能够通过启动、关闭等命令操作 HBase，能够通过 Web UI 监控 HBase 运行。此外，还可以培养学生分布式数据库的安装部署与运维技能，也可以培养学生精益求精的工匠精神及良好的法治意识。

## 知识图谱

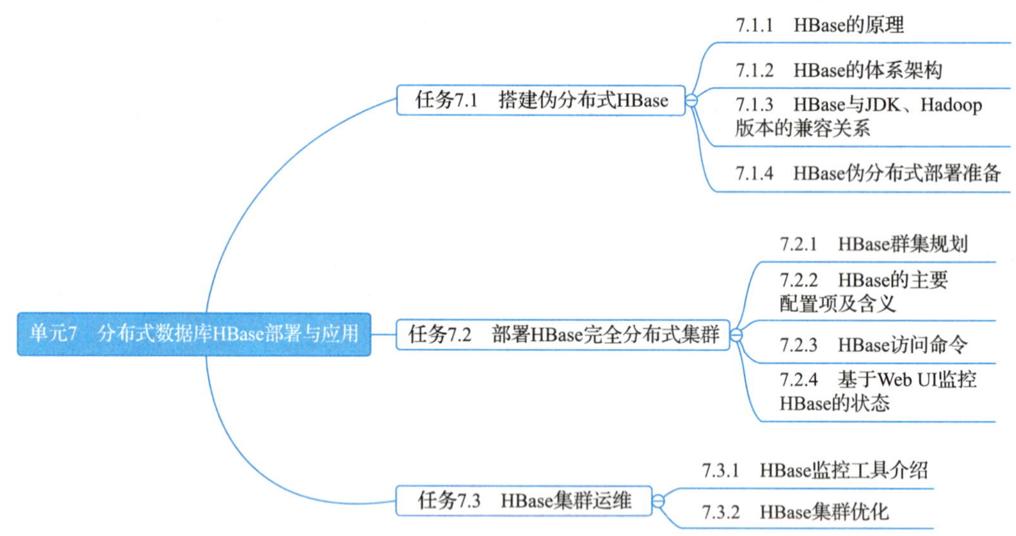


## 任务 7.1　搭建伪分布式 HBase

### 任务情境

**【任务场景】**

经理：小张，全球非关系型数据库（NoSQL）近几年保持着 30%左右的增速在高速增长，企业应用率越来越高。Hadoop 生态圈中常用的分布式 NoSQL 数据库你了解吗？

小张：是 Hadoop 的数据库 HBase 吗？

经理：是的，HBase 是一个分布式存储的数据库引擎，可以支持千万的 QPS（每秒查询率）、PB 级别的存储，这些都已经在生产环境验证，并且在很多大公司已经验证，特别是小米、京东等内部都有数千、上万的 HBase 集群。咱们公司的业务系统数据量越来越多，数据存储和并发访问压力越来越大，你研究一下大公司的基于 HBase 的解决方案吧。

小张：好的。

经理：先把 HBase 安装部署好。

小张：好的，没问题。

**【任务布置】**

HBase 的安装和运行需要依赖于 JDK 和 Hadoop，因此必须将 HBase 安装操作的基础环境提前安装准备好，才能进行 HBase 的安装和操作。本任务要求在前面已完成安装部署 Hadoop 平台的 master01 节点上，完成 HBase 伪分布式的安装和部署，安装完成后需要启动并访问 HBase。一般在测试场景下经常会部署单节点的伪分布式 HBase，理解并掌握 HBase 伪分布式的安装部署，可以为后续生产环境下部署 HBase 分布式集群打下基础。

## 知识准备

### 7.1.1　HBase 的原理

在大数据领域中大多采用 Hadoop 作为大数据系统的基本框架，而 HBase 是构建在 Hadoop 之上的，具有很好的横向扩展能力。本书中后面的项目都是基于 HBase 进行数据存储和管理的。本单元先介绍 HBase 的基本知识、HBase 与传统关系型数据库的对比分析、HBase 与 HDFS 的对比和 HBase 应用现状的基本知识。

#### 1. HBase 介绍

HBase，全称为 Hadoop DataBase，是一个高性能、高可靠性、面向列、可伸缩的分布式存储系统，使用 HBase 技术，可以在廉价 PC 服务器上搭建大规模的结构化存储集群。

HBase 是 Google BigTable 的开源实现，它模仿并提供了基于 Google 文件系统的 BigTable 数据库的所有功能：HBase 使用 Hadoop HDFS 作为其文件存储系统；使用 Hadoop MapReduce 来处理 HBase 中的海量数据，使用 ZooKeeper 作为协同服务。

此外，Pig 和 Hive 还为 HBase 提供了高层语言支持，使在 HBase 上进行数据统计变得非常简单；Sqoop 则为 HBase 提供了方便的传统关系数据库的数据导入功能，使传统数据库数据向 HBase 中的迁移变得非常方便。

HBase 的设计目的是处理非常庞大的表，甚至能使用普通的计算机处理超过十亿行的、由数百万列元素组成的数据表的数据。

HBase 的特点有以下几个。

1）大：一个表可以有上亿行、上百万列。

2）面向列：面向列表的存储和权限控制，列独立检索。

3）稀疏：对于为空（NULL）的列，并不占用存储空间，因此，表可以设计得非常稀疏。

4）无模式：每行都有一个可排序的主键和任意数量的列，列可以根据需要动态地增加，同一个表中不同的行可以有截然不同的列。

5）数据多版本：每个单元中的数据可以有多个版本，默认情况下版本号自动分配，是单元格插入时的时间戳。

6）数据类型单一：数据都是字符串，无类型区别。

### 2. HBase 与传统关系型数据库的对比分析

HBase 与传统关系型数据库存在很大的区别，它按照 BigTable 模型开发，是一个稀疏的、分布式的、多维度的排序映射表。HBase 是一个基于列模式的映射数据库，它只能表示很简单的“键-数据”映射关系，因而大大简化了传统的关系型数据库。

传统的关系型数据库大都具备以下特点。

1）面向磁盘存储和索引结构。

2）多线程访问。

3）基于锁的同步访问机制。

4）基于日志记录的恢复机制。

而 HBase 和传统型关系数据库的具体区别如下。

1）数据类型：HBase 只有简单的字符串类型，所有其他类型都由用户自己定义，它只保存字符串，而关系型数据库有丰富的数据类型和存储方式。

2）数据操作：HBase 只提供很简单的插入、查询、删除、清空等操作，且 HBase 的表和表之间是分离的，没有复杂的表间关系，也没必要实现表和表之间的关联等操作，而传统的关系型数据库通常有各种各样的函数和连接操作。

3）存储模式：HBase 是基于列存储的，几个文件保存在一个列族中，不同列族的文件是分离的，而传统的关系型数据库是基于表格结构和行模式保存的。

4）数据维护：HBase 的更新其实不是更新，只是一个主键或列对应的新版本，其旧有的版本仍然会保留，所以实际上只是插入了新的数据，而不是传统关系型数据库中的替换修改。

5）可伸缩性：HBase 能够轻易地增加或减少（在硬件错误时）硬件数量，且对错误的兼容性较高，而传统的关系型数据库通常需要增加中间层才能实现类似的功能。

6）相比之下，BigTable 和 HBase 这类基于列模式的分布式数据库显然更适应海量存储和互联网应用的需求：首先，灵活的分布式架构使其可以利用廉价的硬件设备组建庞大的数据仓库；其次，互联网应用是以字符为基础的，而 BigTable 和 HBase 正是针对这些应用而开发出来的数据库。

### 3. HBase 与 HDFS 的对比

HBase 与 HDFS 的对比如表 7-1 所示。

表 7-1　HBase 和 HDFS 的对比

| 比较项 | Hbase | HDFS |
| --- | --- | --- |
| 写入方式 | 随机写入 | 仅能追加 |
| 扫描方式 | 随机读取、小范围扫描、全表扫描 | 全表扫描、分区扫描 |
| 读写方式 | 适合随机读写存储在 HDFS 上的数据 | 适合只写或多次读取的方式 |
| 删除方式 | 指定删除 | 不支持指定删除，只能全表删除 |
| SQL 性能 | 比 HDFS 慢 4～5 倍 | 非常好 |
| 结构化存储 | 列族、列 | 较随意、序列化文件 |
| 存储量 | 1PB 左右 | 30PB 左右 |
| 数据分布 | 表格根据 Regions 分布到不同集群中，当数据增长时，会自动分割 Regions 然后重新分布 | 数据以分布式方式存储在集群中的节点上。数据会被分成块，然后存储在 HDFS 集群中存在的节点上 |
| 数据存储 | 所有数据都以表、行和列的形式存储 | 所有数据都以小文件的形式存储，一般文件的大小为 64MB |
| 数据模型 | 基于 Google 的 BigTable 模型，该模型使用键值对进行存储 | 在 HDFS 中，使用 MapReduce 技术将文件划分为 key/value |
| 使用场景 | HBase 能够处理大规模的数据，它不适于批次分析，但它可以向 Hadoop 实时地调用数据 | HDFS 最适于执行批次分析，无法执行实时分析 |

## 7.1.2　HBase 的体系架构

HBase 的表结构的设计和关系型数据库不同，首先，HBase 需要为每个表确定一个唯一的主键 rowkey，后续的查询操作都基于 rowkey 进行查询。其次，和关系型数据库需要设计表中的字段不同，HBase 仅需要为表设计好列族即可，列族中的列，在插入数据时指定即可。

### 1. HBase 的数据模型

HBase 是一个稀疏、多维度、排序的映射表，这个表的索引是行键、列族、列限定符和时间戳，每个值是一个未经解释的字符串，没有数据类型。用户在表中存储数据，每一行都有一个可排序的行键和任意多的列，表在水平方向由一个或多个列族组成。一个列族中可以包含任意多个列，同一个列族中的数据存储在一起，列族支持动态扩展，可以很轻松地添加一个列族或列，无须预先定义列的数量及类型。所有列均以字符串形式存储，用户需要自行进行数据类型的转换。

HBase 中执行更新操作时，并不会删除数据旧的版本，而是生成一个新的版本，旧有的版本仍然保留（这和 HDFS 只允许追加不允许修改的特性相关）。

表：HBase 采用表来组织数据，表由行和列组成，列划分为若干个列族。

行：rowkey 保存为字节数组，是用来检索记录的主键，可以是任意字符串（最大长度为 64KB）。存储时，数据按照 rowkey 的字典序（byte order）排序存储。设计 key 时，要充分考虑排序存储这个特性，将经常一起读取的行存储放到一起（位置相关性）。

列族：由两部分组成，即 column family 和 qualifier。列族是表的一部分（而列不是），必须在使用表之前定义。列名都以列族作为前缀，如 courses : history、courses : math 都属于 courses 这个列族。有关联的数据应都放在一个列族中，否则会降低读写效率。目前 HBase

并不能很好地处理多个列族，建议最多使用 2 个列族。

列限定符：列族中的数据通过列限定符（或列）来定位。

时间戳：HBase 中通过 row 和 columns 确定的一个存储单元称为 cell。每个 cell 都保存着同一份数据的多个版本。版本通过时间戳来索引，时间戳的类型是 64 位整型。时间戳可以由 HBase（在数据写入时自动）赋值，此时时间戳是精确到毫秒的当前系统时间。时间戳也可以由客户显式赋值。如果应用程序要避免数据版本冲突，就必须自己生成具有唯一性的时间戳。在每个 cell 中，不同版本的数据按照时间倒序排序，即最新的数据排在最前面。为了避免数据存在过多版本造成的管理（包括存储和索引）负担，HBase 提供了两种数据版本回收方式，一种是保存数据的最后 *n* 个版本，另一种是保存最近一段时间内的版本（如最近 7 天）。用户可以针对每个列族进行设置。

cell：在 HBase 表中，通过行、列族和列限定符确定一个"单元格"(cell)，由{rowkey, column(=<family> + label>), version} 唯一确定单元格的数据。cell 中的数据是没有类型的，全部是字节码形式存储。

### 2. 面向列的存储结构

在 HBase 中，表的索引是行关键字、列关键字和时间戳，每个值是一个不加解释的字符数组，数据则都是字符串，没有其他类型。HBase 数据实例如表 7-2 所示。

表 7-2　HBase 数据实例

| rowkey | timestamp | column family | |
|---|---|---|---|
| | | URI | Parser |
| r1 | t3 | url=http://www.taobao***.com | title=天天特价 |
| | t2 | host=taobao.com | |
| | t1 | | |
| r2 | t5 | url=http://www.alibaba***.com | content=每天… |
| | t4 | host=alibaba.com | |

1）HBase 的概念视图。可以将一个 HBase 表看作一个大的映射关系，通过行键或行键+时间戳，就可以定位一行数据，由于是稀疏数据，所以某些列可以是空白的。HBase 表所存储数据的概念视图如表 7-3 所示。

表 7-3　HBase 表所存储数据的概念视图

| rowkey | timestamp | column "contents:" | column "anchor:" | | column "mime:" |
|---|---|---|---|---|---|
| "com.cnn.www" | t9 | | "anchor:cnnsi.com" | "CNN" | |
| | t8 | | "anchor:my.look.ca" | "CNN.com" | |
| | t6 | "<html>c..." | | | "text/html" |
| | t5 | "<html>b..." | | | |
| | t3 | "<html>a..." | | | |

该表是一个 Web 网页数据的存储片段，其中，行键名是一个反向 URL（即 com.cnn.www）；contents 列族用来存放网页内容；anchor 列族存放引用该网页的锚链接文本；CNN 的主页被 Sports Illustrater（即 SI，CNN 的王牌体育节目）和 MY-look 的主页引用，因此该行包含了名为"anchor:cnnsi.com"和"anchhor:my.look.ca"的两个列；每个网

页的锚链接只有一个版本（由时间戳标识，如 t9、t8），而 contents 列则有 3 个版本，分别由时间戳 t3、t5 和 t6 标识。

2）HBase 的物理视图。虽然从概念视图来看，HBase 中的每个表是由很多行组成的，但是，在物理存储时，它是按照列来保存的。例如，表 7-3 中的概念视图在物理存储时应该呈现出类似于表 7-4～表 7-6 所示的形态，即表 7-3 中的视图会被分拆成 3 个物理视图，如表 7-4～表 7-6 所示，这 3 个表分别对应表 7-3 中的 3 列，空值将不被存储，所以表 7-4 会有两行数据，表 7-5 会有 3 行数据，表 7-6 会有一行数据。

表 7-4　HBase 物理视图样例 1

| rowkey | timestamp | Column "anchor:" | |
|---|---|---|---|
| "com.cnn.www" | t9 | "anchor:cnnsi.com" | "CNN" |
| | t8 | "anchor:my.look.ca" | "CNN.com" |

表 7-5　HBase 物理视图样例 2

| rowkey | timestamp | Column "contents:" |
|---|---|---|
| "com.cnn.www" | t6 | "<html>c..." |
| | t5 | "<html>b..." |
| | t3 | "<html>a..." |

表 7-6　HBase 物理视图样例 3

| rowkey | timestamp | Column "mime:" |
|---|---|---|
| "com.cnn.www" | t6 | "text/html" |

从物理上来说，HBase 是由 3 种类型的服务器以主从模式构成的。这 3 种服务器分别是 Region Server、HBase HMaster 和 ZooKeeper。

其中，Region Server 负责数据的读写服务。用户通过沟通 Region server 来实现对数据的访问。

HBase HMaster 负责 Region 的分配及数据库的创建和删除等操作。

ZooKeeper 作为 HDFS 的一部分，负责维护集群的状态（某台服务器是否在线、服务器之间数据的同步操作及 Master 的选举等）。

另外，Hadoop DataNode 负责存储所有 Region Server 所管理的数据。HBase 中的所有数据都是以 HDFS 文件的形式存储的。出于使 Region Server 所管理的数据更加本地化的考虑，Region Server 是根据 DataNode 分布的。HBase 的数据在写入时都存储在本地。但当某一个 Region 被移除或被重新分配时，就可能发生数据不在本地的情况。这种情况只有在所谓的数据合并（compaction）之后才能解决。NameNode 负责维护构成文件的所有物理数据块的元信息（metadata）。

HBase 使用 rowkey 将表水平切割为多个 HRegion，从 HMaster 的角度来看，每一个 HRegion 都纪录了 rowkey 的 StartKey 和 EndKey。由于 rowkey 是可以排序的，所以 Client 可以通过 HMaster 节点快速定位每一个 rowkey 都在哪个 HRegion 中。HRegion 由 HMaster 节点分配到相应的 RegionServer 节点中，然后由 RegionServer 节点负责 HRegion 的启动和管理及与 Client 的通信，并实现数据的读操作（使用 HDFS）。

HMaster 避免了单点故障问题，用户可以启动多个 HMaster 节点，并通过 ZooKeeper

的 Master Election 机制保证同时只有一个 HMaster 节点处于 Active 状态，其他的 HMaster 节点则处于热备份状态。但是，一般情况下只会启动两个 HMaster 节点，因为非 Active 状态的 HMaster 节点会定期和 Active 状态下的 HMaster 节点通信，获取其最新状态来保证自身的实时更新，如启动的 HMaster 节点过多，反而会增加 Active 状态下的 HMaster 节点的负担。HMaster 的职责主要包括两大部分，监控 RegionServer 和管理 Region 的分配。

ZooKeeper 为 HBase 集群提供协调服务，它管理着 HMaster 节点和 HRegionServer 节点的状态（available/alive 等），并且会在它们宕机时通知 HMaster 节点，从而实现 HMaster 节点之间的故障切换，或对宕机的 HRegionServer 节点中的 HRegion 进行修复（将它们分配给其他的 HRegionServer 节点）。

### 7.1.3 HBase 与 JDK、Hadoop 版本的兼容关系

HBase 是 Apache 基金会下的 Hadoop 项目的子项目。Hadoop HDFS 为 HBase 提供了高可靠性的底层存储支持，Hadoop MapReduce 为 HBase 提供了高性能的计算能力。因此，HBase 分布式数据库的安装和运行需要依赖于 Hadoop 平台，在安装 HBase 之前需要提前安装好 Hadoop。

HBase 和 Hadoop 平台一样，都是基于 Java 语言开发的，也就是它们的原生语言都是 Java，因此 HBase 的安装和运行也需要依赖于 JDK。在安装 HBase 之前需要提前了解 HBase 和 JDK、HBase 和 Hadoop 各版本之间的兼容性。HBase 各版本和 JDK 之间的兼容关系，如表 7-7 所示。表中对号表示兼容，叉号表示不兼容，叹号表示未经过官方测试，不推荐使用。

表 7-7 HBase 和 JDK 各版本之间的兼容关系

| HBase 版本 | JDK 6 | JDK 7 | JDK 8 | JDK 11 |
| --- | --- | --- | --- | --- |
| HBase 2.3+ | ✗ | ✗ | ✓ | !* |
| HBase 2.0～2.2 | ✗ | ✗ | ✓ | ✗ |
| HBase 1.2+ | ✗ | ✓ | ✓ | ✗ |
| HBase 1.0～1.1 | ✗ | ✓ | ! | ✗ |
| HBase 0.98 | ✓ | ✓ | ! | ✗ |
| HBase 0.94 | ✓ | ✓ | ✗ | ✗ |

通过表 7-7 可以看出，HBase 2.0 以上的版本和 JDK 8 的兼容性最好，JDK 7 不支持，JDK 9 以上的版本未经过官方测试，不推荐使用。HBase 1.2 以上 2.0 以下的版本，JDK 7 和 JDK 8 都可以兼容，JDK 9 以上的版本未经过官方测试，不推荐使用。

HBase 和 Hadoop 各版本之间的兼容关系，如表 7-8 所示。

表 7-8 HBase 和 Hadoop 各版本之间的兼容关系

| Hadoop 版本 | HBase 1.2.×，HBase 1.3.× | HBase 1.4.× | HBase 2.0.× | HBase 2.1.× |
| --- | --- | --- | --- | --- |
| Hadoop 2.4.× | ✓ | ✗ | ✗ | ✗ |
| Hadoop 2.5.× | ✓ | ✗ | ✗ | ✗ |
| Hadoop 2.6.0 | ✗ | ✗ | ✗ | ✗ |
| Hadoop 2.6.1+ | ✓ | ✗ | ✓ | ✗ |

（续表）

| Hadoop 版本 | HBase 1.2.×，HBase 1.3.× | HBase 1.4.× | HBase 2.0.× | HBase 2.1.× |
|---|---|---|---|---|
| Hadoop 2.7.0 | ✖ | ✖ | ✖ | ✖ |
| Hadoop 2.7.1+ | ✔ | ✔ | ✔ | ✔ |
| Hadoop 2.8.[0-1] | ✖ | ✖ | ✖ | ✖ |
| Hadoop 2.8.2 | ⚠ | ⚠ | ⚠ | ⚠ |
| Hadoop 2.8.3+ | ⚠ | ⚠ | ✔ | ✔ |
| Hadoop 2.9.0 | ✖ | ✖ | ✖ | ✖ |
| Hadoop 2.9.1+ | ⚠ | ⚠ | ⚠ | ⚠ |
| Hadoop 3.0.[0-2] | ✖ | ✖ | ✖ | ✖ |
| Hadoop 3.0.3+ | ✖ | ✖ | ✔ | ✔ |
| Hadoop 3.1.0 | ✖ | ✖ | ✖ | ✖ |
| Hadoop 3.1.1+ | ✖ | ✖ | ✔ | ✔ |

在安装和部署 HBase 之前，需要综合考虑 HBase 与 JDK 版本和 Hadoop 版本之间的兼容性，选择合适的 HBase 版本。并提前安装好 JDK 和 Hadoop，然后安装 HBase。

HBase 的运行模式可以分为独立运行模式（Standalone）和分布式运行模式，独立运行模式是默认的运行模式。在独立运行模式下，HBase 默认不使用 HDFS 作为底层存储，而是使用本地文件系统存储。它在同一个 JVM 中运行所有的 HBase 守护进程和本地 ZooKeeper。分布式运行模式又可以细分为伪分布式模式和完全分布式集群模式。伪分布式模式可以针对本地文件系统运行，也可以针对 Hadoop HDFS 的实例运行。完全分布式集群模式只能在 HDFS 上运行。

根据 HBase 运行模式的不同，可以将 HBase 的安装方式分为以下 3 种，如表 7-9 所示。

表 7-9　HBase 的安装方式

| 编号 | HBase 的安装方式 | 特点 |
|---|---|---|
| 1 | 独立运行模式 | 单节点、部署简单、使用自带的 ZooKeeper、所有守护进程和 ZooKeeper 进程运行在一个 JVM |
| 2 | 伪分布式模式 | 单节点、使用自带的 ZooKeeper、守护进程和 ZooKeeper 进程独立运行 |
| 3 | 完全分布式集群模式 | 多节点、使用单独搭建的 ZooKeeper 集群、守护进程分布在集群中的所有节点上 |

在表 7-9 中的 HBase 的 3 种安装方式中，默认情况下，HBase 是以独立运行模式运行的。提供独立运行模式和伪分布式模式都是为了进行小规模测试，不能用于生产环境和性能评估。对于生产环境，建议使用完全分布式集群方式部署集群。后面的任务将详细介绍 HBase 伪分布式和完全分布式集群部署的具体方法。

### 7.1.4　HBase 伪分布式部署准备

HBase 的伪分布式模式，是指在一个节点（即一台主机或服务器）上安装和部署 HBase，使 HBase 的所有守护进程和 ZooKeeper 进程都运行在一台机器上。实际上，伪分布式模式可以看成是单节点的完全分布式集群模式。伪分布式模式和完全分布式集群模式的区别是伪分布式模式可以针对本地文件系统运行，也可以针对 Hadoop HDFS 的实例运行。完全分布式集群模式只能在 HDFS 上运行。伪分布式模式一般使用 HBase 自带的 ZooKeeper 提供分布式协调服务，而完全分布式集群模式为了降低 HBase 和 ZooKeeper 集群的耦合性，便于运行维护，一般不使用自带的 ZooKeeper，而是单独搭建 ZooKeeper 集群。

本任务实现 HBase 伪分布式安装部署的基础是已经在 master01 节点上安装部署好了 JDK 和伪分布式模式的 Hadoop。本任务中选择和已安装的 JDK 和 Hadoop 版本相兼容的 HBase 2.2.6 进行安装。在 Apache 官方网站下载安装包即可。

搭建 HBase 伪分布式环境，需要一台主机，并需要提前安装部署好的软件环境，如表 7-10 所示。

表 7-10　HBase 伪分布式安装的环境基础

| 编号 | 软件基础 | 版本号 |
|---|---|---|
| 1 | 操作系统 | CentOS 7，主机名 localhost |
| 2 | Java 编译器 | JDK |
| 3 | 伪分布式 Hadoop 平台 | Hadoop |

通过表 7-10 可以看出，需要在 CentOS 7 操作系统环境下的 localhost 主机节点上安装部署 JDK 和伪分布式模式的 Hadoop，为实现 HBase 伪分布式安装部署提供环境基础。

## 任务实施

搭建伪分布式 HBase

【工作流程】

搭建伪分布式 HBase 的基本工作流程如下。

1）下载并解压 HBase 安装包。

2）配置环境变量。

3）修改配置文件。

4）启动并测试 HBase 的搭建结果。

【操作步骤】

1）下载并解压 HBase 安装包。将下载好的 HBase 安装包复制到 CentOS 7 操作系统的 /usr/local 目录下，然后进行解压，并修改为短路径名，方便后面环境变量的配置。具体操作命令如下：

```
[root@ localhost /]# cd  /usr/local
[root@ localhost /]# tar zxvf hbase-2.2.6-bin.tar.gz
[root@ localhost /]# mv hbase-2.2.6-bin  hbase
```

2）配置环境变量。在/etc/profile 文件中配置 HBase 安装路径的环境变量，使 HBase 的操作命令在任意目录下都可以访问，命令如下：

```
[root@ localhost /]# vim  /etc/profile
#在上面文件中添加以下 2 行内容：
export HBASE_HOME=/usr/local/hbase
export PATH=$PATH:$HBASE_HOME/bin
#运行以下命令使环境变量生效
[root@ localhost /]# source /etc/profile
```

3）修改 HBase 安装路径下 conf 目录中的两个配置文件：hbase-env.sh 和 hbase-site.xml。在 hbase-env.sh 文件中增加以下两行配置命令：

```
export JAVA_HOME=/usr/local/jdk1.8
export HBASE_MANAGES_ZK=true
```

HBase 的运行需要依赖 JDK，所以在 hbase-env.sh 文件中配置了 JDK 的安装路径 JAVA_HOME，此项配置需要和本机实际的 JDK 安装路径保持一致。HBASE_MANAGES_ZK 配置项配置为 true，表示使用 HBase 自带的 ZooKepper 实现分布式协调服务，如果使用的是单独安装的 ZooKeeper，则需要把此配置项修改为 false。

hbase-site.xml 文件中的配置内容如下：

```
<property>
    <name>hbase.rootdir</name>
    <value>hdfs://master01:9000/hbase</value>
</property>
<property>
    <name>dfs.replication</name>
    <value>1</value>
</property>
<property>
    <name>hbase.cluster.distributed</name>
    <value>true</value>
</property>
```

hbase-site.xml 文件中配置的几个配置项的含义如下：hbase.rootdir 配置的是 HBase 数据在 HDFS 文件系统下的存储路径，这个目录是 Region Server 的共享目录，用来持久化 HBase。配置的 URL 需要包含 HDFS 文件系统的 scheme，即 hdfs://开头，后面跟 HDFS 的主节点主机名和端口号，要和已安装好的 Hadoop 配置的 NameNode 主机名和端口号一致。hbase.zookeeper.quorum 配置项的含义是 ZooKeeper 所在节点的主机名。dfs.replication 配置的是文件存放的副本数，在伪分布式模式下配置为 1 即可。hbase.cluster.distributed 配置项的含义是是否使用集群模式，默认情况下此配置项的值为 false，表示本地模式（Standalone），如果使用伪分布式模式或完全分布式集群模式的话，则都需要将此配置项配置为 true。

4）启动并测试 HBase 的搭建结果。搭建完伪分布式 HBase 之后，可以通过 start-hbase.sh 来启动 HBase，因为 HBase 依赖于 Hadoop，所以启动 HBase 之前需要先启动 Hadoop。伪分布式 HBase 的启动如图 7-1 所示。

```
[root@localhost conf]# start-hbase.sh
localhost: running zookeeper, logging to /usr/local/hbase/bin/../logs/hbase-root-zookeeper-localhost.out
running master, logging to /usr/local/hbase/logs/hbase-root-master-localhost.out
OpenJDK 64-Bit Server VM warning: ignoring option PermSize=128m; support was removed in 8.0
OpenJDK 64-Bit Server VM warning: ignoring option MaxPermSize=128m; support was removed in 8.0
: running regionserver, logging to /usr/local/hbase/logs/hbase-root-regionserver-localhost.out
: OpenJDK 64-Bit Server VM warning: ignoring option PermSize=128m; support was removed in 8.0
: OpenJDK 64-Bit Server VM warning: ignoring option MaxPermSize=128m; support was removed in 8.0
```

图 7-1　伪分布式 HBase 的启动

执行命令后，在终端运行 jps 命令查看运行结果，如果已经启动了以下 3 个 HBase 相关的进程，说明伪分布式模式 HBase 启动成功。HBase 相关进程如图 7-2 所示。

```
[root@localhost conf]# jps
3045 jboss-modules.jar
17029 DataNode
1893 Jps
1319 HRegionServer
16776 NameNode
17592 ResourceManager
1081 HQuorumPeer
17275 SecondaryNameNode
1147 HMaster
17964 NodeManager
2991 jar
```

图 7-2 HBase 相关进程

图 7-2 中的 HMaster 进程是 HBase 主节点的进程，HRegionServer 是 HBase 从节点的进程，HQuorumPeer 是 HBase 自带的 ZooKeeper 启动进程。伪分布式模式主节点和从节点都运行在一台主机上，所以上面 3 个进程同时出现在这一个节点上。

HBase 和 Hadoop 的关闭顺序是先关闭 HBase，再关闭 Hadoop。使用 stop-hbase.sh 命令关闭 HBase 的过程如图 7-3 所示。

```
[root@localhost conf]# stop-hbase.sh
stopping hbase..................
localhost: running zookeeper, logging to /usr/local/hbase/bin/../logs/hbase-root-zookeeper-localhost.out
localhost: stopping zookeeper.
```

图 7-3 关闭 HBase

使用 stop-hbase.sh 命令关闭伪分布式 HBase 时，会将 HMaster、HRegionServer 和 ZooKeeper 的进程 HQuorumPeer 全部关掉。

## 任务评价

任务考核评价表

<table>
<tr><td colspan="6">任务名称：搭建伪分布式 HBase</td></tr>
<tr><td>班级：</td><td>学号：</td><td colspan="2">姓名：</td><td colspan="2">日期：</td></tr>
<tr><td rowspan="2">评价内容</td><td rowspan="2">评价标准</td><td colspan="2">评价方式</td><td rowspan="2">分值</td><td rowspan="2">得分</td></tr>
<tr><td>小组评价（权重为 0.3）</td><td>导师评价（权重为 0.7）</td></tr>
<tr><td>职业素养</td><td>1）遵守学校管理规定，遵守纪律，按时完成工作任务<br>2）考勤情况<br>3）工作态度积极、勤学好问</td><td></td><td></td><td>20</td><td></td></tr>
<tr><td>专业能力</td><td>1）掌握 HBase 伪分布式环境的搭建方法<br>2）能正确搭建并运行 HBase 伪分布式环境<br>3）能理解 HBase 的原理与体系架构<br>4）能够正确完成所有的搭建步骤</td><td></td><td></td><td>70</td><td></td></tr>
</table>

（续表）

| 评价内容 | 评价标准 | 评价方式 | | 分值 | 得分 |
|---|---|---|---|---|---|
| | | 小组评价（权重为 0.3） | 导师评价（权重为 0.7） | | |
| 创新能力 | 1）能提出新方法或应用新技术等<br>2）其他类型的创新性业绩 | | | 10 | |
| 总分合计 | | | | | |
| 指导教师综合评语 | 指导教师签名：　　　　日期： | | | | |

# 任务 7.2　部署 HBase 完全分布式集群

## 任务情境

**【任务场景】**

小张：经理，HBase 的伪分布式环境我已经搭建好了。

经理：企业生产环境下都是使用集群环境，ZooKeeper 作为分布式协调组件，在 HBase 集群中扮演着重要的辅助角色，尤其是在确保 HBase 集群稳定性和高可用性方面有重要的作用。咱们公司的高可用 Hadoop 集群中已经部署好了 ZooKeeper，可以在这个基础上尽快把 HBase 集群部署好。

小张：HBase 集群需要依赖 Hadoop 集群来运行。

经理：是的，要尽快搭建起来。

小张：好的，没问题。

**【任务布置】**

在真实的生产场景下，通常会使用多个节点的 HBase 集群进行分布式数据的存储和管理。在 Hadoop 和 ZooKeeper 环境部署的基础上，能够进行 HBase 集群的规划和安装部署，为后续的项目提供操作环境。本任务完成 3 个节点的 HBase 集群设计和规划，根据规划完成 HBase 完全分布式集群的安装部署。

## 知识准备

### 7.2.1　HBase 集群规划

在安装部署 HBase 之前首先进行集群规划，HBase 的完全分布式集群环境架构和 Hadoop 相似，都是主从（master/slave）模式。本任务以 3 个节点的 HBase 集群为例演示 HBase 集群部署的过程，集群的规划如表 7-11 所示。

表 7-11　HBase 集群规划

| 主机名 | 节点环境 | 用途 |
|---|---|---|
| master01 | CentOS 7、JDK、Hadoop、ZooKeeper | 主节点 |
| worker01 | CentOS 7、JDK、Hadoop、ZooKeeper | 从节点 1 |
| worker02 | CentOS 7、JDK、Hadoop、ZooKeeper | 从节点 2 |

综合考虑和 JDK 及 Hadoop 版本的兼容性，以及自身版本的稳定性，选择 HBase 2.2.6 进行集群部署。需要注意的是，master01、worker01 和 worker02 节点在安装部署 HBase 集群之前，都需要提前部署好 Hadoop、ZooKeeper 集群。

## 7.2.2　HBase 的主要配置项及含义

在安装部署 HBase 集群的过程中，在 hbase-site.xml 中我们根据需要进行了一些参数配置，HBase 的主要配置项及含义如表 7-12 所示，安装时可以根据需要进行配置。

表 7-12　HBase 的主要配置项及含义

| 配置项 | 含义 |
|---|---|
| hbase.rootdir | 文件系统路径 |
| hbase.cluster.distributed | 是否是集群模式，默认为 false |
| hbase.zookeeper.quorum | ZooKeeper 服务器地址，多个使用逗号分隔 |
| hbase.master.port | HBase Master 绑定的端口，默认为 16000 |
| hbase.master.info.port | HBase Master Web UI 的端口，-1 为不运行 UI 实例，默认为 16010 |
| hbase.master.info.bindAddress | HBase Master Web UI 绑定的地址，默认为 0.0.0.0 |
| hbase.regionserver.port | HBase RegionServer 绑定的端口，默认为 16020 |
| hbase.regionserver.info.port | HBase RegionServer Web UI 的端口，-1 表示 RegionServer UI 不运行，默认为 16030 |
| hbase.regionserver.info.bindAddress | HBase RegionServer Web UI 的地址，默认为 0.0.0.0 |
| zookeeper.session.timeout | ZooKeeper 会话超时时间（毫秒），默认为 90000 |
| zookeeper.znode.parent | ZooKeeper 中 HBase 的 Root ZNode，默认为/hbase |

## 7.2.3　HBase 访问命令

HBase 集群采用的是主从模式，启动集群时，只需要在主节点上执行启动命令 start-hbase.sh 即可启动 HBase 集群。需要注意的是，HBase 集群依赖于 Hadoop 和 ZooKeeper，所以在启动集群之前需要保证 Hadoop 和 ZooKeeper 已经启动。

虽然只需要在终端执行这一条命令就可以实现整个 HBase 集群的启动，底层具体的启动流程是比较复杂的。执行 start-hbase.sh 命令后，首先会调用 hbase-daemons.sh 逐步启动 ZooKeeper、Master、RegionServer、master-backup 相关进程。启动每个进程时会调用各进程相关的脚本（如 RegionServer 会调用 regionservers.sh）来进行环境的配置，并通过 SSH 远程登录其他从节点的机器上，执行 hbase-daemon.sh 来启动从节点上的进程。具体执行过程如图 7-4 所示。

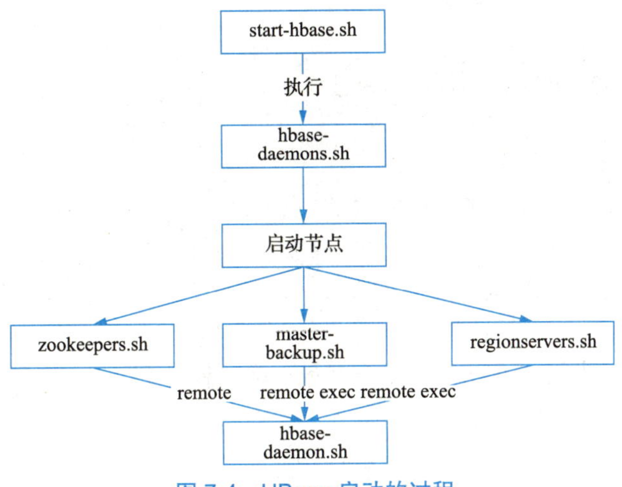


图 7-4　HBase 启动的过程

关闭 HBase 集群，直接在主节点上运行 stop-hbase.sh 命令即可。调用 hbase-daemon.sh 依次关闭主节点上的进程，并远程登录从节点关闭从节点上的相关进程。

hbase-daemon.sh 脚本的职责就是启动各进程，在启动过程中会先做进程判断、日志滚动等准备，最后执行启动命令，逐步地启动各节点上的进程。在启动过程中，会在屏幕中打印启动信息。可以使用 hbase-daemon.sh 命令来单独启动某一个进程，相关命令如表 7-13 所示。

表 7-13　单独启动 HBase 相关进程的命令

| 命令 | 含义 |
| --- | --- |
| hbase-daemon.sh start master | 单独启动一个 HMaster 进程 |
| hbase-daemon.sh stop master | 单独停止一个 HMaster 进程 |
| hbase-daemon.sh start regionserver | 单独启动一个 HRegionServer 进程 |
| hbase-daemon.sh stop regionserver | 单独停止一个 HRegionServer 进程 |

### 7.2.4　基于 Web UI 监控 HBase 的状态

通过前面的 HBase 的配置选项可以看出，HBase 为主节点和从节点都提供了默认的 Web 浏览器访问的 HTTP 端口号。HMaster 的 HTTP 端口号为 16010，HRegionServer 的端口号为 16030。需要注意的是，HBase 1.0 之前的版本主从节点使用的 HTTP 端口号分别是 60010 和 60030，需要注意区分。

如果所有的设置都正确，就能够通过浏览器连接到主节点查看 HMaster 的状态，访问方式为 http://主节点主机名（或 IP）:16010，然后即可访问到页面。

## 任务实施

部署 HBase 完全分布式集群

**【工作流程】**

部署 3 个节点的完全分布式 HBase 集群的基本工作流程如下。

1）下载并解压 HBase 安装包。
2）配置环境变量。
3）修改 hbase-env.sh 配置文件。
4）修改 hbase-site.xml 文件。
5）修改 regionsevers 文件。
6）将 HBase 安装包复制到集群的其他节点上。
7）启动并检查 HBase 的搭建结果。
8）通过浏览器监控 HBase 的运行状态。

**【操作步骤】**

1）在 Apache 官方网站下载 HBase 安装包，将安装包复制到 Linux 操作系统的/usr/local 目录下，进行解压安装，命令如下：

```
[root@master01 /]# cd /usr/local
[root@master01 /]# tar zxvf hbase-2.2.6-bin.tar.gz
[root@master01 /]# mv hbase-2.2.6-bin  hbase
//修改为短名，方便环境变量配置
```

2）配置环境变量。在/etc/profile 文件中配置 HBase 路径，命令如下：

```
export HBASE_HOME=/usr/local/hbase
export PATH=$HBASE_HOME/bin:$PATH
```

3）修改 hbase 目录下 conf 目录中的 hbase-env.sh 配置文件，在文件中添加 JDK 环境变量配置，以及配置不使用自带的 ZooKeeper。命令如下：

```
export JAVA_HOME=/usr/local/jdk1.8          #配置 jdk 安装路径
export HBase_MANAGES_ZK=false               #配置不使用 HBase 自带的 ZooKeeper
```

4）修改 hbase 目录下 conf 目录中的 hbase-site.xml 配置文件，命令如下：

```
<!—指定 HBase 在 HDFS 上的存储路径-->
<property>
    <name>hbase.rootdir</name>
    <value>hdfs://master01:9000/hbase</value>
</property>
<!—指定 ZooKeeper 的地址，多个地址使用逗号分隔-->
<property>
    <name>hbase.zookeeper.quorum</name>
    <value>master01,worker01,worker02</value>
</property>
<!—指定 HBase 采用的分布式模式 -->
<property>
    <name>hbase.cluster.distributed</name>
    <value>true</value>
</property>
```

5）修改 hbase 目录下 conf 目录中的 regionservers 文件，在文件中配置从节点 Region Server 的地址为 worker01 和 worker02 节点，命令如下：

```
worker01
worker02
```

6）将配置好的 HBase 安装包复制到其他两个节点，在终端上执行以下两条命令即可，命令如下：

```
scp -r /usr/local/hbase  worker01:/usr/local
scp -r /usr/local/hbase  worker02:/usr/local
```

通过以上步骤的安装配置，HBase 集群已经部署好了，下面将进行集群的启动和关闭等操作演示。

7）启动并检查 HBase 的搭建结果。执行 start-hbase.sh 命令启动 HBase，启动命令执行完毕后，使用 jps 命令检查各节点运行的进程：主节点应该启动 HMaster 进程，各从节点应启动 HRegionServer 进程。主节点和从节点上的进程分别如图 7-5～图 7-7 所示。

```
12869 HMaster
26775 QuorumPeerMain
22455 ResourceManager
13191 Jps
26649 StandaloneSessionClusterEntrypoint
21836 JournalNode
21519 NameNode
[root@master01 ~]#
```

图 7-5　主节点启动的 HMaster 进程

```
14520 NodeManager
14057 DataNode
14316 DFSZKFailoverController
19308 TaskManagerRunner
11661 HRegionServer
13966 NameNode
[root@worker01 ~]#
```

图 7-6　worker01 节点启动的 HRegionServer 进程

```
22929 HRegionServer
1589 TaskManagerRunner
30968 NodeManager
6169 QuorumPeerMain
30841 JournalNode
30734 DataNode
24734 Jps
[root@worker02 ~]#
```

图 7-7　worker02 节点的启动 HRegionServer 进程

8）使用 Web UI 监控 HBase 的状态。在浏览器的地址栏中输入 master01:16010，即可访问 HBase，如图 7-8 所示。

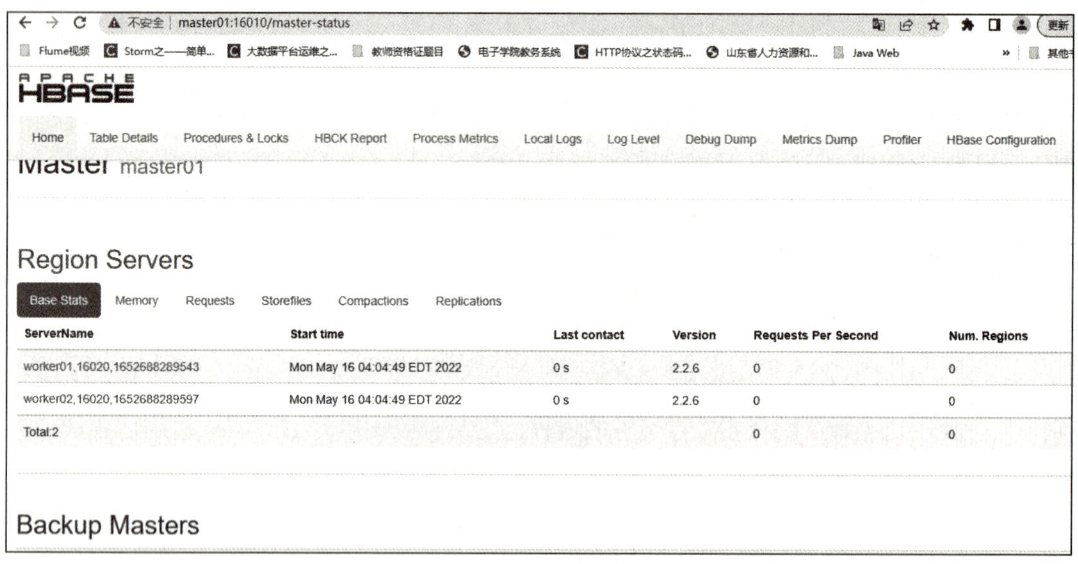

图 7-8　在 Web 端口查看 HBase 的主节点状态

还可以通过 HDFS 的 Web UI 端口号 9870，来查看 HBase 在 HDFS 下的存储结构，如图 7-9 所示，可以看出 HBase 在 HDFS 下存储的 znode 根目录为/hbase。

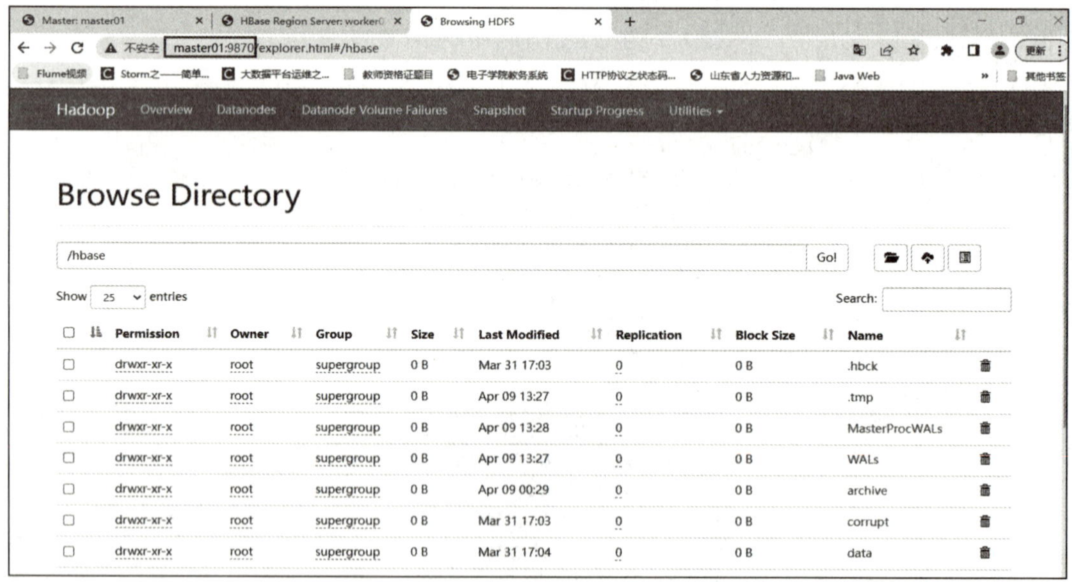

图 7-9　通过 HDFS 的 Web UI 查看 HBase 的存储结构

## 任务评价

任务考核评价表

<table>
<tr><td colspan="6">任务名称：部署 HBase 完全分布式集群</td></tr>
<tr><td>班级：</td><td>学号：</td><td colspan="2">姓名：</td><td colspan="2">日期：</td></tr>
<tr><td rowspan="2">评价内容</td><td rowspan="2">评价标准</td><td colspan="2">评价方式</td><td rowspan="2">分值</td><td rowspan="2">得分</td></tr>
<tr><td>小组评价（权重为 0.3）</td><td>导师评价（权重为 0.7）</td></tr>
<tr><td>职业素养</td><td>1）遵守学校管理规定，遵守纪律，按时完成工作任务<br>2）考勤情况<br>3）工作态度积极、勤学好问</td><td></td><td></td><td>20</td><td></td></tr>
<tr><td>专业能力</td><td>1）掌握 HBase 完全分布式集群的搭建方法<br>2）正确搭建并运行 HBase 集群环境<br>3）HBase 集群主从节点进程能正常启动<br>4）能够通过 Web UI 监控 HBase 的运行状态</td><td></td><td></td><td>70</td><td></td></tr>
<tr><td>创新能力</td><td>1）能提出新方法或应用新技术等<br>2）其他类型的创新性业绩</td><td></td><td></td><td>10</td><td></td></tr>
<tr><td>总分合计</td><td colspan="5"></td></tr>
<tr><td>指导教师综合评语</td><td colspan="5">指导教师签名：　　　　　　　　日期：</td></tr>
</table>

# 任务 7.3　HBase 集群运维

## 任务情境

**【任务场景】**

经理：HBase 集群运行起来了，做业务数据存储分析运行状态如何？

小张：最近在使用 HBase 集群时，各位小伙伴会遇到 RegionServer 异常宕机、业务写入延迟增大甚至无法写入等类似问题。

经理：尽快找到排查和解决这些问题的思路，同时，重点对 HBase 系统中的日志进行梳理，对如何通过监控、日志等工具进行 HBase 运行和应用的问题排查进行总结，形成问题排查解决总结文档，方便项目组成员尽快具备 HBase 运行维护的能力。

小张：好的，没问题。

**【任务布置】**

本任务要求借助工具进行 HBase 运行监控，通过监控、日志等工具进行 HBase 运行和应用的问题排查，并将问题成功解决掉。

## 知识准备

### 7.3.1 HBase 监控工具介绍

本文所涉及的 HBase 工具均为开源自带工具，不涉及厂商自研的优化和运维工具。下面主要介绍 Canary 工具。

HBase Canary 是检测 HBase 集群当前状态的工具，使用简单的查询来检查 HBase 上的 Region 是否可用（可读）。它主要分为以下两种模式。

1）Region 模式（默认），对每个 Region 下的每个列族随机查询一条数据，查询打印是否成功及查询时延，命令如下：

```
#例如,对 t1 和 tsdb-uid 表进行检查
hbase canary t1 tsdb-uid
#注意：不指定表时会扫描所有的 Region
```

2）RegionServer 模式，在每个 RegionServer 上随机选择一个表进行查询，查询打印是否成功及查询时延。命令如下：

```
#例如,对一个 RegionServer 进行检查
hbase canary -regionserver worker01
#注意：不指定 RegionServer 时扫所有的 RegionServer
```

Canary 还可以指定一些简单的参数，参考内容如下。

HBase Canary 用于检测 HBase 系统的状态。它对指定表的每一个 Region 抓取一行，来探测失败或延迟。通过-help 选项查看 Canary 工具的主要参数，命令如下：

```
[root@master01 ~]# hbase canary -help
SLF4J: Class path contains multiple SLF4J bindings.
SLF4J: Found binding in [jar:file:/opt/hadoop/share/hadoop/common/lib/
slf4j-log4 j12-1.7.25.jar!/org/slf4j/impl/StaticLoggerBinder.class]
SLF4J: Found binding in [jar:file:/usr/local/hbase/lib/client-facing-
thirdparty/ slf4j-log4j12-1.7.25.jar!/org/slf4j/impl/StaticLoggerBinder.class]
SLF4J: See http://www.slf4j.org/codes.html#multiple_bindings for an explanation.
SLF4J: Actual binding is of type [org.slf4j.impl.Log4jLoggerFactory]
2022-04-09 01:52:12,426 INFO  [main] tool.Canary: Execution thread count=16
Usage: canary [OPTIONS] [<TABLE1> [<TABLE2]...] | [<REGIONSERVER1>
[<REGIONSERVER2]..]
Where [OPTIONS] are:
 -h,-help show this help and exit.
 -regionserver set 'regionserver mode'; gets row from random region on server
 -allRegions get from ALL regions when 'regionserver mode', not just random one.
 -zookeeper set 'zookeeper mode'; grab zookeeper.znode.parent on each ensemble
```

```
member
    -daemon        continuous check at defined intervals.
    -interval <N>   interval between checks in seconds
    -e             consider table/regionserver argument as regular expression
    -f <B>         exit on first error; default=true
    -failureAsError treat read/write failure as error
    -t <N>         timeout for canary-test run; default=600000ms
    -writeSniffing  enable write sniffing
    -writeTable     the table used for write sniffing; default=hbase:canary
    -writeTableTimeout <N>  timeout for writeTable; default=600000ms
    -readTableTimeouts <tableName>=<read timeout>,<tableName>=<read timeout>,...
                comma-separated list of table read timeouts (no spaces);
                logs 'ERROR' if takes longer. default=600000ms
    -permittedZookeeperFailures <N>  Ignore first N failures attempting to
                connect to individual zookeeper nodes in ensemble

    -D<configProperty>=<value> to assign or override configuration params
    -Dhbase.canary.read.raw.enabled=<true/false> Set to enable/disable raw
scan; default=false
```

主要参数应用实例如下。

1）检测每一个表的每一个 Region 的每一个列族，命令如下：

```
hbase  canary  -allRegions
```

2）检测指定表的每一个 Region 的每一个列簇，表之间使用空格分隔，命令如下：

```
hbase canary test-01 test-02
```

3）检测 RegionServer，命令如下：

```
hbase canary  -regionserver
```

4）检测正则表达式，命令如下：

```
hbase hbase  -e test-0[1-2]
```

5）以 daemon 模式运行，命令如下：

```
hbase  canary  -daemon
```

时间间隔为 50000 毫秒，出现错误不会停止，命令如下：

```
hbase  canary  -daemon -interval 50000 -f false
```

6）指定超时，命令如下：

```
hbase canary  -daemon  -t  6000000
```

## 7.3.2 HBase 集群优化

### 1. HBase 高可用

在 HBase 中，HMaster 负责监控 HRegionServer 的生命周期，均衡 RegionServer 的负载，如果 HMaster 进程终止了，那么整个 HBase 集群将陷入不健康的状态，并且此时的工作状态并不会维持太久。所以 HBase 支持对 HMaster 的高可用配置。

HMaster 高可用实现了对 HMaster 的容错性，一旦 HMaster 宕机，Zookeeper 可以重新选择一个新的 HMaster；但是，HBase 集群即使没有了 HMaster，仍然可以读取、删除、插入数据（事实上由 RegionServer 负责完成），只是不能再执行创建表、删除表、修改表，Region 的拆分、合并、移动，以及负载均衡等操作。

HBase 集群的高可用配置很简单，在配好 HBase 集群的前提下，在集群中选择一个节点作为 Master 节点，在它的 conf 目录下创建文件 backup-masters。然后在文件 backup-masters 中添加备用主节点的主机名，可以在文件中配置多条主机名，即配置多个 backup master。

### 2. RowKey 设计优化

一条数据的唯一标识就是 rowkey，那么这条数据存储于哪个分区，取决于 rowkey 处于哪个预分区的区间内。设计 rowkey 的主要目的是让数据均匀地分布在所有的 Region 中，在一定程度上防止数据倾斜。下面介绍 rowkey 常用的设计方案。

（1）生成随机数、hash、散列值

例如，原本的 rowkey 为 1001，使用散列哈希算法处理后变成 dd01903921ea24941c26a48f2cec24e0bb0e8cc7；原本的 rowkey 为 3001，使用散列哈希算法处理后变成 49042c54de64a1e9bf0b33e00245660ef92dc7bd；原本的 rowkey 为 5001，使用散列哈希算法处理后变成 7b61dec07e02c188790670af43e717f0f46e8913。

在进行此操作之前，一般会选择从数据集中抽取样本，来决定将哪些行键值 rowkey 进行散列哈希处理，得到每个分区的临界值。

（2）字符串反转

利用字符串反转来作为行键，如将 20170524000001 转换为 10000042507102，将 20170524000002 转换为 20000042507102，这样也可以在一定程度上散列逐步进来的数据。

（3）字符串拼接

例如，将 20170524000001_a12e 字符串和 20170524000001_93i7 字符串拼接在一起。

### 3. HBase 相关优化参数

（1）允许在 HDFS 的文件中追加内容

配置文件：hdfs-site.xml、hbase-site.xml。

属性：dfs.support.append。

含义：开启 HDFS 追加同步，可以配合 HBase 的数据同步和持久化。其默认值为 true。

（2）优化 DataNode 允许的最大文件打开数

配置文件：hdfs-site.xml。

属性：dfs.datanode.max.transfer.threads。

含义：HBase 一般会同一时间操作大量的文件，根据集群的数量、规模及数据动作，设置为 4096 或更高。其默认值为 4096。

（3）优化延迟高的数据操作的等待时间

配置文件：hdfs-site.xml。

属性：dfs.image.transfer.timeout。

含义：如果对于某一次数据操作来讲，延迟非常高，socket 需要等待更长的时间，建议把该值设置为更大的值（默认为 60000 毫秒），以确保 socket 不会被 timeout 掉。

（4）优化数据的写入效率

配置文件：mapred-site.xml。

属性：mapreduce.map.output.compress、mapreduce.map.output.compress.codec。

含义：开启这两个数据可以大大提高文件的写入效率，减少写入时间。第一个属性值修改为 true，第二个属性值修改为 org.apache.hadoop.io.compress.GzipCodec 或其他压缩方式。

（5）设置 RPC 监听数量

配置文件：hbase-site.xml。

属性：hbase.regionserver.handler.count。

含义：默认值为 30，用于指定 RPC 监听的数量，也就是 RegionServer 工作线程数量，可以根据客户端的请求数进行调整，读写请求较多时，增加此值。

（6）优化 HStore 文件大小

配置文件：hbase-site.xml。

属性：hbase.hregion.max.filesize。

含义：默认值为 10737418240（10GB），如果需要运行 HBase 的 MR 任务，可以减小此值，因为一个 Region 对应一个 Mapper 任务，如果单个 Region 过大，会导致 Mapper 任务执行时间过长。该值的含义就是，如果 HFile 的大小达到这个数值，则这个 Region 会被切分为两个 HFile。

（7）优化 HBase 客户端缓存

配置文件：hbase-site.xml。

属性：hbase.client.write.buffer。

含义：用于指定 HBase 客户端缓存，增大该值可以减少 RPC 的调用次数，但是会消耗更多内存。一般我们需要设定一定的缓存大小，以达到减少 RPC 次数的目的。

（8）指定 scan.next 扫描 HBase 所获取的行数

配置文件：hbase-site.xml。

属性：hbase.client.scanner.caching。

含义：用于指定 scan.next 方法获取的默认行数，值越大，消耗内存越大。

## 任务实施

【工作流程】

HBase 集群运维

按照以下流程完成 HBase 集群优化。

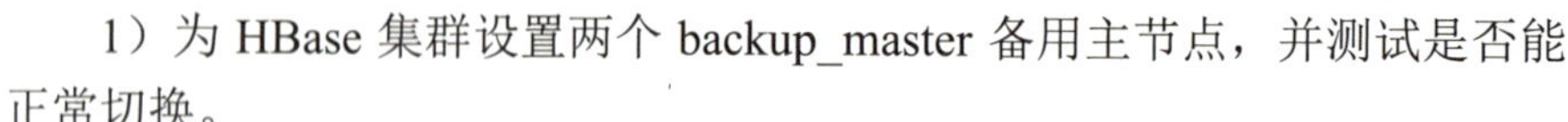

1）为 HBase 集群设置两个 backup_master 备用主节点，并测试是否能正常切换。

2）将 RPC 监听数量提高到 100，以有效提高 RegionServer 的性能。

3）各小组总结提炼部署和运行 HBase 集群中出现的问题，以及解决办法，形成总结报告文档。

【操作步骤】

1）为 HBase 集群设置两个 backup_master 备用主节点，并测试是否能正常切换。

① 关闭 HBase 集群（如果没有开启则跳过此步）。

```
$ bin/stop-hbase.sh
```

② 在 conf 目录下创建 backup-masters 文件。

```
[atguigu@hadoop102 hbase]$ touch conf/backup-masters
```

③ 在 backup-masters 文件中配置高可用 HMaster 节点。

```
[atguigu@hadoop102 hbase]$ echo worker01 > conf/backup-masters
```

④ 将整个 conf 目录 scp 到其他节点。

```
[atguigu@hadoop102 hbase]$ scp -r conf/
hadoop103:/opt/module/hbase/
[atguigu@hadoop102 hbase]$ scp -r conf/
hadoop104:/opt/module/hbase/
```

⑤ 分别在主节点和两个备用主节点上访问 Web 页面 http://hadooo102:16010，并测试查看。

2）将 RPC 监听数量提高到 100，以有效提高 RegionServer 的性能。

打开 HBase 安装目录下的 conf/hbase-site.xml，添加以下配置内容：

```
<property>
  <name> hbase.regionserver.handler.count </name>
  <value>100</value>
</property>
```

重新启动 HBase 进程，配置即可生效。

3）各小组总结提炼部署和运行 HBase 集群中出现的问题，以及解决办法，形成总结报告文档。

① 各小组分工协作，记录 HBase 集群部署和运行过程中出现的问题。

② 小组团队协作统一协商排查解决问题的办法。

③ 总结问题的解决过程。
④ 完成总结报告。
⑤ 各小组总结成果展示。

## 任务评价

任务考核评价表

| 任务名称：HBase 集群运维 | | | | | |
|---|---|---|---|---|---|
| 班级： | 学号： | 姓名： | | 日期： | |
| 评价内容 | 评价标准 | 评价方式 | | 分值 | 得分 |
| | | 小组评价（权重为 0.3） | 导师评价（权重为 0.7） | | |
| 职业素养 | 1）遵守学校管理规定，遵守纪律，按时完成工作任务<br>2）考勤情况<br>3）工作态度积极、勤学好问 | | | 20 | |
| 专业能力 | 1）HBase 集群部署运维过程中常见的问题总结<br>2）形成总结报告<br>3）各小组总结 HBase 平台运维的成果展示情况 | | | 70 | |
| 创新能力 | 1）能提出新方法或应用新技术等<br>2）其他类型的创新性业绩 | | | 10 | |
| 总分合计 | | | | | |
| 指导教师综合评语 | 指导教师签名：　　　　日期： | | | | |

## 拓展小课堂

树立良好的法治意识：2022 年初，上海市杨浦区人民法院刑事判决书显示一名 29 岁的程序员被判处有期徒刑 10 个月，原因是他未经公司许可，在离职当天，私自将即将上线的京东到家平台系统代码数据删除，构成破坏计算机信息系统罪。“删库跑路”的段子一直在 IT 圈里广为流传，意思是互联网等相关 IT 企业中掌握着重要数据信息的工作人员，在离开公司时由于各种不满情绪等原因，在未经公司许可的情况下，轻轻敲下一段代码，便能删除所有数据，让公司损失惨重。“删库跑路”的当事人都受到了法律的严厉惩罚。数据是宝贵的资源，更是企业的命脉，本单元学习了分布式数据库 HBase，更要提醒大家保护数据的重要性，树立良好的法治意识。

## 单元总结

本单元的主要任务是完成 HBase 的安装部署，掌握其运行和操作方式。通过本单元的学习，学生应了解 HBase 安装的前提条件，掌握 HBase 不同安装方式的区别，掌握 HBase

伪分布式和完全分布式集群安装的过程，掌握 HBase 启动和关闭等操作命令，能够通过 Web UI 查看 HBase 的运行状态。为后面更加深入地应用 HBase 打下基础。

## 在线测试

### 一、单选题

1. 下列不属于 HBase 部署模式的是（　　）。
   A. 单机模式　　B. 伪分布式
   C. 网络模式　　D. 完全分布式集群
2. HBase 依靠（　　）存储底层数据。
   A. HDFS　　B. Hadoop　　C. Memory　　D. MapReduce
3. HBase 依靠（　　）来处理数据。
   A. HDFS　　B. Hadoop　　C. Memory　　D. MapReduce
4. HBase 通过（　　）框架实现分布式协调服务。
   A. Hadoop　　B. Spark　　C. Kafka　　D. ZooKeeper
5. HBase 是分布式列式存储系统，记录按（　　）集中存放。
   A. 列族　　B. 列　　C. 行　　D. 不确定

### 二、多选题

1. 下列关于 HBase 的描述正确的是（　　）。
   A. HBase 是 Hadoop 的 DataBase
   B. HBase 可以实现数据的分布式存储
   C. HBase 的表是大表
   D. HBase 的列族和列的数量固定
2. 部署伪分布式 HBase 并启动后，正常情况下会启动的进程是（　　）。
   A. NameNode　　B. HMaster
   C. HQuorumpeer　　D. HRegionServer

### 三、判断题

1. HBase 可以不用依赖 ZooKeeper 独立运行。（　　）
2. HRegionServer 负责维护 HMaster 分配给它的 HRegion，处理对这些 HRegion 的 I/O 请求，也就是说客户端直接和 HRegionServer 打交道。（　　）

## 技能训练

每 3～5 人为一组，每人负责一个节点，按照以下步骤完成 ZooKeeper 和 HBase 完全分布式集群的部署。

1）每小组进行集群规划，画出规划表，表中内容包括每个节点的主机名、IP 地址、机器环境。

2）每人在本节点进行 HBase 的解压、配置。

3）完成集群配置。

4）启动集群，将每个节点进程的启动情况截图。

5）通过 Web 浏览器查看 HBase 的运行情况。

将以上各步骤的操作记录成文档并提交。

# 单元 8　数据仓库 Hive 部署与应用

## 学习目标

通过本单元的学习，学生应理解数据仓库 Hive 的原理与体系架构，理解 Hive 的不同部署方式，掌握 Hive 本地模式的安装方法，掌握 Hive 远程模式安装部署的方法，掌握 Hive 格式化和相关的启动命令。此外，还可以培养学生分布式数据仓库的安装部署与运维技能，也可以培养学生认真仔细的工作作风和精益求精的工匠精神。

## 知识图谱

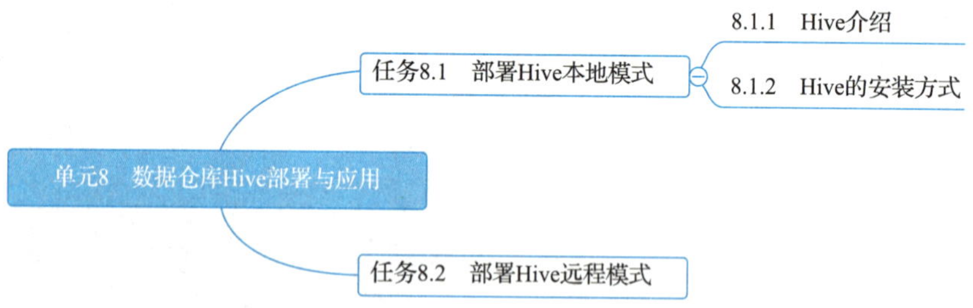


## 任务 8.1　部署 Hive 本地模式

### 任务情境

部署访问 Hive 本地模式

**【任务场景】**

经理：Hive 目前是 Hadoop 生态圈中最常用的数据仓库工具，大部分互联网公司使用 Hive 进行日志分析，包括百度、淘宝等。咱们的日志系统数据分析可以基于 Hive 来做。

小张：好的，我马上开始研究 Hive 数据仓库。

经理：Hive 是一种建立在 Hadoop 文件系统上的数据仓库架构，并对存储在 HDFS 中的数据进行分析和管理；它可以将结构化的数据文件映射为一个数据库表，并提供完整的 SQL 查询功能，所以你熟悉 SQL 语言，Hive 分析上手应该非常快。

小张：好的，我先基于咱们现有的 Hadoop 平台把 Hive 安装部署好。

经理：好。

【任务布置】

根据使用场景的不同，Hive 的安装部署模式分为 3 种，分别是内嵌模式、本地模式和远程模式。Hive 内嵌模式由于只支持单会话连接，所以很少使用。Hive 本地安装模式和远程模式都是常见的安装和部署方法。本任务要求完成 Hive 本地模式的安装部署，安装完成后通过命令格式化 Hive 元数据库，然后运行和访问 Hive。

## 知识准备

### 8.1.1　Hive 介绍

Hive 是建立在 Hadoop 之上的数据仓库，可对存储在 HDFS 上的文件中的数据集进行数据整理、特殊查询和分析处理。Hive 最初是应 Facebook 每天产生的海量新兴社会网络数据进行管理和机器学习的需求而产生和发展的。

Hive 在某种程度上可以看成是用户编程接口，本身并不存储和处理数据。Hive 定义了一种类似 SQL 的查询语言，称为 HQL，对于熟悉 SQL 的用户可以直接利用 Hive 来查询数据，但 HQL 不完全支持 SQL 标准，如不支持更新操作、索引和事务，其子查询和连接操作也存在很多限制。同时，这个语言也允许熟悉 MapReduce 的开发者开发自定义的 Mapper 和 Reducer 来处理内建的 Mapper 和 Reducer 无法完成的复杂的分析工作。

前面已经了解了 Hive、HDFS 和 HBase 的基本概念，接下来对比分析一下三者的区别与联系。Hive、HDFS 和 HBase 是 Hadoop 生态系统的一部分，先来简单了解 Hadoop 生态系统。

经过几年的快速发展，Hadoop 现在已经发展成为包含多个相关项目的软件生态系统。狭义的 Hadoop 核心只包括 Hadoop Common、Hadoop HDFS 和 Hadoop MapReduce 这 3 个子项目，但和 Hadoop 核心密切相关的，还包括 Avro、ZooKeeper、Hive、Pig 和 HBase 等项目，构建在这些项目之上的、面向具体领域应用的 Mahout、X-Rime、Crossbow 和 Ivory 等项目，以及 Chukwa、Flume、Sqoop、Oozie 和 Karmasphere 等数据交换、工作流和开发环境这样的外围支撑系统。它们提供了互补性的服务，共同提供了一个海量数据处理的软件生态系统，Hadoop 生态系统图如图 8-1 所示。

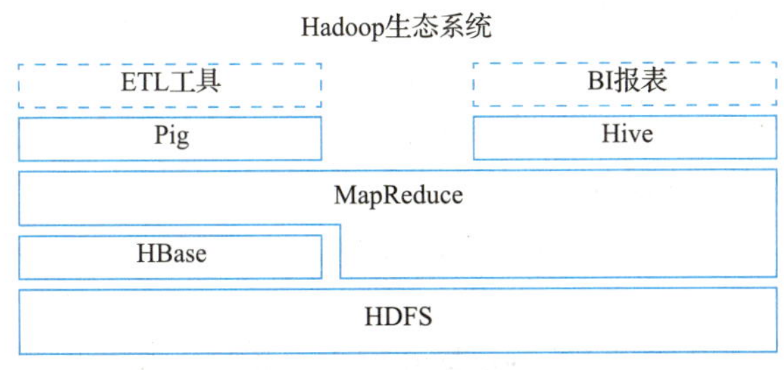


图 8-1　Hadoop 生态系统图

从 Hadoop 生态系统可以看到三者之间的联系：Hive 和 HBase 是协作关系，它们的数据一般存储在 HDFS 上。Hadoop HDFS 为它们提供了高可靠性的底层存储支持。Hive 还为

HBase 提供了高层语言支持，使在 HBase 上进行数据统计处理变得非常简单。

Hive 可以直接使用 HDFS 中的文件作为它的表数据，也可以使用 HBase 数据库作为它的表。Hive 和 HBase 的数据流描述如图 8-2 所示。数据源经过 ETL（Extract Transformation Load，抽取、转换、装载）方法被抽取到 HDFS 存储；再由 Hive 对原始数据进行清洗、处理和计算；Hive 清洗处理后的结果，如果是面向海量数据随机查询场景的可存入 HBase，进而展开具体的数据应用。

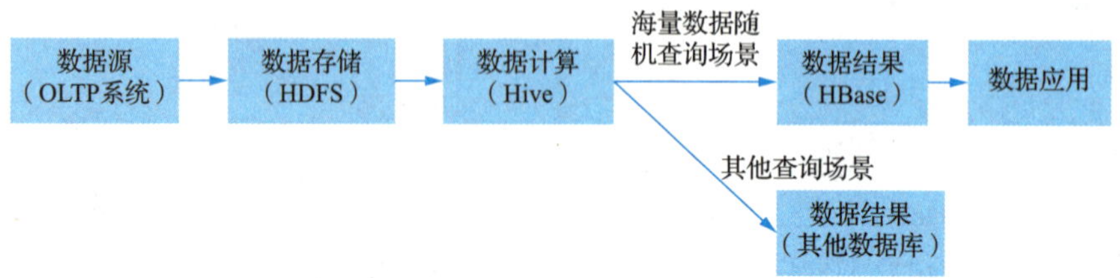


图 8-2　Hive 和 HBase 的数据流描述

Hive 与 HBase 的区别如下。

1）Hive 中的表是纯逻辑表，就只是表的定义等，即表的元数据。Hive 本身不存储数据，它完全依赖 HDFS 和 MapReduce。这样就可以将结构化的数据文件映射为一个数据库表，提供完整的 SQL 查询功能，并将 SQL 语句最终转换为 MapReduce 任务进行运行。而 HBase 表是物理表，适合存放非结构化的数据。

2）Hive 是基于 MapReduce 来处理数据的，而 MapReduce 是基于行的模式来处理数据的；HBase 是基于列的模式来处理数据的，适合海量数据的随机访问。

3）HBase 中表的存储是疏松的，因此用户可以给行定义各种不同的列；而 Hive 表是稠密型的，即定义好 Hive 表的列数后，每一行都按照这个固定列数存储数据。

4）Hive 使用 Hadoop 来分析处理数据，而 Hadoop 系统是批处理系统，因此不能保证处理的低迟延问题；而 HBase 是近实时系统，支持实时查询。

5）Hive 不提供行级别的更新，它适用于大量 append-only 数据集（如日志）的批处理任务。而基于 HBase 的查询，支持行级别的更新。

6）Hive 提供完整的 SQL 实现，通常被用来做一些基于历史数据的挖掘、分析。而 HBase 是一个 NoSQL，不适用于有 join、多级索引、表关系复杂的应用场景。

Hive 依赖于 HDFS 存储数据，依赖于 MapReduce 处理数据。HBase 可以提供数据的实时访问。Hive 和 HBase 是两种基于 Hadoop 的不同技术，Hive 是一种类 SQL 的引擎，并且运行 MapReduce 任务；HBase 是一种在 Hadoop 之上的 NoSQL 的列族数据库。这两种工具也可以同时使用，就像使用 Google 来搜索、使用 Facebook 进行社交一样，Hive 可以用来进行统计查询，HBase 可以用来进行实时查询。数据可以从 Hive 写到 HBase，也可以从 HBase 写回 Hive。

Hive 查询操作过程严格遵守 Hadoop MapReduce 的作业执行模型，Hive 将用户的 HQL 语句通过解释器转换为 MapReduce 作业提交到 Hadoop 集群上，Hadoop 监控作业的执行过程，然后返回作业的执行结果给用户。Hive 并非为联机事务处理而设计，也不提供实时的查询和基于行级的数据更新操作。Hive 的最佳使用场合是大数据集的批处理作业，如网络日志分析，大部分互联网公司使用 Hive 进行日志分析，包括百度、淘宝等；统计网站一个时间段内的 pv、uv；多维度数据分析；海量结构化数据离线分析等。

## 8.1.2　Hive 的安装方式

Hive 数据仓库需要依赖于 Hadoop，要完成本任务，首先需要安装部署好 Hadoop，安装并配置好 MySQL，作为 Hive 的元数据库，在此基础上进行 Hive 的本地模式安装和部署。安装和部署 Hive，最重要的是配置好 Hive 的配置文件 hive-site.xml。

本任务主要完成 Hive 的本地部署。本任务中，Hive 本地模式的安装部署是基于提前安装部署好 Hadoop 集群的 3 台主机而进行的。Hive 是作为一个客户端的工具使用的，在主机名为 master 的主节点上安装即可。并提前在 master 节点安装好 MySQL，用于存储元数据。Hive 本地部署的环境条件如表 8-1 所示。

表 8-1　Hive 本地部署的环境条件

| 名称 | 环境版本 |
| --- | --- |
| 主机环境 | CentOS 7、JDK 1.8 |
| 元数据库 | MySQL 5.7，安装在 master 节点 |
| Hadoop 平台 | Hadoop 3.1.1 |
| Hive 平台 | apache-hive-3.1，安装在 master 节点 |

首先完成 3 个节点的 Hadoop 分布式集群规划，具体规划如表 8-2 所示。

表 8-2　Hadoop 集群规划

| 机器名（hostname） | 机器 IP | 用途 | 环境描述 |
| --- | --- | --- | --- |
| master01 | 192.168.1.11 | 主节点 | 64 位 CentOS 7，JDK 1.8 |
| worker01 | 192.168.1.12 | 从节点 1 | 64 位 CentOS 7，JDK 1.8 |
| worker02 | 192.168.1.13 | 从节点 2 | 64 位 CentOS 7，JDK 1.8 |

### 1. Hive 安装部署的前提条件

Hive 是基于 Hadoop 的一个数据仓库，可以将结构化的数据文件映射为一个数据库表，并提供完整的 SQL 查询功能，可以将 SQL 语句转换为 MapReduce 任务运行。Hive 提供了一系列的工具，可以用来进行数据提取、转换、装载，这是一种可以存储、查询和分析存储在 Hadoop 中的大规模数据的机制。Hive 定义了简单的类 SQL 查询语言，称为 HQL，它允许熟悉 SQL 的用户查询数据。同时，这个语言也允许熟悉 MapReduce 的开发者开发自定义的 Mapper 和 Reducer 来处理内建的 Mapper 和 Reducer 无法完成的复杂的分析工作。Hive 很容易扩展自己的存储能力和计算能力，这个是继承 Hadoop 的，而关系数据库在这个方面要比 HBase 数据库差很多。

总而言之，Hive 的表数据的存储依赖于 Hadoop HDFS，Hive 的计算要依赖于 Hadoop 的分布式计算框架 MapReduce，因此在安装和使用 Hive 之前，需要先安装 Hadoop。要深入理解 Hive，也必须先理解 Hadoop 和 MapReduce。

### 2. Hive的安装方式及区别

Hive中有两类数据：表数据和元数据。和关系型数据库一样，元数据可以看作描述数据的数据，包括Hive表的数据库名、表名、字段名称与类型、分区字段与类型、表及分区的属性、存放位置等，这些都属于元数据。Hive常用的元数据库有Hive自带的Derby数据库和独立安装的MySQL数据库。元数据存储路径分为本地存储和远程存储，可以通过hive-site.xml文件进行设置。根据Hive不同的应用场景，以及元数据库的使用方式不同，可以将Hive的安装方式分为3种，3种方式及具体特点如表8-3所示。

表8-3　Hive的安装方式及特点

| 序号 | 安装方式 | 特点 |
| --- | --- | --- |
| 1 | 内嵌模式 | 元数据保存在内嵌的Derby数据库中，允许一个会话连接（多个会话连接会报错） |
| 2 | 本地模式 | 使用独立安装的MySQL替代Derby存储元数据 |
| 3 | 远程模式 | MetaStore服务和Hive服务不在同一个节点上，使用远程安装的MySQL替代Derby存储元数据 |

Hive的内嵌模式连接到自带的Derby数据库进行元数据的存储，并且只允许一个会话连接到数据库，不支持多个会话同时访问数据库，所以实际应用很少。在内嵌模式下，Hive服务和MetaStore服务运行在同一个进程中，Derby服务也运行在该进程中。内嵌模式使用的是内嵌的Derby数据库来存储元数据，不需要额外启动MetaStore服务。

内嵌模式是Hive默认的配置模式，配置简单，但是一次只能有一个客户端连接，只适用于实验，不适用于生产环境。Hive内嵌模式的结构图如图8-3所示。

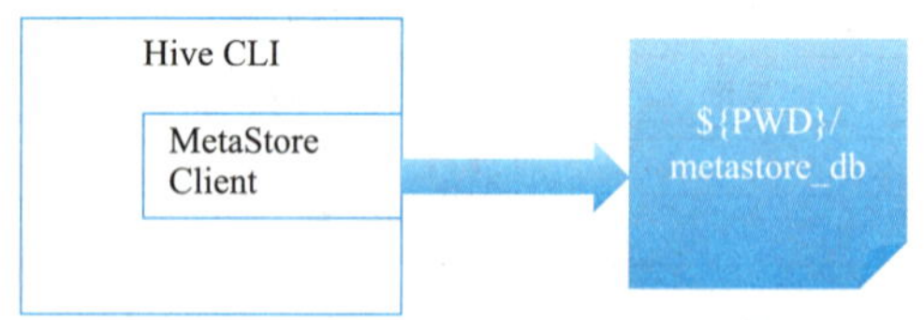


图8-3　Hive内嵌模式的结构图

Hive的本地模式不再使用内嵌的Derby作为元数据的存储介质，而是使用其他数据库如MySQL来存储元数据。Hive服务和MetaStore服务运行在同一个进程中，MySQL是单独的进程，可以和Hive部署在同一台机器上，也可以将MySQL部署在远程机器上。这种方式是一个多用户的模式，运行多个用户Client连接到一个数据库中。本地模式部署的Hive一般用于公司内部多用户的同时访问和操作。每个用户必须要有对MySQL的访问权限，即每个客户端使用者都需要知道MySQL的用户名和密码。Hive可以通过本地模式在单台机器上处理所有的任务。对于小数据集，执行时间会明显缩短。

Hive本地模式的结构图如图8-4所示。

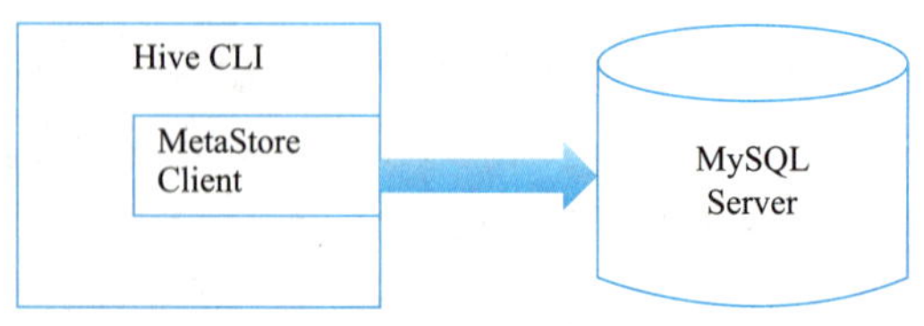


图8-4　Hive本地模式的结构图

Hive 远程模式可以将存储元数据的 MySQL 数据库部署到集群中其他节点的机器上，作为元数据服务器，实现了 MySQL 服务器和 Hive 服务器分别部署在不同的机器上。在远程模式下，Hive 服务和 MetaStore 服务是运行在不同的进程或不同的机器上的，在元数据服务器端启动 MetaStore Server，客户端通过 MetaStore Server 访问元数据库 MySQL。Hive 远程模式的结构图如图 8-5 所示。

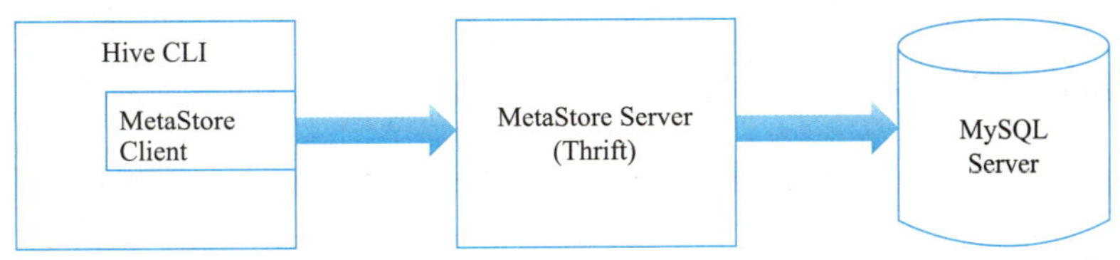


图 8-5　Hive 远程模式的结构图

## 任务实施

**【工作流程】**

部署 Hive 本地模式的主要工作流程如下。

1）安装并配置 MySQL。

2）安装并配置 Hive。

其中，安装并配置 Hive 的具体流程如下。

① 解压安装包并配置环境变量。

② 修改 Hive 的配置文件。

③ 在 Hive 安装目录下创建 tmp 目录。

④ 部署 jdbc 驱动包。

⑤ 对 Hive 元数据库进行初始化。

⑥ 启动 Hive 客户端，测试 Hive 部署是否成功。

**【操作步骤】**

Hive 本地模式的安装需要将 Hive 和元数据库 MySQL 都安装在 master 节点上。

1）安装并配置 MySQL。

① 检查 MySQL 是否已安装。首先删除 Linux 上已经安装的 MySQL 相关库信息，命令如下：

```
[root@master01 opt]# rpm -e mysql  --nodeps
```

执行命令检查是否删除干净，命令如下：

```
[root@master01 opt]# rpm -qa |grep mysql
```

② 使用 yum 源安装 MySQL。CentOS 7 的 yum 源中默认没有 MySQL，需要先执行 wget 命令下载 MySQL 的 repo 源，命令如下：

```
[root@master01 opt]# wget http://repo.mysql***.com/mysql-community-release-el7-5.noarch.rpm
```

【小提示】如果执行上述命令提示 wget 未安装，则需要先安装 wget，使用 yum 安装即可，命令如下：

```
[root@master01 opt]# yum install -y wget
```

安装 mysql-community-release-el7-5.noarch.rpm 包，命令如下：

```
[root@master01 opt]# rpm -ivh mysql-community-release-el7-5.noarch.rpm
```

安装 MySQL 服务器，命令如下：

```
[root@master01 opt]# yum install -y mysql-server
```

③ 连接 MySQL。启动 MySQL 服务，命令如下：

```
[root@master01 opt]# systemctl start mysql
```

在 Shell 命令行状态下执行命令连接 MySQL，命令如下：

```
[root@master01 opt]# mysql
```

运行命令授予远程访问权限，命令如下：

```
mysql> grant all privileges on *.* to 'root'@'%' identified by 'root' with
grant option;
```

运行命令刷新授权表，命令如下：

```
mysql> flush privileges;
```

运行命令创建 Hive 数据库，用于存储 Hive 元数据，命令如下：

```
mysql> create database hive;
```

运行命令退出 MySQL 服务，命令如下：

```
mysql> exit;
```

2）安装并配置 Hive。

① 解压安装包并配置环境变量。将下载好的 Hive 安装包进行解压，并修改为短名，命令如下：

```
[root@master01 opt]# tar zxvf apache-hive-3.1.2-bin.tar.gz
[root@master01 opt]# mv apache-hive-3.1.2-bin hive
```

在 master01 节点上，编辑/etc/profile 文件，配置 Hive 的环境变量，添加的内容如下：

```
export HIVE_HOME=/opt/hive
export PATH=$PATH:$HIVE_HOME/bin:$HIVE_HOME/conf
```

运行命令，使配置的环境变量生效，命令如下：

```
[root@master01 opt]# source /etc/profile
```

② 修改 Hive 的配置文件。

Hive 的配置文件都存放在 Hive 安装目录的$HIVE_HOME/conf 目录下。进入 Hive 的 conf 目录，进行以下配置文件的修改。

a．修改 hive-env.sh。在 hive-env.sh 文件中添加以下 4 个环境变量的配置：

```
export JAVA_HOME=/usr/lib/kvm/java              ##Java 路径
export HADOOP_HOME=/opt/hadoop                  ##Hadoop 安装路径
export HIVE_HOME=/opt/hive                      ##Hive 安装路径
export HIVE_CONF_DIR=${HIVE_HOME}/conf          ##Hive 配置文件路径
```

b．新建并修改 hive-site.xml。在 Hive 的 conf 目录下新建 hive-site.xml 文件，并在文件中配置 MySQL 连接信息，命令如下：

```
<configuration>
<property>
   <name>javax.jdo.option.ConnectionURL</name>
   <value>jdbc:mysql://localhost:3306/hive?createDatabaseIfNotExist=
true&amp;characterEncoding=UTF-8&amp;useSSL=false</value>
</property>
<property>
   <name>javax.jdo.option.ConnectionDriverName</name>
   <value>com.mysql.jdbc.Driver</value>
</property>
<property>
   <name>javax.jdo.option.ConnectionUserName</name>
   <value>root</value>
</property>
<property>
   <name>javax.jdo.option.ConnectionPassword</name>
   <value>root</value>
</property>
</configuration>
```

③ 在终端运行以下命令，在 Hive 安装目录下创建 tmp 目录，用于存放 Hive 的临时数据和文件。

```
[root@master01 conf]# mkdir -p /opt/hive/tmp
```

④ 部署 jdbc 驱动包。可以在网络上下载 MySQL 的 jdbc 驱动包 mysql-connector-java-5.1.25-bin.jar（或其他版本的 jar 包也可以），下载完成后把 jar 包复制到 Hive 安装目录的$HIVE_HOME/lib 目录下。

⑤ 对 Hive 元数据库进行初始化，在 Linux 终端执行以下命令：

```
[root@master01 conf]# schematool -dbType mysql -initSchema
```

初始化后元数据库的结果如下：

```
SLF4J: Class path contains multiple SLF4J bindings.
```

```
SLF4J: Found binding in [jar:file:/opt/hadoop/share/hadoop/common/lib/slf4j-log4j12-1.7.25.jar!/org/slf4j/impl/StaticLoggerBinder.class]
SLF4J: Found binding in [jar:file:/opt/hive/lib/log4j-slf4j-impl-2.10.0.jar!/org/slf4j/impl/StaticLoggerBinder.class]
SLF4J: See http://www.slf4j***.org/codes.html#multiple_bindings for an explanation.
SLF4J: Actual binding is of type [org.slf4j.impl.Log4jLoggerFactory]
2021-12-03 05:11:42,914 INFO  [main] conf.HiveConf
(HiveConf.java:findConfigFile(187)) - Found configuration file
file:/opt/hive/conf/hive-site.xml
2021-12-03 05:11:43,257 INFO  [main] tools.HiveSchemaHelper
(HiveSchemaHelper.java:logAndPrintToStdout(117)) - Metastore connection URL:
jdbc:mysql://localhost:3306/hive?createDatabaseIfNotExist=true&characterEncoding=UTF-8&useSSL=false
Metastore connection URL:
jdbc:mysql://localhost:3306/hive?createDatabaseIfNotExist=true&characterEncoding=UTF-8&useSSL=false
2021-12-03 05:11:43,259 INFO  [main] tools.HiveSchemaHelper
(HiveSchemaHelper.java:logAndPrintToStdout(117)) - Metastore Connection Driver:com.mysql.jdbc.Driver
Metastore Connection Driver: com.mysql.jdbc.Driver
2021-12-03 05:11:43,259 INFO  [main] tools.HiveSchemaHelper
(HiveSchemaHelper.java:logAndPrintToStdout(117)) - Metastore connection User: root
Metastore connection User: root
Starting metastore schema initialization to 3.1.0
Initialization script hive-schema-3.1.0.mysql.sql
Initialization script completed
schemaTool completed
```

⑥ 启动 Hive 客户端，测试 Hive 部署是否成功。检测 Hive 是否安装成功，直接在安装 Hive 本地模式的机器的 Shell 终端运行 hive 命令即可启动 Hive 客户端。

注意：在启动 Hive 之前需要确保 Hadoop 进程正常启动。

启动 Hive 客户端的命令如下：

```
[root@master01 conf]# hive
which: no hbase in (/usr/local/sbin:/usr/local/bin:/usr/sbin:/usr/bin:/opt/hadoop/bin:/opt/spark/bin:/opt/hadoop/bin:/opt/hadoop/sbin:/opt/flink/bin:/root/bin:/opt/hadoop/bin:/opt/spark/bin:/opt/hadoop/bin:/opt/hadoop/sbin:/opt/flink/bin:/opt/hive/bin:/opt/hive/conf)
SLF4J: Class path contains multiple SLF4J bindings.
SLF4J: Found binding in [jar:file:/opt/hadoop/share/hadoop/common/lib/slf4j-log4j12-1.7.25.jar!/org/slf4j/impl/StaticLoggerBinder.class]
SLF4J: Found binding in [jar:file:/opt/hive/lib/log4j-slf4j-impl-2.10.0.jar!/org/slf4j/impl/StaticLoggerBinder.class]
```

```
SLF4J: See http://www.slf4j***.org/codes.html#multiple_bindings for an explanation.
SLF4J: Actual binding is of type [org.slf4j.impl.Log4jLoggerFactory]
2021-12-03 05:45:11,669 INFO  [main] conf.HiveConf
(HiveConf.java: findConfigFile(187)) - Found configuration file file:/opt/hive/conf/ hive-site.xml
Hive Session ID=1f1ac10d-4bc7-45c7-822a-4e87a1952f85
2021-12-03 05:45:13,233 INFO  [main] SessionState
(SessionState.java: printInfo(1227)) - Hive Session ID=1f1ac10d-4bc7-45c7-822a-4e87a1952f85

Logging initialized using configuration in file:/opt/hive/conf/hive-log4j2.properties Async: true
Hive-on-MR is deprecated in Hive 2 and may not be available in the future versions. Consider using a different execution engine (i.e. spark, tez) or using Hive 1.X releases.
Hive Session ID=8725fdae-c90f-44f9-9bd6-ebdef04a7997
hive>
```

## 任务评价

任务考核评价表

| 任务名称：部署 Hive 本地模式 | | | | | |
|---|---|---|---|---|---|
| 班级： | 学号： | 姓名： | | 日期： | |
| 评价内容 | 评价标准 | 评价方式 | | 分值 | 得分 |
| | | 小组评价（权重为 0.3） | 导师评价（权重为 0.7） | | |
| 职业素养 | 1）遵守学校管理规定，遵守纪律，按时完成工作任务<br>2）考勤情况<br>3）工作态度积极、勤学好问 | | | 20 | |
| 专业能力 | 1）理解 Hive 的原理与体系架构<br>2）能够部署 MySQL 和 Hive 本地模式<br>3）能够正常启动 Hive 客户端 | | | 70 | |
| 创新能力 | 1）能提出新方法或应用新技术等<br>2）其他类型的创新性业绩 | | | 10 | |
| 总分合计 | | | | | |
| 指导教师综合评语 | 指导教师签名：　　　　日期： | | | | |

# 任务 8.2　部署 Hive 远程模式

## 任务情境

远程模式规划与环境准备

【任务场景】

小张：经理，我已经完成了 Hive 的安装部署，采用的本地模式，目前把元数据库 MySQL 和 Hive 都安装到了一个节点上。

经理：这样可能存在安全隐患，基于公司的 Hadoop 集群，我建议最好把元数据库和 Hive 分开部署在不同的节点上，也就是采用远程模式进行部署。

小张：好的，我尽快改造完成。

经理：好。

【任务布置】

本任务要求完成 Hive 远程模式的安装和部署，将 Hive 的元数据库和 Hive 服务器安装在不同的机器节点上。安装完成后启动 Hive 的后台服务，在客户端进行连接和访问 Hive。

## 知识准备

Hive 远程模式是指远程部署 MySQL 数据库来代替 Hive 自带的 Derby 数据库，使 Hive 服务器和元数据 MySQL 服务器运行在不同的节点上，Hive 服务和 MetaStore 服务运行在不同的进程或不同的机器上。Hive 远程模式是企业实际生产环境下常用的一种部署方式，安装部署过程比本地模式相对复杂一些，访问方式也不太一样，需要特别注意。

本任务需要完成 Hive 远程模式的安装，基于已经完成 Hadoop 集群部署的 3 台机器 master01、worker01 和 worker02 进行部署。Hive 远程模式安装部署的规划如表 8-4 所示。

表 8-4　Hive 远程模式安装部署的规划

| 节点名称 | 用途 |
|---|---|
| master01 | Hive Client 客户端 |
| worker01 | Hive Server 服务器 |
| worker02 | 元数据服务器：安装 MySQL Server |

无论是 Hive 服务器还是客户端，都需要部署 Hive 安装包。环境规划中的 master01 节点作为客户端，worker01 作为服务器端，因此都需要安装 Hive。

Hive 远程安装部署模式是企业实际生产环境下常用的一种部署方式。远程模式下存放元数据的 MySQL 数据库服务器和 Hive 服务器不在同一台机器上，甚至可以放在不同的操作系统上。远程部署模式的最大特点是，Hive 服务和 MetaStore 服务可以在不同的进程内，也可以在不同的机器上。

在远程模式下，需要启动一个 MetaStore 服务，客户端连接 MetaStore 服务，MetaStore 再去连接 MySQL 数据库来存取元数据。有了 MetaStore 服务，就可以有多个客户端同时连接，而且这些客户端不需要知道 MySQL 数据库的用户名和密码，只需要连接 MetaStore 服务即可访问元数据库。

远程模式需要在 hive-site.xml 配置文件中将 hive.metastore.local 设置为 false，并将 hive.metastore.uris 设置为 MetaStore 服务的 URI，如果有多个 MetaStore 服务，则 URI 之间使用逗号分隔。MetaStore 服务的 URI 格式为 thrift://host:port，命令如下：

```
<property>
<name>hive.metastore.uris</name>
<value>thrift://127.0.0.1:9083</value>
</property>
```

其实仅连接远程的 MySQL 数据库服务器并不能称为远程模式，是否远程指的是 MetaStore 和 Hive 服务是否在同一进程内，也就是说，“远”指的是 MetaStore 服务和 Hive 服务离得“远”。

在远程模式下，MetaStore 服务只需要开启一次，所有的客户端可以共享元数据服务，避免资源浪费。

## 任务实施

**【工作流程】**

配置运行 Hive 远程模式

部署 Hive 远程模式的主要工作流程如下。

1）在 master01 和 worker01 节点部署 Hive。

2）worker01 作为 Hive Server 进行配置。

3）master01 作为客户端进行配置。

4）在 worker02 节点上安装 MySQL 服务器。

5）启动 Hive。

**【操作步骤】**

1）在 master01 和 worker01 节点部署 Hive。将 Hive 安装包下载并存放到 master01 节点的/usr/local/soft 目录下，下面先在 master01 节点中对 Hive 进行解压，然后将其复制到 worker01 节点中。

① 在 master01 节点中，解压 Hive 到/usr/local 目录下，命令如下：

```
tar -zxvf apache-hive-3.1.2-bin.tar.gz -C /usr/local
```

将解压后的文件夹修改为短名 hive，命令如下：

```
mv/usr/local/apache-hive-3.1.2-bin/usr/local/hive
```

② 将 master01 中的 Hive 解压包远程复制到 worker01 节点，命令如下：

```
scp -r hive/worker1:/usr/local
```

上述代码的运行结果如图 8-6 所示。

```
[root@master01 local]# scp -r hive/ worker01:/usr/local
LICENSE                                          100%   20KB  17.1MB/s   00:00
NOTICE                                           100%  230   378.3KB/s   00:00
RELEASE_NOTES.txt                                100% 2469     4.2MB/s   00:00
asm-LICENSE                                      100% 1511     2.4MB/s   00:00
com.google.protobuf-LICENSE                      100% 2133     3.6MB/s   00:00
com.ibm.icu.icu4j-LICENSE                        100%   19KB  22.1MB/s   00:00
com.sun.jersey-LICENSE                           100%   16KB  19.3MB/s   00:00
com.thoughtworks.paranamer-LICENSE               100% 1537     2.9MB/s   00:00
javax.transaction.transaction-api-LICENSE        100%   16KB  22.4MB/s   00:00
javolution-LICENSE                               100% 1403     2.8MB/s   00:00
jline-LICENSE                                    100% 1488     2.8MB/s   00:00
NOTICE                                           100%  746     1.6MB/s   00:00
org.abego.treelayout.core-LICENSE                100% 1557     2.8MB/s   00:00
```

图 8-6　复制安装包到 worker01 节点

③ 在 master01 和 worker101 节点修改/etc/profile 文件，如图 8-7 所示，设置 Hive 环境变量。在/etc/profile 文件中增加以下内容：

```
export HIVE_HOME=/usr/local/hive
export HIVE_CONF_DIR=/usr/local/hive/conf
export PATH=$PATH:$HIVE_HOME/bin:$HIVE_CONF_DIR
```

```
#hive 3.1.2
export HIVE_HOME=/usr/local/hive
export HIVE_CONF_DIR=/usr/local/hive/conf
export PATH=$PATH:$HIVE_HOME/bin:$HIVE_CONF_DIR
```

图 8-7　配置 Hive 环境变量

运行以下命令使环境变量生效，如图 8-8 所示。

```
source /etc/profile
```

```
[root@master ~]# vim /etc/profile
[root@master ~]# source /etc/profile
[root@master ~]#
```

图 8-8　运行命令使环境变量生效

2）worker01 作为 Hive Server 进行配置。

① worker01 节点作为 Hive 服务器端需要和元数据库 MySQL 通信，所以 worker01 节点需要使用 MySQL 的驱动 jar 包，可以在网上下载 mysql-connector-java-5.1.25-bin.jar 驱动包，并将此驱动包复制到 worker01 节点的$HIVE_HOME/lib 目录下。

② 修改 worker01 节点的 hive-env.sh 文件中的 HADOOP_HOME 环境变量，如图 8-9 所示。进入 Hive 配置目录，因为 Hive 中已经给出了配置文件的范本 hive-env.sh.template，直接将其复制一份进行修改即可，命令如下：

```
cd $HIVE_HOME/conf
ls
cp hive-env.sh.template hive-env.sh
vim hive-env.sh
```

```
[root@worker01 conf]# cd /usr/local/hive/conf
[root@worker01 conf]# ls
beeline-log4j2.properties.template  hive-exec-log4j2.properties.template  llap-daemon-log4j2.properties.template
derby.log                           hive-log4j2.properties.template       metastore_db
hive-default.xml.template           hive-site.xml                         parquet-logging.properties
hive-env.sh                         ivysettings.xml
hive-env.sh.template                llap-cli-log4j2.properties.template
[root@worker01 conf]#
```

图 8-9　修改 hive-env.sh 文件

③ 编辑 hive-env.sh 文件，根据 Hadoop 的实际安装路径配置 HADOOP_HOME 环境变量，在文件中添加如下内容：

```
HADOOP_HOME=/usr/local/hadoop/
```

④ 在 worker01 节点的$HIVE_HOME/conf 目录下新建 hive-site.xml，并配置 hive-site.xml 文件的内容，命令如下：

```
vim hive-site.xml
```

在文件中添加以下内容：

```
<configuration>
<!--Hive 产生的元数据的存放位置-->
<property>
<name>hive.metastore.warehouse.dir</name>
<value>/user/hive_remote/warehouse</value>
</property>
<!--数据库连接 JDBC 的 URL 地址-->
<property>
<name>javax.jdo.option.ConnectionURL</name>
<value>jdbc:mysql://worker02:3306/hive?createDatabaseIfNotExist=true
</value>          #连接 MySQL 所在的 IP（主机名）及端口
</property>
<!--数据库连接 driver,即 MySQL 驱动-->
<property>
<name>javax.jdo.option.ConnectionDriverName</name>
<value>com.mysql.jdbc.Driver</value>
</property>
<!--MySQL 数据库用户名-->
<property>
<name>javax.jdo.option.ConnectionUserName</name>
<value>root</value>
</property>
<!--MySQL 数据库密码-->
<property>
<name>javax.jdo.option.ConnectionPassword</name>
<value>123456</value>
```

```
</property>
<property>
<name>hive.metastore.schema.verification</name>
<value>false</value>
</property>
<property>
<name>datanucleus.schema.autoCreateAll</name>
<value>true</value>
</property>
</configuration>
```

3）master01 作为客户端进行配置。

① 修改 master01 节点的 hive-env.sh 中的 HADOOP_HOME 环境变量，在 hive-env.sh 文件中添加以下内容：

```
export HADOOP_HOME=/usr/local/hadoop
```

② 在 master01 节点创建 hive-site.xml 文件，如图 8-10 所示。文件中的配置内容如下：

```
<configuration>
<!--Hive 产生的元数据的存放位置-->
<property>
<name>hive.metastore.warehouse.dir</name>
<value>/user/hive_remote/warehouse</value>
</property>

<!--使用本地服务连接 Hive,默认为 true-->
<property>
<name>hive.metastore.local</name>
<value>false</value>
</property>

<!--连接服务器-->
<property>
<name>hive.metastore.uris</name>
<value>thrift://worker01:9083</value>
<!-- Hive 客户端通过 thrift 服务器服务连接 MySQL 数据库,这里的 thrift 服务器就是 worker01
的 IP（主机名）-->
</property>
</configuration>
```

```
[root@master01 conf]# vim hive-site.xml
        <configuration>
        <!--Hive产生的元数据存放位置-->
        <property>
        <name>hive.metastore.warehouse.dir</name>
        <value>/user/hive_remote/warehouse</value>
        </property>

        <!--使用本地服务连接Hive,默认为true-->
        <property>
        <name>hive.metastore.local</name>
        <value>false</value>
        </property>

        <!--连接服务器-->
        <property>
        <name>hive.metastore.uris</name>
        <value>thrift://worker01:9083</value>
        </property>
        <property>
        <name>hive.metastore.schema.verification</name>
        <value>false</value>
        </property>
        </configuration>
```

图 8-10　在 master01 节点创建 hive-site.xml

4）在 worker02 节点上安装 MySQL 服务器。MySQL 服务器的安装方法具体可以参照任务 8.1 中的 MySQL 安装和配置的相关内容，这里不再赘述。

5）启动 Hive。经过上述安装和配置，Hive 的远程模式即可部署完成，下面将按照以下步骤完成 Hive 的启动。

① 在 worker01 节点开启 Hive 服务，如图 8-11 所示。Worker01 作为服务器端，执行以下命令开启 Hive 服务：

```
bin/hive --service metastore
```

```
[root@worker01 hive]# hive --service metastore
2022-05-23 22:29:20: Starting Hive Metastore Server
SLF4J: Class path contains multiple SLF4J bindings.
SLF4J: Found binding in [jar:file:/usr/local/hive/lib/log4j-slf4j-impl-2.10.0.jar!/org/slf4j/impl/StaticLoggerBinder.class]
SLF4J: Found binding in [jar:file:/usr/local/hadoop/share/hadoop/common/lib/slf4j-log4j12-1.7.25.jar!/org/slf4j/impl/StaticL
oggerBinder.class]
SLF4J: See http://www.slf4j.org/codes.html#multiple_bindings for an explanation.
SLF4J: Actual binding is of type [org.apache.logging.slf4j.Log4jLoggerFactory]
```

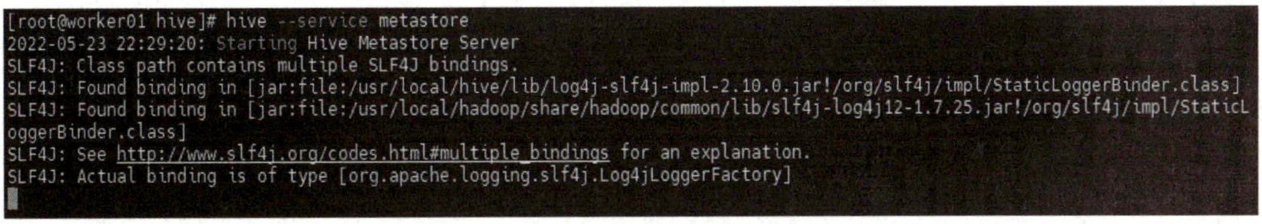

图 8-11　在 worker01 节点开启 Hive 服务

② 在 master01 节点启动 Hive，如图 8-12 所示。master01 作为客户端，在 master01 节点执行以下命令启动 Hive 服务：

```
hive
```

**【小提示】** 启动命令为全小写。

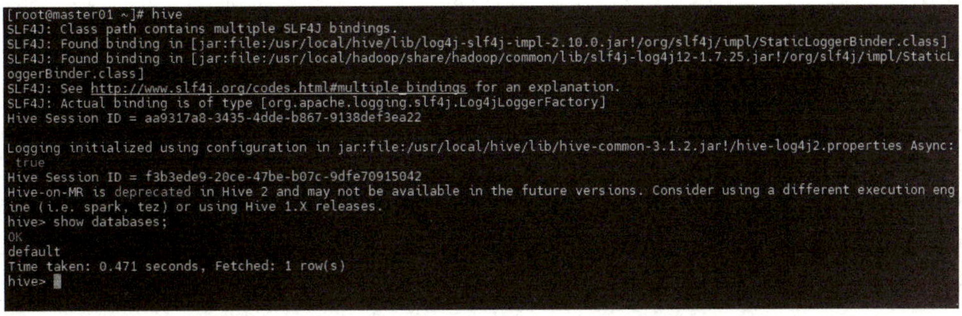

```
[root@master01 ~]# hive
SLF4J: Class path contains multiple SLF4J bindings.
SLF4J: Found binding in [jar:file:/usr/local/hive/lib/log4j-slf4j-impl-2.10.0.jar!/org/slf4j/impl/StaticLoggerBinder.class]
SLF4J: Found binding in [jar:file:/usr/local/hadoop/share/hadoop/common/lib/slf4j-log4j12-1.7.25.jar!/org/slf4j/impl/StaticL
oggerBinder.class]
SLF4J: See http://www.slf4j.org/codes.html#multiple_bindings for an explanation.
SLF4J: Actual binding is of type [org.apache.logging.slf4j.Log4jLoggerFactory]
Hive Session ID = aa9317a8-3435-4dde-b867-9138def3ea22

Logging initialized using configuration in jar:file:/usr/local/hive/lib/hive-common-3.1.2.jar!/hive-log4j2.properties Async:
 true
Hive Session ID = f3b3ede9-20ce-47be-b07c-9dfe70915042
Hive-on-MR is deprecated in Hive 2 and may not be available in the future versions. Consider using a different execution eng
ine (i.e. spark, tez) or using Hive 1.X releases.
hive> show databases;
OK
default
Time taken: 0.471 seconds, Fetched: 1 row(s)
hive>
```

图 8-12　在 master01 节点启动 Hive 服务

③ 在 Hive 客户端下运行 show databases 命令，测试 Hive 是否启动成功，命令如下：

```
hive>show databases;
```

从图 8-12 可以看出，master01 节点作为 Hive 客户端，启动客户端的命令为 hive，运行“show databases”命令，可以正常显示数据仓库中的内容，说明连接 MySQL 成功。

## 任务评价

任务考核评价表

<table>
<tr><td colspan="6">任务名称：部署 Hive 远程模式</td></tr>
<tr><td>班级：</td><td>学号：</td><td colspan="2">姓名：</td><td colspan="2">日期：</td></tr>
<tr><td rowspan="2">评价内容</td><td rowspan="2">评价标准</td><td colspan="2">评价方式</td><td rowspan="2">分值</td><td rowspan="2">得分</td></tr>
<tr><td>小组评价（权重为 0.3）</td><td>导师评价（权重为 0.7）</td></tr>
<tr><td>职业素养</td><td>1）遵守学校管理规定，遵守纪律，按时完成工作任务<br>2）考勤情况<br>3）工作态度积极、勤学好问</td><td></td><td></td><td>20</td><td></td></tr>
<tr><td>专业能力</td><td>1）能够完成 Hive 远程模式部署规划<br>2）能够部署 Hive 远程模式<br>3）能够正常启动 Hive MetaStore 服务和 Hive 客户端服务</td><td></td><td></td><td>70</td><td></td></tr>
<tr><td>创新能力</td><td>1）能提出新方法或应用新技术等<br>2）其他类型的创新性业绩</td><td></td><td></td><td>10</td><td></td></tr>
<tr><td>总分合计</td><td colspan="5"></td></tr>
<tr><td>指导教师综合评语</td><td colspan="5">指导教师签名：　　　　　　　　日期：</td></tr>
</table>

## 拓展小课堂

守正创新，推进大数据基础软件的国产化替代：近年来，随着大数据产业的快速发展和应用层、基础层软件的不断进步，Hadoop 这种实现复杂、技术进步缓慢的技术不断面临挑战，各种替代技术层出不穷。尤其在国家发力新基建、培育高质量发展新动能之际，数据仓库作为信息基础设施之一，其重要性不言而喻。国家要求科技企业抓住网络发展前沿技术和具有国际竞争力的关键核心技术的突破口，加快推进国内自主可信替代方案，构建安全、自主的信息技术应用创新体系。大数据基础软件本地化换代加速，在 2019 年全球 OLTP 数据库权威测试 TPC-C 中，OceanBase 数据库“一举夺冠”，不仅打破 Oracle 维持 9 年的世界纪录，也让更多人认识到国产数据库的发展水平。由此可以看出，虽然国产数据库和数据仓库技术的起步较晚，并且面临重重困难，但是自主创新发展的道路永远不会停止。

## 单元总结

本单元的主要任务是深入理解 Hive 的 3 种不同安装和部署方式及区别。分别完成 Hive 本地模式和远程模式的安装部署。掌握在不同的安装模式下，Hive 的启动和访问方法。通过本单元的学习，学生可以理解 Hive 和 Hadoop 的依赖关系，能够自主完成 Hive 的部署规划和安装，并具备 Hive 的启动和访问操作能力。

## 在线测试

### 一、单选题

1．Hive 的分布式数据存储依赖的框架是（　　）。

A．MapReduce　　B．HDFS

C．HBase　　D．MySQL

2．Hive 的内嵌模式部署方式使用的元数据库是（　　）。

A．MySQL　　B．HBase　　C．Derby　　D．Hadoop

3．在安装部署 Hive 时，需要在（　　）文件中配置和修改信息。

A．default.xml　　B．hive-site.xml

C．hive-default.xml　　D．core-site.xml

4．下列关于 Hive 与传统关系型数据库的比较，说法错误的是（　　）。

A．Hive 的查询语言为 HQL，传统关系型数据库的查询语言为 SQL 型

B．Hive 的数据存储在 HDFS 上，传统关系型数据库的数据一般存储在本地文件系统中

C．Hive 任务执行延迟低，传统关系型数据库查询任务执行延迟高

D．Hive 表无索引，传统关系型数据库带索引

### 二、多选题

1．Hive 中主要包含两类数据，分别是（　　）。

A．分布式数据　　B．业务数据　　C．元数据　　D．部署数据

2．启动 Hive 客户端和 Hive 服务器分别执行的命令是（　　）。

A．hive　　B．hive-service metastore

C．start-hive　　D．start-hive.sh

3．下列是 Hive 的部署模式的是（　　）。

A．本地部署模式　　B．远程部署模式

C．内嵌模式　　D．完全分布式模式

### 三、判断题

1．Hive 数据仓库可以脱离 Hadoop 独立运行。　　（　　）

2．Hive 的 MetaStore 存储的是 Hive 表中的数据。（ ）

## 技能训练

已知有 3 个节点的 Hadoop 集群，如何基于这个集群进行 Hive 远程模式的部署呢？请给出部署规划，并写出部署步骤。

# 单元 9　Spark 计算框架部署

## 学习目标

通过本单元的学习，学生应了解 Spark 的常用计算框架，了解不同计算框架的调度模式，掌握 Spark 的部署操作方法，培养学生部署 Spark 集群的技能及实操动手的能力。

## 知识图谱

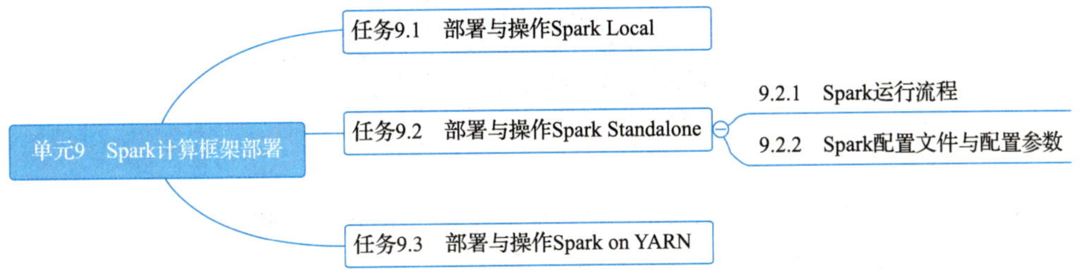


## 任务 9.1　部署与操作 Spark Local

### 任务情境

**【任务场景】**

经理：小张，现在我们的业务压力很大，MapReduce 任务经常很长时间处理不完。有什么方法解决吗?

小张：根据业务分析，Spark 非常适合我们的计算任务，它通过使用内存进行持久化存储和计算，避免了磁盘上的中间数据的存储过程，将计算速度提高了数百倍。并且，Spark 的流式计算也能解决我们的实时业务。

经理：那你研究一下，给我们演示一下吧。

小张：好的，我搭建一个验证环境。

**【任务布置】**

搭建 Spark Local 环境，并运行 Spark。

## 知识准备

下面介绍 Spark 的原理与体系架构。

Apache Spark 是一种多语言引擎，用于在单节点机器或集群上执行数据工程、数据科学和机器学习。它提供了 Java、Scala、Python 和 R 中的高级 API，以及支持通用执行图的优化引擎。它还支持一组丰富的更高级别的工具，包括星火 SQL（用于 SQL 和结构化数据的处理）、MLlib 机器学习、GraphX（用于图形处理），以及结构化流的增量计算和流处理。Apache Spark 通过使用内存进行持久化存储和计算，避免了磁盘上的中间数据存储过程，将计算速度提高了数百倍。

通常当需要处理的数据量超过了单机尺度（如我们的计算机有 4GB 的内存，而需要处理 100GB 以上的数据）时，可以选择 Spark 集群进行计算，有时可能需要处理的数据量并不大，但是计算很复杂，需要大量的时间，这时也可以选择利用 Spark 集群强大的计算资源，并行化地计算，Spark 计算框架如图 9-1 所示。

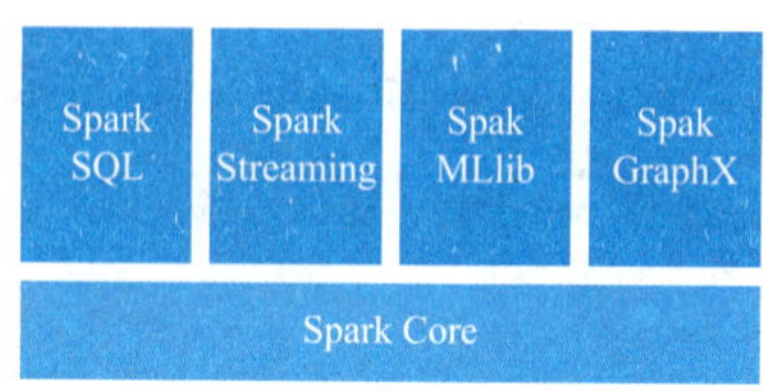


图 9-1 Spark 计算框架

1）Spark Core：包含 Spark 的基本功能，尤其是定义 RDD（resilient distributed datasets，弹性分布式数据集）的 API、操作及这两者上的动作。其他 Spark 的库都是构建在 RDD 和 Spark Core 之上的。

2）Spark SQL：提供通过 Apache Hive 的 SQL 变体（HQL）及与 Spark 进行交互的 API。每个数据库表被当作一个 RDD，Spark SQL 查询被转换为 Spark 操作。

3）Spark Streaming：对实时数据流进行处理和控制。Spark Streaming 允许程序能够像普通 RDD 一样处理实时数据。

4）MLlib：一个常用机器学习算法库，算法被实现为对 RDD 的 Spark 操作。这个库包含可扩展的学习算法，如分类、回归等需要对大量数据集进行迭代的操作。

5）GraphX：控制图、并行图操作和计算的一组算法和工具的集合。GraphX 扩展了 RDD API，包括控制图、创建子图、访问路径上所有顶点的操作。

Local 模式即单机模式，用单机的多个线程来模拟 Spark 分布式计算，如果在命令语句中不加任何配置，则默认是 Local 模式，在本地运行。这也是部署、设置最简单的一种模式。通常这种模式用来验证开发出来的应用程序逻辑，便于调试。其中，$N$ 代表可以使用 $N$ 个线程，每个线程拥有一个 core。如果不指定 $N$，则默认是 1 个线程（该线程有 1 个 core）；如果是 local[*]，则代表其工作线程数与计算机上的逻辑内核数相同。

## 任务实施

部署与操作 Spark local

**【工作流程】**

1）准备操作系统。

2）部署 Spark Local。

3）验证 Spark Local。

**【操作步骤】**

1）准备操作系统。本次进行单台服务器上的 Spark Local 部署。

① 安装操作系统。首先安装 CentOS 7.×操作系统。操作系统的安装不是本单元的重点，不进行介绍。

② 配置 IP 地址。通过“ip a”命令查看网卡，并对需要使用网络的设备配置 IP 地址，命令如下：

```
[root@localhost ~]# ip a
1: lo: <LOOPBACK,UP,LOWER_UP> mtu 65536 qdisc noqueue state UNKNOWN group default qlen 1000
    link/loopback 00:00:00:00:00:00 brd 00:00:00:00:00:00
    inet 127.0.0.1/8 scope host lo
       valid_lft forever preferred_lft forever
    inet6 ::1/128 scope host
       valid_lft forever preferred_lft forever
2: ens192: <BROADCAST,MULTICAST,UP,LOWER_UP> mtu 1500 qdisc mq state UP group default qlen 1000
    link/ether 00:50:56:8c:2d:68 brd ff:ff:ff:ff:ff:ff
    inet 192.168.137.214/24 brd 192.168.137.255 scope global ens192
       valid_lft forever preferred_lft forever
    inet6 fe80::250:56ff:fe8c:2d68/64 scope link
       valid_lft forever preferred_lft forever
```

上述命令中的 ens192 是我们需要使用的网口。

为 ens192 配置 IP 地址，命令如下：

```
[root@localhost ~]# vim /etc/sysconfig/network-scripts/ifcfg-ens192
TYPE=Ethernet
PROXY_METHOD=none
BROWSER_ONLY=no
BOOTPROTO=static
DEFROUTE=yes
IPV4_FAILURE_FATAL=no
IPV6INIT=no
IPV6_AUTOCONF=no
IPV6_DEFROUTE=no
IPV6_FAILURE_FATAL=no
IPV6_ADDR_GEN_MODE=stable-privacy
```

```
NAME=ens192
DEVICE=ens192
ONBOOT=yes
IPADDR=192.168.137.211
NETMASK=255.255.255.0
GATEWAY=192.168.137.1
```

重启网络使配置生效，命令如下：

```
[root@localhost ~]# systemctl restart network
```

③ 禁用 SELinux。修改/etc/selinux/config，并重启操作系统使修改生效，命令如下：

```
[root@localhost ~]# vim /etc/selinux/config
# This file controls the state of SELinux on the system.
# SELINUX= can take one of these three values:
#     enforcing - SELinux security policy is enforced.
#     permissive - SELinux prints warnings instead of enforcing.
#     disabled - No SELinux policy is loaded.
SELINUX=disabled        //修改为disabled
# SELINUXTYPE= can take one of three values:
#     targeted - Targeted processes are protected,
#     minimum - Modification of targeted policy. Only selected processes are
protected.
#     mls - Multi Level Security protection.
SELINUXTYPE=targeted
[root@localhost ~]# reboot
```

④ 关闭防火墙，命令如下：

```
[root@master01 ~]# systemctl stop firewalld
```

2）部署 Spark Local。

① 配置 Java 环境。安装 Java 8 版本的 openjdk，所有节点都要安装，命令如下：

```
[root@master01 ~]# yum install -y java-1.8.0-openjdk*
```

JAVA_HOME 目录为“/usr/lib/jvm/java”。

② 下载并解压 Spark 安装包。下载 spark-3.2.0-bin-hadoop3.2.tgz 文件，解压并放到/opt/目录下，命令如下：

```
[root@localhost ~]# tar -zxvf spark-3.2.0-bin-hadoop3.2.tgz
[root@localhost ~]# mv spark-3.2.0-bin-hadoop3.2 /opt/spark
```

③ 为了启动 pyspark，安装 pyspark 客户端，命令如下：

```
[root@localhost ~]# yum install python3
[root@localhost ~]# pip3 install pyspark
```

3）验证 Spark Local。执行 Spark Pi 案例验证 Spark 的运行状态，命令如下：

```
[root@master01 spark]# spark-submit --class org.apache.spark.examples.SparkPi--master local examples/jars/spark-examples*.jar 10
2021-11-30 23:04:53,331 INFO spark.SparkContext: Running Spark version 3.2.0
......
Pi is roughly 3.1415191415191415
......
```

若运行结果为“Pi is roughly 3.1415191415191415”，则表示执行成功。

## 任务评价

任务考核评价表

| 任务名称：部署与操作 Spark Local | | | | | |
|---|---|---|---|---|---|
| 班级： | 学号： | 姓名： | | 日期： | |
| 评价内容 | 评价标准 | 评价方式 | | 分值 | 得分 |
| | | 小组评价（权重为 0.3） | 导师评价（权重为 0.7） | | |
| 职业素养 | 1）遵守学校管理规定，遵守纪律，按时完成工作任务<br>2）考勤情况<br>3）工作态度积极、勤学好问 | | | 20 | |
| 专业能力 | 1）理解 Spark 的计算框架<br>2）能够部署 Spark Local 环境<br>3）能够运行 Spark 任务 | | | 70 | |
| 创新能力 | 1）能提出新方法或应用新技术等<br>2）其他类型的创新性业绩 | | | 10 | |
| 总分合计： | | | | | |
| 指导教师综合评语： | 指导教师签名：　　　　　　　　日期： | | | | |

# 任务 9.2　部署与操作 Spark Standalone

## 任务情境

**【任务场景】**

经理：小张，我看了演示环境，感觉还不错，你来部署一个独立的 Spark 集群吧。我们把一些计算任务迁移上来。

小张：好的，我们可以部署一个独立的 Spark 集群来处理业务。

经理：那你部署一个 3 节点的集群，我们先迁移一些任务来体验一下效果。

小张：好的。

【任务布置】

部署一个 3 节点的 Spark Standalone 集群，并运行验证。

## 知识准备

### 9.2.1 Spark 运行流程

为了在集群上运行，SparkContext 可以连接到多种类型的集群管理器（Spark 自己的独立集群管理器、Mesos、YARN 或 Kubernetes），它们在应用程序之间分配资源。连接后，Spark 会在集群中的节点上获取执行程序，这些进程为应用程序提供运行计算和存储数据的功能。然后，它将应用程序代码（由传递给 SparkContext 的 Jar 或 Python 文件定义）发送到执行程序。最后，SparkContext 将任务发送给执行程序以运行。

SparkContext 的执行架构如图 9-2 所示。

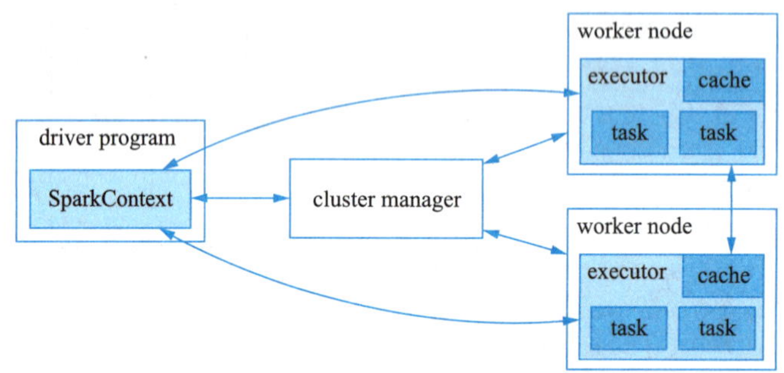


图 9-2　SparkContext 的执行架构

关于这个架构，有以下几个注意事项。

1）每个应用程序都有自己的执行程序进程，这些进程在整个应用程序的持续时间内保持运行并在多个线程中运行任务。这有利于在调度端（每个驱动程序调度自己的任务）和执行端（来自不同应用程序的任务在不同的 JVM 中运行）将应用程序彼此隔离。但是，这也意味着如果不将数据写入外部存储系统，就无法在不同的 Spark 应用程序（SparkContext 的实例）之间共享数据。

2）Spark 与底层集群管理器无关。只要能够获取到 executor 进程，并且这些进程之间相互通信就可以正常运行，如 Spark 可以基于不同的集群管理器（Mesos 或 YARN 等）运行。

3）驱动程序必须在其整个生命周期内侦听并接收来自其执行程序的传入连接。因此，驱动程序必须可从工作节点进行网络寻址。

4）因为驱动程序在集群上调度任务，所以它应该在工作节点附近运行，最好在同一个局域网上。如果想远程向集群发送请求，最好向驱动程序打开 RPC 并让它从附近提交操作，而不是运行远离工作节点的驱动程序。

Spark 中主要包括 5 个组件，即 driver、master、worker、executor 和 task。

1）driver：是一个进程，编写的 Spark 程序运行在 driver 上，由 dirver 进程执行。driver

是作业的主进程，具有 main( )函数，是程序的入口点。driver 进程启动后，向 master 发送请求，进行注册，申请资源，在后面的 executor 启动后，会向 dirver 进行反注册。dirver 注册了 executor 后，正式执行 Spark 程序，读取数据源，创建 rdd 或 dataframe，生成 stage，提交 task 到 executor。

2）master：是一个进程，主要负责资源的调度和分配、集群的监控等。

3）worker：是一个进程，主要有两项功能，一是用自己的内存存储 RDD 的某个或某些 partition，二是启动其他进程和线程，对 RDD 上的 partition 进行处理和计算。

4）executor：是一个进程，一个 executor 执行多个 task，多个 executor 可以并行执行，可以通过 - num-executors 来指定 executor 的数量。但经过测试，executor 最大为集群可用的 CPU 核数减 1，剩下一个核可能是用来作为 master 的。另外，如果 master 为 YARN，则实际可用 CPU 核数为 YARN 的虚拟核数，可以通过 yarn.nodemanager.resource.cpu-vcores 设定，虚拟核数可以大于物理核数。

5）task：是一个线程，具体的 Spark 任务是在 task 上运行的，某些并行的计算，有多少个分区就有多少个 task，但是有些计算如 take 这样的就只有一个 task。

Spark 运行的详细流程如图 9-3 所示。

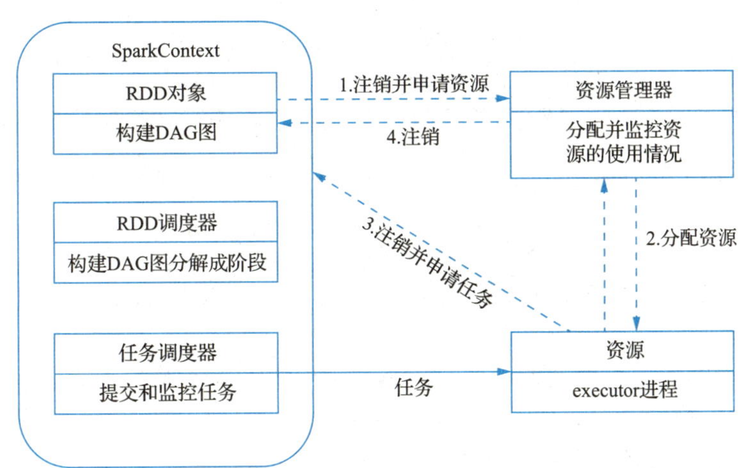


图 9-3　Spark 运行的详细流程

当一个 Spark 应用被提交时，首先需要为这个应用构建基本的运行环境，即由任务控制节点（driver）创建一个 SparkContext，由 SparkContext 负责和资源管理器的通信，以及进行资源的申请、任务的分配和监控等。SparkContext 会向资源管理器注册并申请运行 executor 的资源。

资源管理器为 executor 分配资源，并启动 executor 进程，executor 的运行情况将随着“心跳”发送到资源管理器上。

SparkContext 根据 RDD 的依赖关系构建 DAG 图，DAG 图提交给 DAG 调度器进行解析，将 DAG 图分解成多个“阶段”（每个阶段都是一个任务集），并计算出各阶段之间的依赖关系，然后把一个个“任务集”提交给底层的任务调度器进行处理；executor 向 SparkContext 申请任务，任务调度器将任务分发给 executor 运行，同时，SparkContext 将应用程序代码发放给 executor。

任务在 executor 上运行，把执行结果反馈给任务调度器，然后反馈给 DAG 调度器，运行完毕后写入数据并释放所有的资源。

Spark 常用术语如表 9-1 所示。

表 9-1　Spark 常用术语

| 术语 | 描述 |
| --- | --- |
| Application | 基于 Spark 构建的用户程序，由集群上的驱动程序和执行程序组成 |
| Application jar | 包含用户的 Spark 应用程序的 jar。在某些情况下，用户会想要创建一个“uber jar”，其中包含它们的应用程序及其依赖项。用户的 jar 不应包含 Hadoop 或 Spark 库，但是，这些将在运行时添加 |
| driver program | 运行应用程序的 main( )函数并创建 SparkContext 的过程 |
| cluster manager | 用于获取集群资源的外部服务（如独立管理器、Mesos、YARN、Kubernetes） |
| deploy mode | 区分驱动程序进程运行的位置。在集群模式下，框架在集群内启动驱动程序；在客户端模式下，提交者在集群外启动驱动程序 |
| worker node | 任何可以在集群中运行应用程序代码的节点 |
| executor | 为工作节点上的应用程序启动的进程，该进程运行任务并将数据保存在内存或磁盘存储中。每个应用程序都有自己的执行程序 |
| task | 将发送给一个执行者的工作单元 |
| job | 由多个任务组成的并行计算，这些任务响应 Spark 操作（如 save、collect）；会在驱动程序日志中看到这个术语 |
| stage | 每个作业被分成更小的任务集，称为阶段，这些任务相互依赖（类似于 MapReduce 中的 Map 和 Reduce 阶段）；会在驱动程序日志中看到这个术语 |

## 9.2.2　Spark 配置文件与配置参数

Spark 提供了以下 3 种方法来配置系统。

1）Spark 属性控制大多数应用程序的参数，可以使用 SparkConf 对象或通过 Java 系统属性进行设置。

2）可以通过每个节点上的 conf/spark-env.sh 脚本文件配置环境变量。

3）日志记录可以通过 log4j.properties 来配置。Spark 属性控制大多数应用程序的设置，并为每个应用程序单独配置。

这些属性可以直接在 SparkConf 中设置并传递给 SparkContext。SparkConf 提供了 set( ) 方法用于配置一些通用属性，如主 URL 和应用程序名称等。例如，使用 Spark Standalone 运行应用程序，命令如下：

```
val conf=new SparkConf()
           .setMaster("spark://×.×.×.×:7077")
           .setAppName("CountingSheep")
val sc=new SparkContext(conf)
```

请注意，命令中的“spark://×.×.×.×:7077”是 Spark Master 的服务地址，默认端口为 7077。

Spark Shell 和 spark-submit 工具支持两种动态加载配置的方式。第一个是命令行参数，如--master，如下所示。spark-submit 可以使用该--conf/-c 标志接收任何 Spark 属性，但对在启动 Spark 应用程序中起作用的属性使用特殊标志。运行 spark-submit --help 将显示这些选项的完整列表。

```
[root@master01 ~]# spark-submit --name "My app" --master
spark://×.×.×.×:7077
    --conf spark.eventLog.enabled=false
    --conf "spark.executor.extraJavaOptions=-××:+PrintGCDetailss" myApp.jar
```

spark-submit 还将从配置文件 conf/spark-defaults.conf 中读取配置选项，其中每一行由一个键和一个由空格分隔的值组成。举例说明，命令如下：

```
spark.master            spark://×.×.×>×:7077
spark.executor.memory   4g
spark.eventLog.enabled  true
spark.serializer        org.apache.spark.serializer.KryoSerializer
```

任何命令行参数或属性文件中的参数值都将传递给应用程序并与 SparkConf 指定的值合并。直接在 SparkConf 上设置的参数具有最高优先级，其次是命令行中传递给 spark-submit 或 spark-shell 的参数，最后是 spark-defaults.conf 文件中的选项。

Spark 属性主要可以分为两种：一种是和 deploy 相关的，如 spark.driver.memory、spark.executor.instances，这类属性在 Spark 运行时通过编程设置时会不起作用，其值取决于选择的集群管理器和部署模式，因此建议通过配置文件或 spark-submit 命令行选项进行设置；另一种主要是关于 Spark 运行时的控制，如 spark.task.maxFailures，这种属性可以任意设置。

Spark 常用配置参数如表 9-2 所示。

表 9-2　Spark 常用配置参数

| 配置项 | 配置内容 | 说明 |
|---|---|---|
| spark.app.name | (none) | 应用程序名称 |
| spark.driver.cores | 1 | 在集群模式下，驱动程序进程的核心数 |
| spark.driver.maxResultSize | 1g | Spark 的 action 操作处理后的所有分区的序列化结果的总字节大小 |
| spark.driver.memory | 1g | 驱动程序进程的内存配置 |
| spark.executor.cores | 1 | 在 YARN 模式下每个执行器上使用的核心数，在独立模式下使用的所有核心 |
| spark.executor.memory | 1g | 执行程序进程使用的内存配置 |
| spark.shuffle.compress | true | 是否压缩 Map 输出文件 |
| spark.shuffle.file.buffer | 32k | 每个 shuffle 文件输出流的内存缓冲区大小 |

要使用启动脚本启动 Spark 独立集群，应该在 Spark 目录中创建一个名为 conf/workers 的文件，该文件必须包含启动 Spark 工作程序的所有机器的主机名，每行一个。如果 conf/workers 不存在，则启动脚本默认为单台机器（localhost），这对测试很有用。请注意，主机通过 SSH 访问每个工作机。默认情况下，SSH 并行运行，需要设置为无密码（使用私钥）访问。如果没有设置为无密码，则可以设置环境变量 SPARK_SSH_FOREGROUND 并为每个工作人员连续提供密码。

设置此文件后，可以使用以下 Shell 脚本启动或停止集群，为了和 Hadoop 集群启动命令等区分开，建议在 SPARK_HOME/sbin 目录下使用以下命令。

1）sbin/start-master.sh -：在执行脚本的机器上启动主实例。

2）sbin/start-workers.sh-：在 conf/workers 文件中指定的每台机器上启动一个工作实例。

3）sbin/start-worker.sh -：在执行脚本的机器上启动一个工作实例。

4）sbin/start-all.sh -：启动一个主节点和多个工作节点。

5）sbin/stop-master.sh-：停止通过 sbin/start-master.sh 脚本启动的 Master。

6）sbin/stop-worker.sh -：停止执行脚本机器上的所有工作实例。

7）sbin/stop-workers.sh-：停止 conf/workers 文件中指定机器上的所有工作实例。

8）sbin/stop-all.sh -：停止主节点和工作节点。

请注意，这些脚本必须在想要运行 Spark Master 的机器上执行，而不是在本地从节点机器上执行。

## 任务实施

【工作流程】

部署与操作 Spark Standalone

1）部署 Spark Standalone 架构。

2）准备操作系统。

3）部署 Spark Standalone 集群。

4）启动 Spark Standalone 集群。

5）验证 Spark Standalone 集群。

【操作步骤】

1）部署 Spark Standalone 架构，如表 9-3 所示。本次部署 3 节点 Spark Standalone，1 个 Master 节点、2 个 Worker 节点。

表 9-3 部署 Spark Standalone 架构

| 节点类型 | 节点名称 | IP 地址 | 组件 |
|---|---|---|---|
| Master | master01 | 192.168.137.214 | Master |
| Worker | worker01 | 192.168.137.215 | Worker |
| Worker | worker02 | 192.168.137.216 | Worker |

2）准备操作系统。

① 安装操作系统。首先安装 CentOS 7.×操作系统，操作系统安装不是本单元的重点，不进行介绍。

② 配置 IP 地址。在所有节点执行此操作，通过“ip a”命令查看网卡，并对需要使用的网络设备配置 IP 地址，命令如下：

```
[root@localhost spark]# ip a
1: lo: <LOOPBACK,UP,LOWER_UP> mtu 65536 qdisc noqueue state UNKNOWN group
default qlen 1000
    link/loopback 00:00:00:00:00:00 brd 00:00:00:00:00:00
    inet 127.0.0.1/8 scope host lo
       valid_lft forever preferred_lft forever
    inet6 ::1/128 scope host
```

```
        valid_lft forever preferred_lft forever
    2: ens192: <BROADCAST,MULTICAST,UP,LOWER_UP> mtu 1500 qdisc mq state UP group
default qlen 1000
        link/ether 00:50:56:8c:2d:68 brd ff:ff:ff:ff:ff:ff
        inet 192.168.137.214/24 brd 192.168.137.255 scope global ens192
          valid_lft forever preferred_lft forever
        inet6 fe80::250:56ff:fe8c:2d68/64 scope link
          valid_lft forever preferred_lft forever
```

其中，ens192 是我们需要使用的网口，根据规划的 IP 地址配置到操作系统中。为 ens192 配置 IP 地址，命令如下：

```
[root@localhost ~]# vim /etc/sysconfig/network-scripts/ifcfg-ens192
//配置 IP 地址
TYPE=Ethernet
PROXY_METHOD=none
BROWSER_ONLY=no
BOOTPROTO=static                //设置为配置静态 IP 地址
DEFROUTE=yes
IPV4_FAILURE_FATAL=no
IPV6INIT=no
IPV6_AUTOCONF=no
IPV6_DEFROUTE=no
IPV6_FAILURE_FATAL=no
IPV6_ADDR_GEN_MODE=stable-privacy
NAME=ens192
DEVICE=ens192
ONBOOT=yes                      //设置为开机启动
IPADDR=192.168.137.211          //配置 IP 地址
NETMASK=255.255.255.0           //配置子网掩码
GATEWAY=192.168.137.1           //配置网关设备
```

重启网络使配置生效，命令如下：

```
[root@localhost ~]# systemctl restart network
```

③ 配置 SSH 免密登录。在 master01 节点执行此操作，生成密钥，命令如下：

```
[root@localhost ~]# ssh-keygen -t rsa
Generating public/private rsa key pair.
Enter file in which to save the key (/root/.ssh/id_rsa):    //按 Enter 键
Created directory '/root/.ssh'.
Enter passphrase (empty for no passphrase):                 //按 Enter 键
Enter same passphrase again:                                //按 Enter 键
Your identification has been saved in /root/.ssh/id_rsa.
Your public key has been saved in /root/.ssh/id_rsa.pub.
The key fingerprint is:
```

```
SHA256:oc9rWcLlhTO/G90LmXDEDqiSz3hGYgvlVZnEpLU93X0
root@localhost.localdomain
The key's randomart image is:
+---[RSA 2048]----+
|        +=o      |
|        +++ o . .|
|     . o.o=+ .E|
|    o o...= *   .|
|   . *.+So * o   |
|    o Ooo o +.o. |
|     o =o+  .=. .|
|      o o.  ... .|
|        ..  .. . |
+----[SHA256]-----+
```

将本机的公钥复制到本机和远程机器的 authorized_keys 文件中，命令如下：

```
[root@localhost ~]# ssh-copy-id 192.168.137.214
//创建到本机 master01 的免密登录
/usr/bin/ssh-copy-id: INFO: Source of key(s) to be installed:
"/root/.ssh/id_rsa.pub"
The authenticity of host '192.168.137.214 (192.168.137.214)' can't be
established.
ECDSA key fingerprint is SHA256:QGn+COJdxymOCCBM1Pso3+IiZL7ngwSVqMCESzL+
Xy8.
ECDSA key fingerprint is MD5:06:ef:e1:1b:04:94:ce:b5:5c:df:25:00:02:d2:01:
1b.
Are you sure you want to continue connecting (yes/no)? yes  //输入 yes
/usr/bin/ssh-copy-id: INFO: attempting to log in with the new key(s), to filter
out any that are already installed
/usr/bin/ssh-copy-id: INFO: 1 key(s) remain to be installed -- if you are
prompted now it is to install the new keys
root@192.168.137.214's password:    //输入对端节点的密码

Number of key(s) added: 1

Now try logging into the machine, with:   "ssh '192.168.137.214'"
and check to make sure that only the key(s) you wanted were added.
[root@localhost ~]# ssh-copy-id 192.168.137.215  //创建到 worker01 的免密登录
/usr/bin/ssh-copy-id: INFO: Source of key(s) to be installed: "/root/.ssh/
id_rsa.pub"
The authenticity of host '192.168.137.215 (192.168.137.215)' can't be
established.
ECDSA key fingerprint is SHA256:QGn+COJdxymOCCBM1Pso3+IiZL7ngwSVqMCESzL+
Xy8.
```

```
ECDSA key fingerprint is MD5:06:ef:e1:1b:04:94:ce:b5:5c:df:25:00:02:d2:01:1b.
Are you sure you want to continue connecting (yes/no)? yes   //输入 yes
/usr/bin/ssh-copy-id: INFO: attempting to log in with the new key(s), to filter out any that are already installed
/usr/bin/ssh-copy-id: INFO: 1 key(s) remain to be installed -- if you are prompted now it is to install the new keys
root@192.168.137.215's password:    //输入对端节点的密码

Number of key(s) added: 1

Now try logging into the machine, with:   "ssh '192.168.137.215'"
and check to make sure that only the key(s) you wanted were added.
[root@localhost ~]# ssh-copy-id 192.168.137.216  //创建到 worker02 的免密登录
/usr/bin/ssh-copy-id: INFO: Source of key(s) to be installed: "/root/.ssh/id_rsa.pub"
The authenticity of host '192.168.137.216 (192.168.137.216)' can't be established.
ECDSA key fingerprint is SHA256:QGn+COJdxymOCCBM1Pso3+IiZL7ngwSVqMCESzL+Xy8.
ECDSA key fingerprint is MD5:06:ef:e1:1b:04:94:ce:b5:5c:df:25:00:02:d2:01:1b.
Are you sure you want to continue connecting (yes/no)? yes   //输入 yes
/usr/bin/ssh-copy-id: INFO: attempting to log in with the new key(s), to filter out any that are already installed
/usr/bin/ssh-copy-id: INFO: 1 key(s) remain to be installed -- if you are prompted now it is to install the new keys
root@192.168.137.216's password:    //输入对端节点的密码

Number of key(s) added: 1

Now try logging into the machine, with:   "ssh '192.168.137.216'"
and check to make sure that only the key(s) you wanted were added.
```

④ 配置主机名及编写 hosts 文件。以 master01 节点为例配置主机名，其他节点的配置类似，命令如下：

```
[root@localhost ~]# hostnamectl set-hostname master01
[root@localhost ~]# hostname  //查看主机名
master01
```

配置完主机名后，退出后重新登录即可显示主机名。

在 master01 节点配置 hosts 文件，命令如下：

```
[root@master01 ~]# vim /etc/hosts
```

```
127.0.0.1   localhost localhost.localdomain localhost4 localhost4.localdomain4
::1         localhost localhost.localdomain localhost6 localhost6.localdomain6
192.168.137.214 master01
192.168.137.215 worker01
192.168.137.216 worker02
```

执行以下命令，将 master01 节点的 hosts 文件分发给 worker01 和 worker02 节点。

```
[root@master01~]# scp /etc/hosts 192.168.137.215:/etc/hosts
[root@master01 ~]# scp /etc/hosts 192.168.137.216:/etc/hosts
```

至此，我们在集群中可以通过主机名访问节点。

⑤ 禁用 SELinux。在所有节点执行此操作，修改/etc/selinux/config，并重启操作系统使配置生效，命令如下：

```
[root@master01 ~]# vim /etc/selinux/config
# This file controls the state of SELinux on the system.
# SELINUX= can take one of these three values:
#     enforcing - SELinux security policy is enforced.
#     permissive - SELinux prints warnings instead of enforcing.
#     disabled - No SELinux policy is loaded.
SELINUX=disabled        //修改为disabled
# SELINUXTYPE= can take one of three values:
#     targeted - Targeted processes are protected,
#     minimum - Modification of targeted policy. Only selected processes are
protected.
#     mls - Multi Level Security protection.
SELINUXTYPE=targeted
[root@master01 ~]# reboot
```

⑥ 关闭防火墙，在所有节点执行此操作，命令如下：

```
[root@master01 ~]# systemctl stop firewalld
```

配置时间同步服务。在 master01 节点配置时间同步服务器端，命令如下：

```
[root@master01 ~]# vim /etc/chrony.conf
server master01 iburst
#配置本机作为时间源,如可联网,配置互联网时间服务器更新时间
driftfile /var/lib/chrony/drift
makestep 1.0 3
rtcsync
allow 192.168.137.0/24        //允许本网段的客户端同步时间
local stratum 10              //允许本地同步
logdir /var/log/chrony
```

重启并检查时间服务器的状态，命令如下：

```
[root@master01 ~]# systemctl restart chronyd
[root@master01 ~]# chronyc sources -v
210 Number of sources=1

  .-- Source mode  '^'=server, '='=peer, '#'=local clock.
 / .- Source state '*'=current synced, '+'=combined , '-'=not combined,
| /   '?'=unreachable, 'x'=time may be in error, '~'=time too variable.
||                                                 .- xxxx [ yyyy ] +/- zzzz
||      Reachability register (octal) -.           |  xxxx=adjusted offset,
||      Log2(Polling interval) --.      |          |  yyyy=measured offset,
||                                \     |          |  zzzz=estimated error.
||                                 |    |           \
MS Name/IP address         Stratum Poll Reach LastRx Last sample
===============================================================================
^* master01                     10   6     7     2    -14ns[-2829ns] +/- 7134ns
```

将其他节点的时间服务器配置为 master01，命令如下：

```
[root@worker01 ~]# vim /etc/chrony.conf
server master01 iburst
driftfile /var/lib/chrony/drift
makestep 1.0 3
rtcsync
logdir /var/log/chrony
```

重启并检查是否可更新时间，命令如下：

```
[root@worker01 ~]# systemctl restart chronyd
[root@worker01 ~]# chronyc sources -v
210 Number of sources=1

  .-- Source mode  '^'=server, '='=peer, '#'=local clock.
 / .- Source state '*'=current synced, '+'=combined , '-'=not combined,
| /   '?'=unreachable, 'x'=time may be in error, '~'=time too variable.
||                                                 .- xxxx [ yyyy ] +/- zzzz
||      Reachability register (octal) -.           |  xxxx=adjusted offset,
||      Log2(Polling interval) --.      |          |  yyyy=measured offset,
||                                \     |          |  zzzz=estimated error.
||                                 |    |           \
MS Name/IP address         Stratum Poll Reach LastRx Last sample
===============================================================================
^* master01                     11   6    17    17   +708ns[  +40us] +/-  546us
```

3）部署 Spark Standalone 集群。

① 配置 Java 环境。所有节点安装 Java 8 版本的 openjdk，命令如下：

```
[root@master01 ~]# yum install -y java-1.8.0-openjdk*
```

JAVA_HOME 目录为 "/usr/lib/jvm/java"。

② 下载并解压 Spark 安装包。在 master01 节点上，下载 spark-3.2.0-bin-hadoop3.2.tgz 文件，解压并放到/opt/目录下，命令如下：

```
[root@localhost ~]# tar -zxvf spark-3.2.0-bin-hadoop3.2.tgz
[root@localhost ~]# mv spark-3.2.0-bin-hadoop3.2 /opt/spark
```

③ 修改 Spark 配置文件。在 master01 节点修改 spark-defaults.conf，命令如下：

```
[root@master01 ~]# vim /opt/spark/conf/spark-defaults.conf
spark.master                    spark://master01:7077
```

④ 将配置文件分发到其他机器。在 master01 节点上通过 spc 分发 Spark 安装配置文件，命令如下：

```
[root@master01 ~]# scp -r /opt/spark worker01:/opt
[root@master01 ~]# scp -r /opt/spark worker02:/opt
```

⑤ 配置执行 Spark 的环境变量。在 master01 节点启动 Spark 任务，在 master01 节点配置 profile 文件，命令如下：

```
[root@master01 ~]# vim /etc/profile
SPARK_HOME=/opt/spark
SPARK_CONF_dir=$SPARK_HOME/conf
export PATH=$PATH:$SPARK_HOME/bin
[root@master01 ~]# source /etc/profile
```

4）启动 Spark Standalone 集群。

启动 Spark 集群，命令如下：

```
[root@localhost ~]# /opt/spark/sbin/start-all.sh
```

检查各节点的 Spark 运行状态，命令如下：

```
[root@master01 ~]# jps
4152 Master
5420 Jps
[root@worker01 ~]# jps
7355 Worker
7758 Jps
[root@worker02 ~]# jps
10116 Worker
10517 Jps
```

5）验证 Spark Standalone 集群。执行 Spark Pi 案例验证 Spark 的运行状态，命令如下：

```
[root@master01 ~]# /opt/spark/bin/run-example Spark Pi 10
21/12/01 01:46:38 WARN NativeCodeLoader: Unable to load native-hadoop library
for your platform... using builtin-java classes where applicable
```

```
Using Spark's default log4j profile: org/apache/spark/log4j-defaults.properties
......
Pi is roughly 3.142883142883143
......
```

运行结果为“Pi is roughly 3.142883142883143”，表示执行成功。

通过 Web UI 可以查看刚执行的任务“Spark Pi”，任务状态为“FINISHED”，如图 9-4 所示。

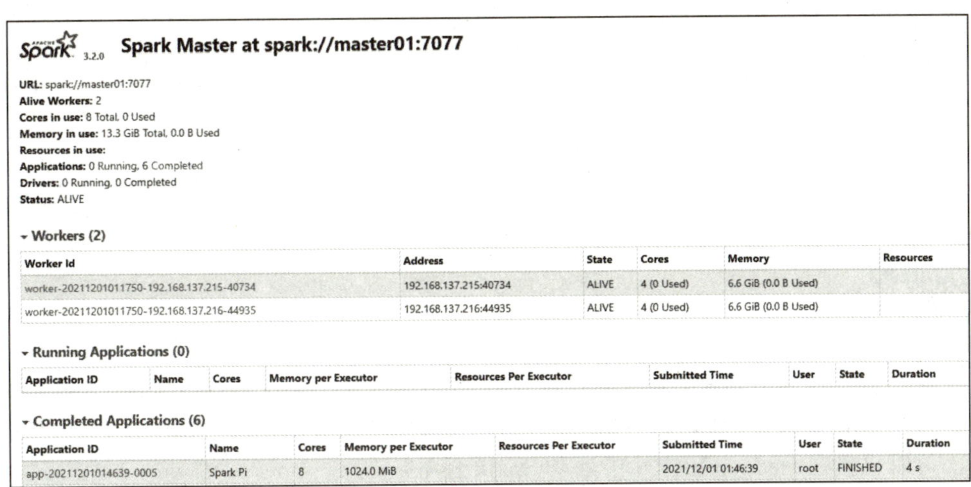


图 9-4　通过 Web UI 查看 Spark 的执行结果

## 任务评价

任务考核评价表

<table>
<tr><td colspan="6">任务名称：部署与操作 Spark Standalone</td></tr>
<tr><td>班级：</td><td>学号：</td><td colspan="2">姓名：</td><td colspan="2">日期：</td></tr>
<tr><td rowspan="2">评价内容</td><td rowspan="2">评价标准</td><td colspan="2">评价方式</td><td rowspan="2">分值</td><td rowspan="2">得分</td></tr>
<tr><td>小组评价（权重为 0.3）</td><td>导师评价（权重为 0.7）</td></tr>
<tr><td>职业素养</td><td>1）遵守学校管理规定，遵守纪律，按时完成工作任务<br>2）考勤情况<br>3）工作态度积极、勤学好问</td><td></td><td></td><td>20</td><td></td></tr>
<tr><td>专业能力</td><td>1）理解 Spark Standalone 的框架<br>2）能够部署 Spark Standalone 集群环境<br>3）能够运行 Spark 任务</td><td></td><td></td><td>70</td><td></td></tr>
</table>

（续表）

| 评价内容 | 评价标准 | 评价方式 | | 分值 | 得分 |
|---|---|---|---|---|---|
| | | 小组评价（权重为0.3） | 导师评价（权重为0.7） | | |
| 创新能力 | 1）能提出新方法或应用新技术等<br>2）其他类型的创新性业绩 | | | 10 | |
| 总分合计 | | | | | |
| 指导教师综合评语 | 指导教师签名：　　　　日期： | | | | |

# 任务 9.3　部署与操作 Spark on YARN

## 任务情境

**【任务场景】**

经理：小张，你把 Spark 集群部署到 Hadoop 集群吧，这样能够充分利用计算资源。

小张：如果将 Spark 部署到 Hadoop 集群，就可以使用 Spark on YARN 模式，在这种模式下，可以直接在 Hadoop YARN 中启动 Spark 任务。

经理：那就部署 Spark on YARN 模式吧。

小张：好的。

**【任务布置】**

配置 Spark on YARN 模式，提交 Spark 任务到 YARN 中，并从 YARN 中查看计算任务。

## 知识准备

下面介绍 Spark on YARN 的安装部署。

Spark on YARN 是工作中或生产上使用较多的一种运行模式，本任务主要讲解在 Hadoop YARN 上启动 Spark。

当在 YARN 上运行 Spark 作业时，每个 Spark executor 作为一个 YARN 容器运行。Spark 可以使多个 tasks 在同一个容器中运行。这是一个很大的优点。

有两种部署模式可用于在 YARN 上启动 Spark 应用程序，即 cluster 模式和 client 模式。

### 1. cluster 模式

YARN-cluster 模式提交任务的流程如图 9-5 所示，流程介绍如下。

1）客户机提交 Application 应用程序，发送请求到 RS（Resource Manager），请求启动 AM（application master）。

2）RS 收到请求后随机在一台 NM（Node Manager）上启动 AM（相当于 driver 端）。

3）AM 启动，AM 发送请求到 RS，请求一批 container 用于启动 executor。

4）RS 返回一批 NM 节点给 AM。

5）AM 连接到 NM，发送请求到 NM 启动 executor。

6）executor 反向注册到 AM 所在的节点的 driver。driver 发送 task 到 executor。

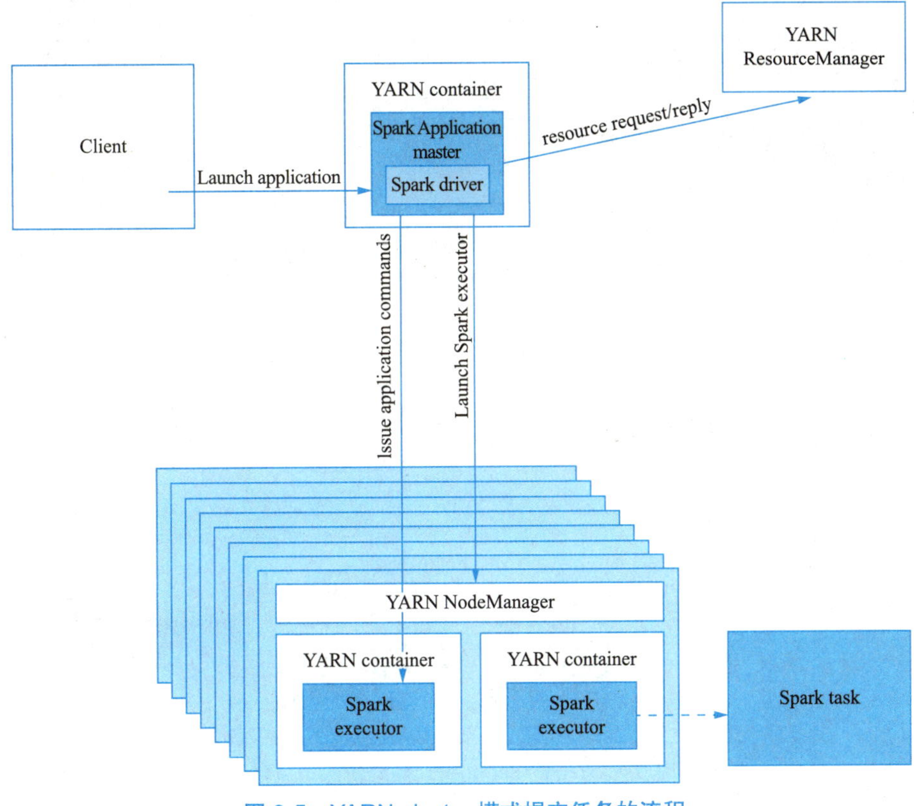


图 9-5　YARN-cluster 模式提交任务的流程

在 cluster 模式下，Spark 驱动程序在 YARN 管理的应用程序的主进程内运行，客户端可以在启动应用程序后离开。cluster 模式主要用于生产环境中，因为 driver 运行在 YARN 集群中的某一台 NodeManager 中，每次提交任务的 driver 所在的机器都是随机的，不会产生某一台机器网卡流量激增的现象；其缺点是任务提交后不能看到日志，只能通过 YARN 查看日志。

### 2. client 模式

YARN-client 模式提交任务的流程如图 9-6 所示，流程介绍如下。

1）客户端提交一个 Application，在客户端启动一个 driver 进程。

2）driver 进程会向 RS 发送请求，启动 AM。

3）RS 收到请求，随机选择一台 NM 启动 AM。这里的 NM 相当于 Standalone 中的 Worker 节点。

4）AM 启动后，会向 RS 请求一批 container 资源，用于启动 executor。

5）RS 会找到一批 NM 返回给 AM，用于启动 executor。AM 会向 NM 发送命令启动 executor。

6）executor 启动后，会反向注册给 driver，driver 发送 task 到 executor，然后将执行情

况和结果返回给 driver 端。

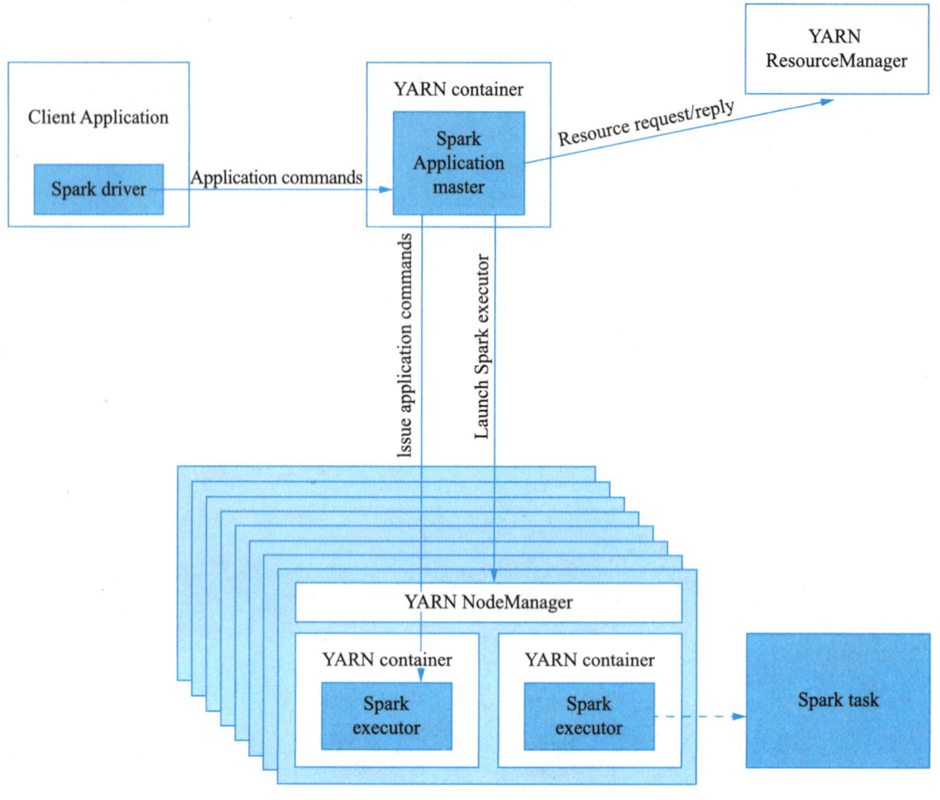


图 9-6 YARN-client 模式提交任务的流程

在 client 模式中，driver 运行在 client 进程中，Application master 只用于向 YARN 请求资源。client 模式适用于测试场景，因为 driver 运行在本地，任务执行后可以直接看到执行结果。但是此模式下，driver 会与 YARN 集群中的 executor 进行大量的通信，会造成客户端网卡流量的大量增加。

在 YARN 上启动 Spark，需要配置 HADOOP_CONF_DIR 或 YARN_CONF_DIR 指向包含 Hadoop 集群配置文件的目录。这些配置用于写入 HDFS 并连接到 YARN ResourceManager。此目录中包含的配置将分发到 YARN 集群，以便应用程序使用的所有容器都使用相同的配置。

与 Spark 支持的其他集群管理器在--master 参数中指定 Master 的地址不同，在 YARN 模式下，ResourceManager 的地址是从 Hadoop 配置中获取的。因此，将--master 参数设为 yarn，或直接修改配置文件 spark-defaults.conf 中的“spark.master”，将模式配置为 yarn。

## 任务实施

【工作流程】

1）检查 Hadoop 环境。

2）在 Hadoop 集群的 Master 节点上部署 Spark。

3）验证 Spark on YARN。

部署与操作 Spark on YARN

**【操作步骤】**

1）检查 Hadoop 环境。我们需要将 Spark 部署在 Hadoop Master 节点上用来提交任务，首先检查已部署的 Hadoop 环境并统计集群信息。Hadoop 环境集群信息如表 9-4 所示。

表 9-4　Hadoop 环境集群信息

| 节点类型 | 节点名称 | IP 地址 | 组件 |
|---|---|---|---|
| Master | master01 | 192.168.137.214 | NameNode<br>SecondaryNameNode<br>ResourceManager |
| Worker | worker01 | 192.168.137.215 | DataNode<br>NodeManager |
| Worker | worker02 | 192.168.137.216 | DataNode<br>NodeManager |

检查 Hadoop 安装目录，命令如下：

```
[root@master01 ~]# echo $HADOOP_HOME
/opt/hadoop
```

使用浏览器访问 master01:9870，可以看到 HDFS 的状态为运行正常，如图 9-7 所示。

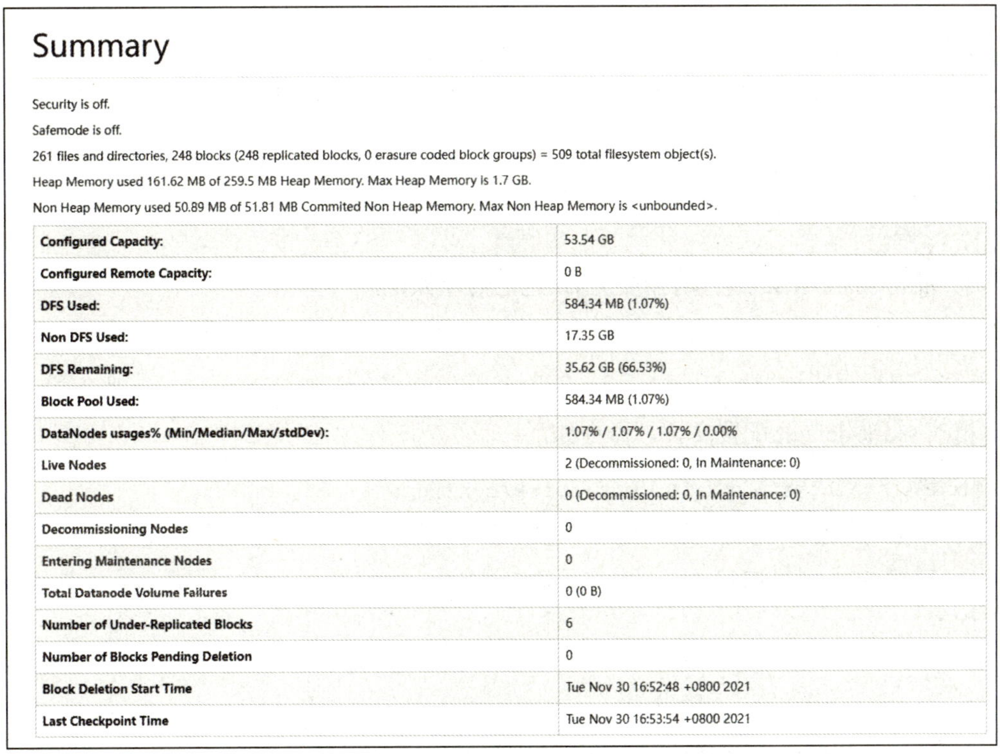

## Summary

Security is off.

Safemode is off.

261 files and directories, 248 blocks (248 replicated blocks, 0 erasure coded block groups) = 509 total filesystem object(s).

Heap Memory used 161.62 MB of 259.5 MB Heap Memory. Max Heap Memory is 1.7 GB.

Non Heap Memory used 50.89 MB of 51.81 MB Commited Non Heap Memory. Max Non Heap Memory is <unbounded>.

| | |
|---|---|
| **Configured Capacity:** | 53.54 GB |
| **Configured Remote Capacity:** | 0 B |
| **DFS Used:** | 584.34 MB (1.07%) |
| **Non DFS Used:** | 17.35 GB |
| **DFS Remaining:** | 35.62 GB (66.53%) |
| **Block Pool Used:** | 584.34 MB (1.07%) |
| **DataNodes usages% (Min/Median/Max/stdDev):** | 1.07% / 1.07% / 1.07% / 0.00% |
| **Live Nodes** | 2 (Decommissioned: 0, In Maintenance: 0) |
| **Dead Nodes** | 0 (Decommissioned: 0, In Maintenance: 0) |
| **Decommissioning Nodes** | 0 |
| **Entering Maintenance Nodes** | 0 |
| **Total Datanode Volume Failures** | 0 (0 B) |
| **Number of Under-Replicated Blocks** | 6 |
| **Number of Blocks Pending Deletion** | 0 |
| **Block Deletion Start Time** | Tue Nov 30 16:52:48 +0800 2021 |
| **Last Checkpoint Time** | Tue Nov 30 16:53:54 +0800 2021 |

图 9-7　使用浏览器查看 HDFS 状态

使用浏览器访问 master01:8088，可以看到 YARN 的状态为运行正常，如图 9-8 所示。

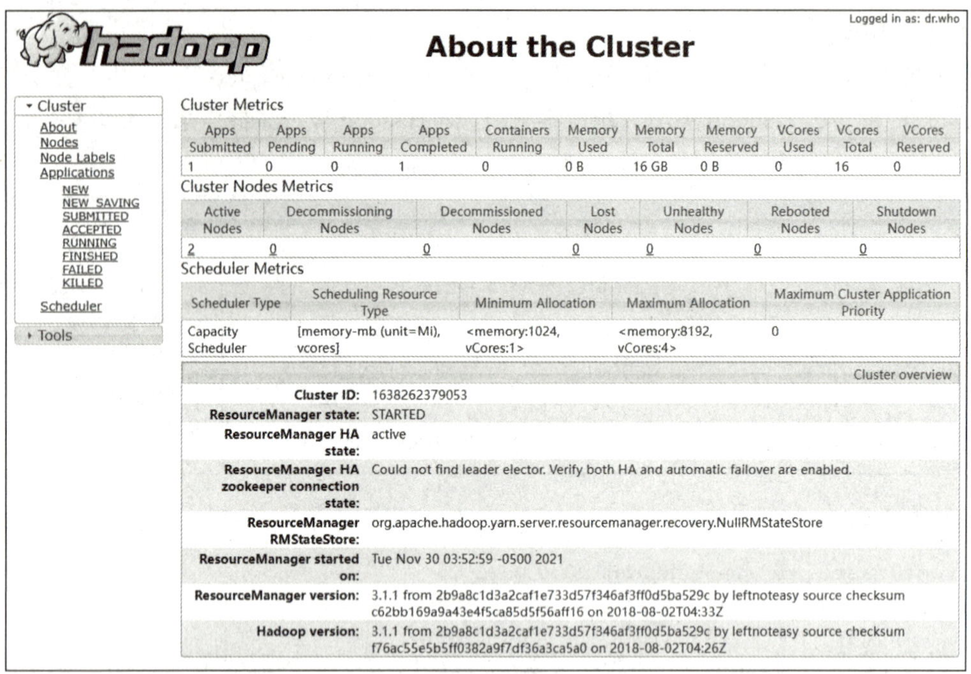


图 9-8 查看 YARN 的状态

2）在 Hadoop 集群的 Master 节点上部署 Spark。

① 下载并解压 Spark 安装包。下载 spark-3.2.0-bin-hadoop3.2.tgz 文件，解压并放到/opt/目录下，命令如下：

```
[root@master01 ~]# tar -zxvf spark-3.2.0-bin-hadoop3.2.tgz
[root@master01 ~]# mv spark-3.2.0-bin-hadoop3.2 /opt/spark
```

② 准备 spark-shell 运行所需要的 jar 包，命令如下：

```
[root@master01 ~]# hdfs dfs -mkdir /spark_jars
[root@master01 ~]# hdfs dfs -put /opt/spark/jars/* /spark_jars
```

修改 spark-default 配置文件，命令如下：

```
[root@localhost ~]# vim /opt/spark/conf/spark-env.sh
spark.yarn.jars=hdfs://master01:9000/spark_jars/*
```

③ 配置 YARN 以运行 Spark 任务。在/opt/hadoop/etc/hadoop/yarn-site.xml 文件中添加如下配置：

```
<property>
    <name>yarn.nodemanager.pmem-check-enabled</name>
    <value>false</value>
</property>
<property>
    <name>yarn.nodemanager.vmem-check-enabled</name>
    <value>false</value>
```

```
</property>
```

④ 将修改的 Hadoop 部署配置文件同步到其他节点，命令如下：

```
[root@master01 ~]# yum install -y rsync
[root@master01 ~]# rsync -a /opt/hadoop worker01:/opt/
[root@master01 ~]# rsync -a /opt/hadoop worker02:/opt/
```

⑤ 配置系统环境变量。在 Master 节点上修改 profile 文件，命令如下：

```
[root@master01 ~]# vim /etc/profile
SPARK_HOME=/opt/spark
SPARK_CONF_DIR=$SPARK_HOME/conf
export PATH=$PATH:$SPARK_HOME/bin
export HADOOP_CONF_DIR=/opt/hadoop/etc/hadoop
export YARN_CONF_DIR=/opt/hadoop/etc/hadoop
[root@master01 ~]# source /etc/profile
```

⑥ 安装 pyspark，命令如下：

```
[root@master01 ~]# yum install -y python3
[root@master01 ~]# pip install pyspark
```

3）验证 Spark on YARN。提交 spark-submit 任务，查看任务的执行情况，命令如下：

```
[root@master01 ~]# spark-submit --class org.apache.spark.examples.SparkPi--
master yarn --deploy-mode cluster --driver-memory 4g --executor-memory 2g--
executor-cores 2--queue default examples/jars/spark-examples*.jar 10
```

上述命令的输出结果如下：

```
2021-11-30 04:18:46,554 INFO yarn.Client:
    client token: N/A
    diagnostics: AM container is launched, waiting for AM container to Register
with RM
    ApplicationMaster host: N/A
    ApplicationMaster RPC port: -1
    queue: default
    start time: 1638263925526
    final status: UNDEFINED
    tracking URL: http://master01:8088/proxy/application_1638262379053_0002/
    user: root
2021-11-30 04:18:47,556 INFO yarn.Client: Application report for
application_1638262379053_0002 (state: ACCEPTED)
2021-11-30 04:18:48,559 INFO yarn.Client: Application report for
application_1638262379053_0002 (state: ACCEPTED)
2021-11-30 04:18:49,561 INFO yarn.Client: Application report for
application_1638262379053_0002 (state: ACCEPTED)
2021-11-30 04:18:50,564 INFO yarn.Client: Application report for
```

```
application_1638262379053_0002 (state: ACCEPTED)
   2021-11-30 04:18:51,566 INFO yarn.Client: Application report for
application_1638262379053_0002 (state: RUNNING)
   2021-11-30 04:18:51,567 INFO yarn.Client:
      client token: N/A
      diagnostics: N/A
      ApplicationMaster host: worker02
      ApplicationMaster RPC port: 35747
      queue: default
      start time: 1638263925526
      final status: UNDEFINED
      tracking URL: http://master01:8088/proxy/application_1638262379053_0002/
      user: root
   2021-11-30 04:18:52,569 INFO yarn.Client: Application report for
application_1638262379053_0002 (state: RUNNING)
   2021-11-30 04:18:53,574 INFO yarn.Client: Application report for
application_1638262379053_0002 (state: RUNNING)
   2021-11-30 04:18:54,577 INFO yarn.Client: Application report for
application_1638262379053_0002 (state: RUNNING)
   2021-11-30 04:18:55,579 INFO yarn.Client: Application report for
application_1638262379053_0002 (state: RUNNING)
   2021-11-30 04:18:56,581 INFO yarn.Client: Application report for
application_1638262379053_0002 (state: RUNNING)
   2021-11-30 04:18:57,584 INFO yarn.Client: Application report for
application_1638262379053_0002 (state: RUNNING)
   2021-11-30 04:18:58,587 INFO yarn.Client: Application report for
application_1638262379053_0002 (state: RUNNING)
   2021-11-30 04:18:59,589 INFO yarn.Client: Application report for
application_1638262379053_0002 (state: RUNNING)
   2021-11-30 04:19:00,592 INFO yarn.Client: Application report for
application_1638262379053_0002 (state: FINISHED)
   2021-11-30 04:19:00,593 INFO yarn.Client:
      client token: N/A
      diagnostics: N/A
      ApplicationMaster host: worker02
      ApplicationMaster RPC port: 35747
      queue: default
      start time: 1638263925526
      final status: SUCCEEDED
      tracking URL: http://master01:8088/proxy/application_1638262379053_0002/
      user: root
   2021-11-30 04:19:00,603 INFO util.ShutdownHookManager: Shutdown hook called
   2021-11-30 04:19:00,604 INFO util.ShutdownHookManager: Deleting directory /
tmp/spark-17c8d2c6-b7e4-40e9-8d32-768cdb0af56d
```

```
2021-11-30 04:19:00,606 INFO util.ShutdownHookManager: Deleting directory /
tmp/spark-ccdc5bef-126f-490f-ab0e-84904f856f05
```

查看 YARN 的 Web UI，确认 Spark 在 YARN 上运行，如图 9-9 所示。

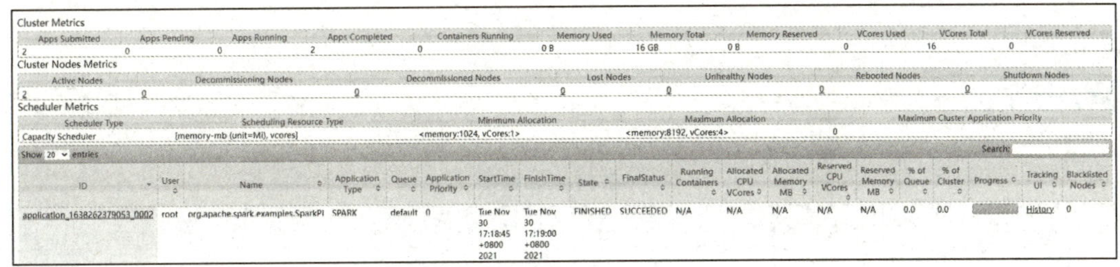

图 9-9　查看 YARN 的 Web UI

单击 Application 任务，并查看其 Log 日志，如图 9-10 所示。

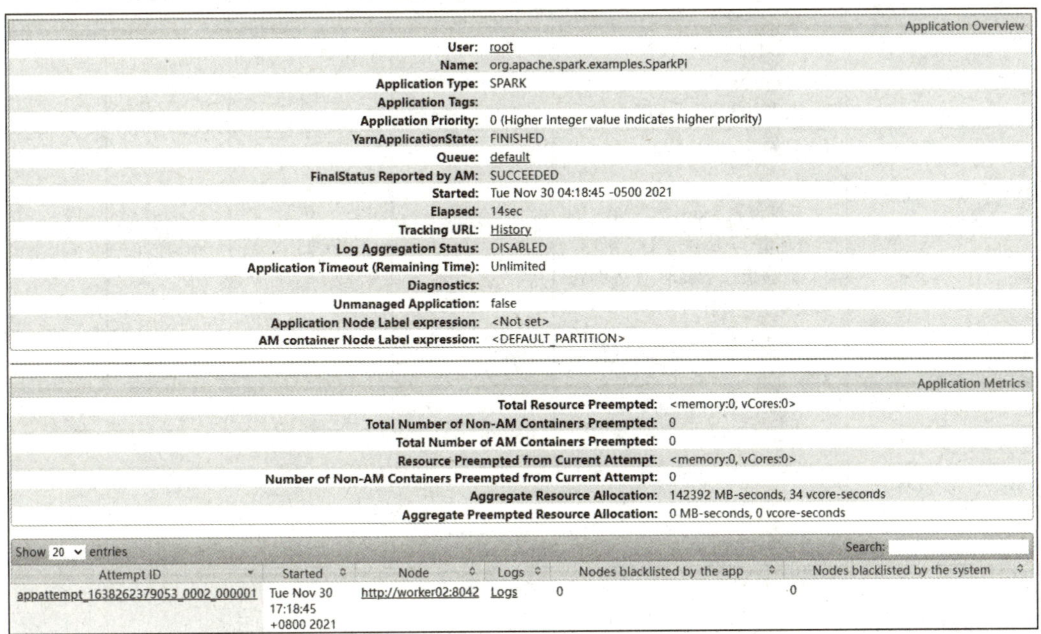


图 9-10　Application 任务的 Logs 日志

单击 Logs 中的标准输出查看结果， Spark Pi 任务的输出结果如图 9-11 所示。

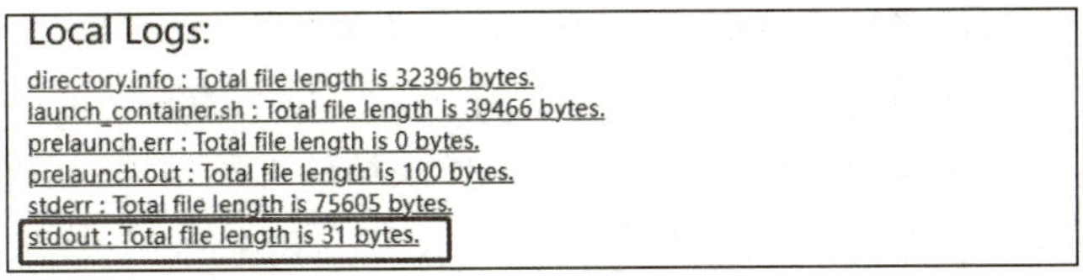

Local Logs:

directory.info : Total file length is 32396 bytes.
launch_container.sh : Total file length is 39466 bytes.
prelaunch.err : Total file length is 0 bytes.
prelaunch.out : Total file length is 100 bytes.
stderr : Total file length is 75605 bytes.
stdout : Total file length is 31 bytes.

图 9-11　查看输出结果

将最终结果输出到 stdout 中，查看 Pi 值，如图 9-12 所示。

```
Pi is roughly 3.14015514015514
```

图 9-12　查看 Pi 值

## 任务评价

任务考核评价表

| 任务名称：部署与操作 Spark on YARN | | | | | |
|---|---|---|---|---|---|
| 班级： | 学号： | 姓名： | | 日期： | |
| 评价内容 | 评价标准 | 评价方式 | | 分值 | 得分 |
| | | 小组评价（权重为 0.3） | 导师评价（权重为 0.7） | | |
| 职业素养 | 1）遵守学校管理规定，遵守纪律，按时完成工作任务<br>2）考勤情况<br>3）工作态度积极、勤学好问 | | | 20 | |
| 专业能力 | 1）理解 Spark on YARN 的运行模式<br>2）能够部署 Spark on YARN 的运行环境<br>3）能够运行 Spark 任务并在 YARN 上查看计算任务 | | | 70 | |
| 创新能力 | 1）能提出新方法或应用新技术等<br>2）其他类型的创新性业绩 | | | 10 | |
| 总分合计： | | | | | |
| 指导教师综合评语： | 指导教师签名：　　　　日期： | | | | |

## 拓展小课堂

快速迭代、精益求精：Spark 计算框架的计算速度比 Hadoop MapReduce 快了 100 多倍，其根本原因在于 Spark 创新了 DAG（有向无环图）计算模型，比 MapReduce 减少了 shuffle 次数，基于内存计算减少了磁盘 I/O 的操作，从而大大提高了计算速度。大数据计算框架技术在更新迭代中优化了计算过程，提高了处理效率，技术的发展推动了行业的发展。作为大数据行业从业者，更需要具备快速迭代、精益求精的工匠精神，不断地改进工作方法、提高工作效率，用执着专注、一丝不苟、追求卓越的职业精神，为经济社会发展贡献更多力量。

## 单元总结

本单元的主要任务是深入理解 Spark 的 3 种不同安装和部署方式及它们的区别，分别完成 Spark 的 Local 模式、Standalone 和 on YARN 模式部署。掌握不同的安装模式下，Spark 的启动和访问方法。通过本单元的学习，学生可以理解 Spark 的体系架构和运行过程，能够自主完成 Spark 的部署规划和安装，并具备 Spark 的启动和访问操作能力。

## 在线测试

### 一、单选题

1．在 Spark 中，Worker 是（　　）。

A．主节点　　B．工作节点　　C．执行器　　D．上下文

2．下列不是 Spark 组件的是（　　）。

A．Driver　　B．SparkContext

C．ClusterManager　　D．ResourceManager

3．Spark 是 Hadoop 生态下（　　）组件的替代方案。

A．Hadoop　　B．YARN　　C．HDFS　　D．MapReduce

4．下列 Spark 支持的分布式部署方式中错误的是（　　）。

A．Standalone　　B．Spark on mesos

C．Spark on YARN　　D．Spark on local

### 二、多选题

1．关于 Spark，下列说法正确的是（　　）。

A．Spark 可以将数据缓存在内存中，极大地提高内存效率

B．Spark 采用 MapReduce 机制进行任务并行化

C．RDD 是 Spark 的基本数据结构

D．Spark 非常适合迭代运算

2．与 Hadoop 相比，Spark 主要有以下（　　）优点。

A．提供多种数据集操作类型而不仅限于 MapReduce

B．数据集中式计算更加高效

C．计算过程中需要多次磁盘 I/O

D．基于 DAG 的任务调度执行机制

### 三、判断题

1．Spark 框架是使用 Java 语言开发的。（　　）

2．Spark Standalone 部署是一种特殊的分布式部署模式。（　　）

## 技能训练

1）搭建 Spark Standalone 集群，并执行验证任务，通过 Web UI 查看任务执行的情况。

2）配置 Spark on YARN 模式，将任务提交到 YARN 中，并在 ResourceManager 的 Web UI 中查看任务执行的情况。

# 单元 10　Flink 流式计算框架部署与操作

## 学习目标

通过本单元的学习，学生应理解 Flink 流式计算框架的原理与体系架构，掌握 Flink 安装部署的方法，掌握 Flink 的 Local、Standalone、YARN 这 3 种不同的安装运行方式，并能够通过命令运行 Flink 任务，能够通过 Web UI 监控 Flink 任务的执行状态。此外，还可以培养学生分布式流式计算框架的安装部署与应用技能，也可以培养学生认真仔细的工作作风和精益求精的工匠精神。

## 知识图谱

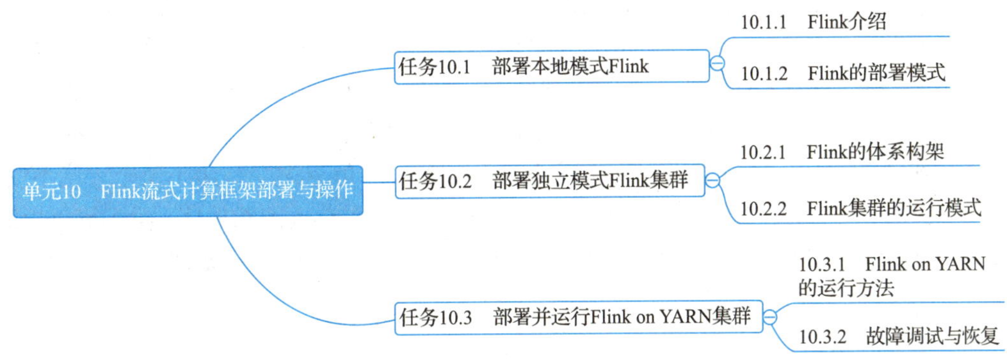


## 任务 10.1　部署本地模式 Flink

### 任务情境

**【任务场景】**

经理：在当前的互联网用户、设备、服务等激增的时代下，产生的数据量已不可同日而语了。咱们公司各种业务场景都有大量的数据产生，如何对这些数据进行有效的处理是我们需要考虑的问题。

小张：以往我们使用的 MapReduce、Spark 等框架可能在某些场景下已经不能完全地满足用户的需求了，无论是代码量或架构的复杂程度可能都不能满足预期的需求。

经理：新场景的出现催生新的技术，Flink 即为实时流的处理提供了新的选择。Apache Flink 就是近些年来在社区中比较活跃的分布式处理框架，Flink 相对简单的编程模型加上其高吞吐、低延迟、高性能的特性，让它在工业生产中较为出众。Flink 极有可能会成为企业内部主流的数据处理框架，最终成为下一代大数据处理的标准。为了解决公司当前面临的数据处理问题，应尽快把 Flink 技术用起来。

小张：好的，我尽快基于我们当前的数据平台部署好 Flink。

**【任务布置】**

本任务要求在理解 Flink 原理的基础上，完成 Flink 的本地模式部署，以本地模式启动 Flink 客户端窗口。

## 知识准备

### 10.1.1 Flink 介绍

Apache Flink 是由 Apache 软件基金会开发的开源流处理框架，其核心是使用 Java 和 Scala 编写的分布式流数据流引擎。Flink 以数据并行和流水线方式执行任意流数据程序，在 Flink 的流水线运行时系统可以执行批处理和流处理程序。此外，Flink 在运行时本身也支持迭代算法的执行。

Flink 起源于 Stratosphere 项目，Stratosphere 是在 2010～2014 年由 3 所地处柏林的大学和欧洲的一些其他的大学共同进行的研究项目。2014 年 4 月，Stratosphere 的代码被复制并捐赠给了 Apache 软件基金会，参加这个孵化项目的初始成员是 Stratosphere 系统的核心开发人员；2014 年 12 月，Flink 一跃成为 Apache 软件基金会的顶级项目。在德语中，Flink 一词表示快速和灵巧，项目采用一只松鼠的彩色图案作为 logo，如图 10-1 所示，这不仅是因为松鼠具有快速和灵巧的特点，还因为柏林的松鼠有一种迷人的红棕色，而 Flink 的松鼠 logo 拥有可爱的尾巴，尾巴的颜色与 Apache 软件基金会的 logo 颜色相呼应，也就是说，这是一只 Apache 风格的松鼠。

图 10-1　Flink 的 logo

Flink 项目的理念：Apache Flink 是为分布式、高性能、随时可用，以及准确的流处理应用程序打造的开源流处理框架。

Apache Flink 是一个框架和分布式处理引擎，用于对无界和有界数据流进行有状态计算。Flink 被设计在所有常见的集群环境中运行，以内存执行速度和任意规模来执行计算。

Flink 的主要特点如下。

### 1. 事件驱动型

事件驱动型应用是一类具有状态的应用，它从一个或多个事件流提取数据，并根据到来的事件进行触发计算、状态更新或其他外部动作。比较典型的就是以 kafka 为代表的消息队列，它们大都是事件驱动型应用。与之不同的就是 SparkStreaming 微批次，Spark 的数据批处理流程如图 10-2 所示。

图 10-2　Spark 的数据批处理流程

Flink 事件驱动型的流式数据处理过程如图 10-3 所示。

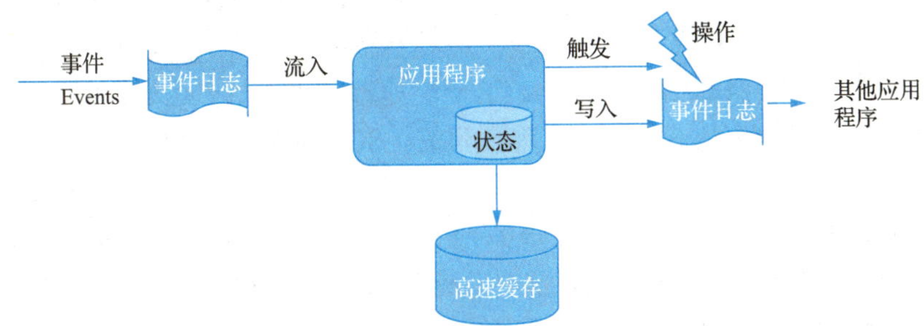


图 10-3　Flink 事件驱动型的流式数据处理过程

批处理的特点是有界、持久、大量，非常适合需要访问全套记录才能完成的计算工作，一般用于离线统计。流处理的特点是无界、实时，无须针对整个数据集执行操作，而是对通过系统传输的每个数据项执行操作，一般用于实时统计。在 Spark 的世界观中，一切都是由批次组成的，离线数据是一个大批次，而实时数据是由一个一个无限的小批次组成的。而在 Flink 的世界观中，一切都是由流组成的，离线数据是有界限的流，实时数据是一个没有界限的流，这就是所谓的有界流和无界流。

无界数据流：无界数据流有一个开始但是没有结束，它们不会在生成时终止并提供数据，必须连续处理无界流，也就是说必须在获取后立即处理事件。对于无界数据流，我们无法等待所有数据都到达，因为输入是无界的，并且在任何时间点都不会完成。处理无界数据时，通常要求以特定顺序（如事件发生的顺序）获取事件，以便能够推断完整的结果。

有界数据流：有界数据流有明确定义的开始和结束，可以在执行任何计算之前通过获取所有数据来处理有界流，处理有界流时不需要有序获取，因为可以始终对有界数据集进行排序，有界流的处理也称批处理。

这种以流为世界观的架构，获得的最大好处就是具有极低的延迟。

### 2. 分层 API

最底层级的抽象仅仅提供了有状态流，它将通过过程函数被嵌入 DataStream API 中。底层过程函数与 DataStream API 相集成，使其可以对某些特定的操作进行底层的抽象，它允许用户可以自由地处理来自一个或多个数据流的事件，并使用一致的容错状态。除此之外，用户可以注册事件时间并处理时间回调，从而使程序可以处理复杂的计算。实际上，大多数应用并不需要上述的底层抽象，而是针对核心 API 进行编程，如 DataStream API（有界或无界流数据）及 DataSet API（有界数据集）。这些 API 为数据处理提供了通用的构建模块，如由用户定义的多种形式的转换、连接、聚合、窗口操作等。DataSet API 为有界数据集提供了额外的支持，如循环与迭代。这些 API 处理的数据类型以类的形式由各自的编程语言所表示。Table API 是以表为中心的声明式编程，其中表可能会动态变化（在表达流数据时）。Table API 遵循（扩展的）关系模型：表有二维数据结构（类似于关系数据库中的表），同时 API 提供可比较的操作，如 select、project、join、group-by、aggregate 等。Table API 程序声明式地定义了什么逻辑操作应该执行。尽管 Table API 可以通过多种类型的用户自定义函数进行扩展，其仍不如核心 API 更具表达能力，但是使用起来却更加简洁（代码量更少）。除此之外，Table API 程序在执行之前会经过内置优化器进行优化。可以在表与 DataStream/DataSet 之间无缝切换，以允许程序将 Table API 与 DataStream 及 DataSet 混合使用。

Flink 提供的最高层级的抽象是 SQL。这一层抽象在语法与表达能力上与 Table API 类似，但是是以 SQL 查询表达式的形式表现程序的。SQL 抽象与 Table API 交互密切，同时 SQL 查询可以直接在 Table API 定义的表上执行。目前 Flink 作为批处理还不是主流，不如 Spark 成熟，所以 DataSet 使用的并不是很多。Flink Table API 和 Flink SQL 也并不完善，大多由各大厂商自己定制。所以我们主要学习 DataStream API 的使用。实际上，Flink 作为最接近 Google DataFlow 模型的实现，是流批统一的观点，所以基本上使用 DataStream 就可以了。

Flink 的主要模块包括：Flink Table & SQL、Flink Gelly（图计算）、Flink CEP（复杂事件处理）。

### 10.1.2 Flink 的部署模式

Flink 一般有 3 种部署模式，分别是本地模式（Local）、独立集群模式（Standalone）和 YARN 模式。在这 3 种模式中，本地模式是指在单节点上部署 Flink，通常不需要修改任何配置文件，直接运行即可。

Flink 进程的启动、关闭等相关命令都存放在 Flink 的 bin 目录下，配置环境变量后即可在任意目录下使用。常用的 Flink 相关命令如表 10-1 所示。

表 10-1 常用的 Flink 相关命令

| 编号 | 命令 | 作用 |
| --- | --- | --- |
| 1 | start-cluster.sh | 启动 Flink 的所有进程 |
| 2 | stop-cluster.sh | 关闭 Flink 的所有进程 |
| 3 | taskmanager.sh start\|stop | 启动/关闭从节点的 taskmanager 进程 |
| 4 | jobmanager.sh start\|stop | 启动/关闭从节点的 jobmanager 进程 |

启动 Flink 客户端的命令是 start-scala-shell.sh，针对 3 种不同的部署方法其有 3 种用法，如表 10-2 所示。

表 10-2　Flink 启动客户端的命令用法

| 编号 | 模式 | 命令用法 |
| --- | --- | --- |
| 1 | Local 模式 | start-scala-shell.sh　local |
| 2 | Standalone 模式 | start-scala-shell.sh　主节点　端口号 |
| 3 | YARN 模式 | start-scala-shell.sh　yarn |

## 任务实施

**【工作流程】**

搭建本地模式的 Flink 的基本工作流程如下。

1）解压 Flink 安装包。

2）配置 Flink 环境变量。

3）启动 Flink。

4）采用本地模式启动 Flink 的 scala shell。

部署本地模式 Flink

**【操作步骤】**

1）解压 Flink 安装包。在 Flink 的官方网站上下载安装包并解压，本项目选择的是和 Hadoop 3.×版本兼容的版本 flink-1.12.5-bin-scala_2.11.tgz。

将安装包复制到 Linux 操作系统下，解压安装包到/opt 目录并修改为短名，命令如下：

```
[root@master01 opt]# $ tar -xzvf flink-1.12.5-bin-scala_2.11.tgz  -C /opt
[root@master01 opt]# $ mv flink-1.12.5-bin-scala_2.11  flink
```

2）配置 Flink 环境变量。在终端运行命令打开文件/etc/profile，添加以下配置信息：

```
export FLINK_HOME=/opt/flink
export  PATH=$PATH:$FLINK_HOME/bin
```

运行命令，使设置生效，命令如下：

```
[root@master01 opt]# source /etc/profile
```

3）启动 Flink。在终端执行命令，启动 Flink 进程，命令如下：

```
[root@master01 opt]# start-cluster.sh
```

4）采用本地模式启动 Flink 的 scala shell。启动 Flink 的进程之后，在终端执行命令，即可使用本地模式启动 Flink 的 scala shell 命令行，命令如下：

```
[root@master01 ~]# start-scala-shell.sh local
```

执行结果如图 10-4 所示。

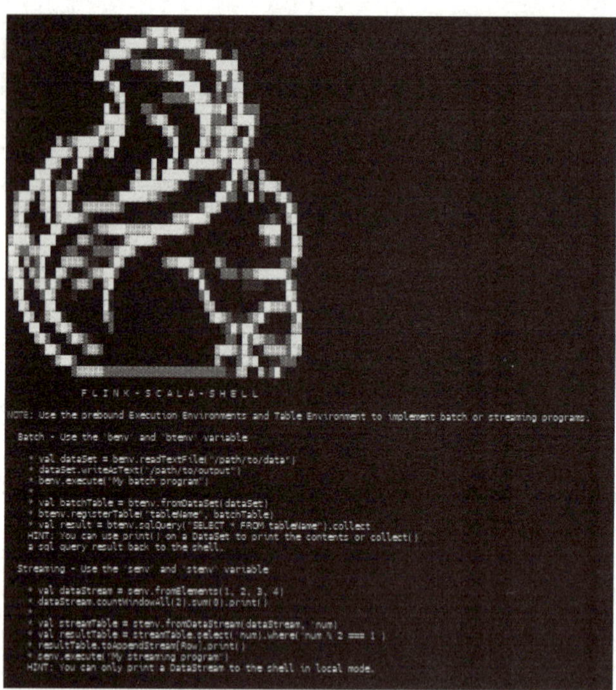


图 10-4　Flink 的 scala shell 窗口

## 任务评价

任务考核评价表

<table>
<tr><td colspan="6">任务名称：部署本地模式 Flink</td></tr>
<tr><td>班级：</td><td>学号：</td><td colspan="2">姓名：</td><td colspan="2">日期：</td></tr>
<tr><td rowspan="2">评价内容</td><td rowspan="2">评价标准</td><td colspan="2">评价方式</td><td rowspan="2">分值</td><td rowspan="2">得分</td></tr>
<tr><td>小组评价（权重为 0.3）</td><td>导师评价（权重为 0.7）</td></tr>
<tr><td>职业素养</td><td>1）遵守学校管理规定，遵守纪律，按时完成工作任务<br>2）考勤情况<br>3）工作态度积极、勤学好问</td><td></td><td></td><td>20</td><td></td></tr>
<tr><td>专业能力</td><td>1）能正确搭建 Flink 的本地模式<br>2）能正常启动 Flink<br>3）能正常启动 Flink 的 scala shell 命令行</td><td></td><td></td><td>70</td><td></td></tr>
<tr><td>创新能力</td><td>1）能提出新方法或应用新技术等<br>2）其他类型的创新性业绩</td><td></td><td></td><td>10</td><td></td></tr>
<tr><td>总分合计</td><td colspan="5"></td></tr>
<tr><td>指导教师综合评语</td><td colspan="5">指导教师签名：　　　　　　　　　　日期：</td></tr>
</table>

# 任务 10.2　部署独立模式 Flink 集群

## 任务情境

【任务场景】

小张：已经部署好了 Flink 的本地模式，可以运行了。

经理：本地模式只适用于单节点，数据处理能力有限，大数据场景下本地模式很少使用，先部署一个 3 节点 Flink 集群。

小张：好的，我会尽快基于当前的数据平台部署好 Flink 集群。

【任务布置】

本任务要求在理解 Flink 原理的基础上，完成 3 个节点的 Flink 独立模式集群部署，通过命令运行 Flink 词频统计 WordCount 样例的计算程序，并通过 Web UI 监控任务的执行情况。

## 知识准备

### 10.2.1　Flink 的体系架构

Flink 是可以运行在多种不同的环境中的，如它可以通过单进程多线程的方式直接运行，从而提供调试的能力。它也可以运行在 YARN 或 K8S 资源管理系统上，也可以在各种云环境中运行。

Flinkr 的整体架构如图 10-5 所示。

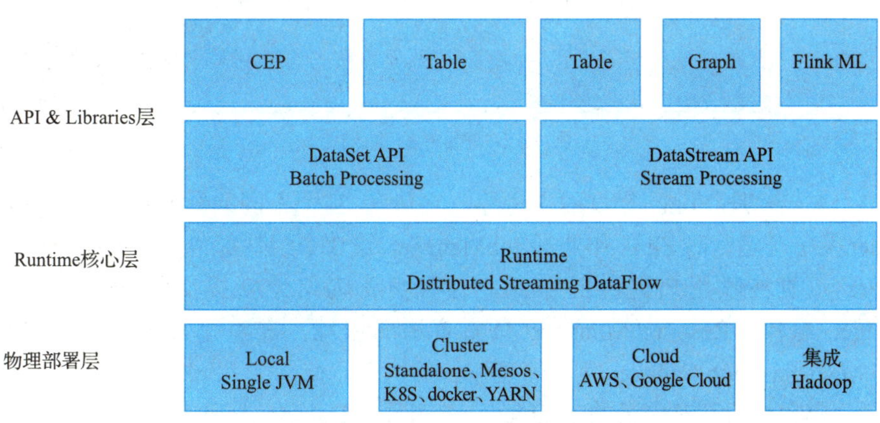


图 10-5　Flink 的整体架构

Flink 是新的 stream 计算引擎，使用 Java 语言实现。它既可以处理 stream data 也可以处理 batch data，可以同时兼顾 Spark 及 Spark streaming 的功能，与 Spark 不同的是，Flink 本质上只有 stream 的概念，batch 被认为是 special stream。Flink 在运行中主要由 3 个组件组成，即 JobClient、JobManager 和 TaskManager。

针对不同的执行环境，Flink 提供了一套统一的分布式作业执行引擎，也就是 Flink Runtime（Flink 运行时）这一层。Flink 在 Runtime 层之上提供了 DataStream 和 DataSet 两套 API，分别用来编写流作业与批作业，以及一组更高级的 API 来简化特定作业的编写。

Flink Runtime 是 Flink 的核心计算结构，这是一个分布式系统，它接收数据流程序，并在一台或多台机器上以容错的方式执行这些数据流程序。这个运行时可以作为 YARN 的应用程序在集群中运行，也可以很快在 Mesos 集群中运行，或者在一台机器中运行（通常用于调试 Flink 应用程序）。

Flink Runtime 层的整个架构采用了标准 Master-Slave 的结构，即总是由一个 Flink Master 和一个或多个 Flink TaskManager 组成。AM 部分即是主节点 Master，它负责管理整个集群中的资源并处理作业提交、作业监督；而 TaskExecutor 进程在工作节点中运行，这是工作进程，负责提供具体的资源并实际执行作业。Flink 的执行过程如图 10-6 所示。

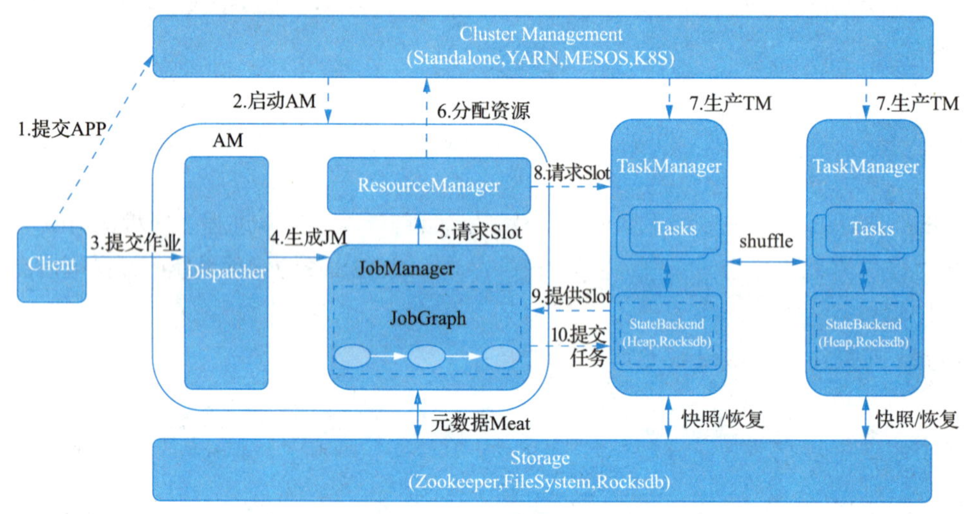


图 10-6 Flink 的执行过程

Flink Master 是 Flink 集群的主进程。它包含 3 个不同的组件：ResourceManager、Dispatcher 及每个运行时 Flink 作业的 JobManager。这 3 个组件都包含在 AppMaster 进程中。Dispatcher 负责接收用户提供的作业，并且负责为这个新提交的作业拉起一个新的 JobManager 组件。ResourceManager 负责资源的管理，在整个 Flink 集群中只有一个 ResourceManager。JobManager 负责管理作业的执行，在一个 Flink 集群中可能有多个作业同时执行，每个作业都有自己的 JobManager 组件。TaskManager 是一个 Flink 集群的工作进程。任务被调度给 TaskManager 执行。它们彼此通信以在后续任务之间交换数据。

Flink 运行时由两种类型的进程组成，即 JobManager 和 TaskManager。

1）JobManager：是执行过程中的 master 进程，负责协调和管理程序的分布式执行，主要的内容包括调度任务，管理检查点和协调故障恢复等。至少要有一个 JobManager。可以设置多个 JobManager 以配置高可用性，其中一个总是 Leader，其他的都是 Standby。

2）TaskManager：作为 Worker 节点在 JVM 上运行，可以同时执行若干个线程以完成分配给它的数据流的 task（子任务），并缓冲和交换数据流。必须始终至少有一个 TaskManager。JobManager 和 TaskManager 可以使用多种方法启动：直接在机器上作为独立集群启动，或者在容器中启动，或者由诸如 YARN 或 Mesos 之类的资源框架管理启动。客户端不是运行时和程序执行的一部分，而是用于准备和向 JobManager 发送数据流。之后，客户端可以断开连接，或保持连接以接收作业进度报告。客户端可以作为触发执行的 Java/Scala 程序的一部分运行，也可以在命令行进程（./bin/flink run）中运行。

## 10.2.2　Flink 集群的运行模式

Flink 常用的部署和运行方法主要包括两种，分别是独立模式和 YARN 模式。

Flink 的独立模式的运行原理如图 10-7 所示。

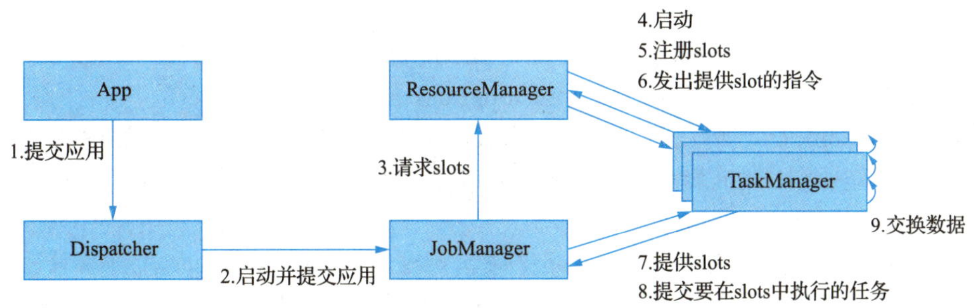


图 10-7　Flink 的独立模式的运行原理

Flink 的独立模式的具体执行过程如下。

1）App 程序通过 rest 接口提交给 Dispatcher（rest 接口是跨平台，并且可以直接穿过防火墙，不需要考虑拦截）。

2）Dispatcher 把 JobManager 进程启动，把应用交给 JobManager。

3）JobManager 拿到应用后，向 ResourceManager 申请资源（slots），ResouceManager 会启动对应的 TaskManager 进程，TaskManager 空闲的 slots 会向 ResourceManager 注册。

4）ResourceManager 会根据 JobManager 申请的资源数量，向 TaskManager 发出提供 slots 的指令。TaskManager 能够提供的 slots 数量和其他 CPV 核数成正比。

5）TaskManager 可以直接和 JobManager 通信了（它们之间会有心跳包的连接），TaskManager 向 JobManager 提供 slots，JobManager 向 TaskManager 分配在 slots 中执行的任务。

6）在执行任务的过程中，不同的 TaskManager 会有数据之间的交换。

Flink 的 YARN 模式的运行原理如图 10-8 所示。

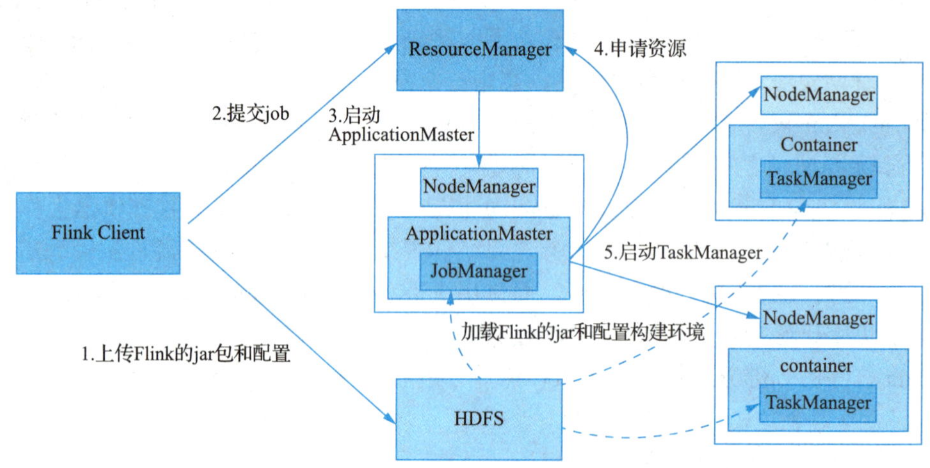


图 10-8　Flink 的 YARN 模式的运行原理

Flink 的 YARN 模式的具体执行过程如下。

1）在提交 App 之前，先上传 Flink 的 jar 包和配置到 HDFS，以便 JobManager 和 TaskManager 共享 HDFS 中的数据。

2）客户端向 ResourceManager 提交 job，ResouceManager 接到请求后，先分配 container 资源，然后通知 NodeManager 启动 ApplicationMaster。

3）ApplicationMaster 会加载 HDFS 的配置，启动对应的 JobManager，然后 JobManager 会分析当前的作业图，将它转化成执行图（包含了所有可以并发执行的任务），从而知道当前需要的具体资源。

4）JobManager 会向 ResourceManager 申请资源，ResouceManager 接到请求后，继续分配 container 资源，然后通知 ApplictaionMaster 启动更多的 TaskManager（先分配好 container 资源，再启动 TaskManager）。container 在启动 TaskManager 时也会从 HDFS 加载数据。

5）TaskManager 启动后，会向 JobManager 发送心跳包。JobManager 向 TaskManager 分配任务。

Flink on YARN 有以下两种提交方式。

1）yarn-session：启动一个 YARN session（Start a long-running Flink cluster on YARN）。

2）yarn-cluster：直接在 YARN 上提交运行的 Flink 作业（Run a Flink job on YARN）。

两者的区别是，yarn-session，就是首先启动一个 yarn-session，并将其作为 Flink 容器，也就是 Flink 服务，然后我们提交到 YARN 的全部 Flink 任务都会提交到这个容器并在容器中运行。这种情况下，Flink 任务之间虽然是相互独立的，但是都运行在 Flink 容器中，YARN 上只能监测到一个 Flink 服务即容器，无法监测到 Flink 单个任务，需要进入 Flink 容器内部，才可以看到单个任务。yarn-cluster，这种情况是每个 Flink 任务作为一个 Application，每个任务都可以单独在 YARN 上进行管理，Flink 任务之间互相独立。

## 任务实施

**【工作流程】**

搭建独立模式的 Flink 的基本工作流程如下。

部署独立模式 Flink 集群

1）Flink 部署规划与安装准备。
2）解压安装包。
3）修改配置文件。
4）启动 Flink 集群进程。
5）运行词频统计样例程序。
6）通过 Web UI 监控 Flink 任务的执行情况。
7）停止 Flink 集群。

**【操作步骤】**

安装部署独立模式 Flink 的步骤如下。

1）Flink 部署规划与安装准备。部署 3 个节点的 Flink 独立模式集群，具体规划如表 10-3 所示。

表 10-3　Flink 集群规划表

| 主机名 | 节点环境 | 用途 |
|---|---|---|
| master01 | CentOS 7、JDK 1.8、JobManager | 主节点 |
| worker01 | CentOS 7、JDK 1.8、TaskManager | 从节点 1 |
| worker02 | CentOS 7、JDK 1.8、TaskManager | 从节点 2 |

**【小提示】**运行 Flink 时，只需要提前安装好 Java 8 及以上版本即可。可以通过 java-version 命令来检查 JDK 是否已经正确安装。

2）解压安装包。在 Flink 的官方网站下载安装包并解压，本项目选择的是和 Hadoop 3.× 版本兼容的版本 flink-1.12.5-bin-scala_2.11.tgz。

将安装包复制到 Linux 操作系统下，解压安装包到/opt 目录并修改为短名，命令如下：

```
[root@master01 opt]# tar -xzvf flink-1.12.5-bin-scala_2.11.tgz  -C /opt
[root@master01 opt]# mv flink-1.12.5-bin-scala_2.11  flink
```

3）修改配置文件。

① 配置 Flink 环境变量。在终端运行命令打开文件/etc/profile，添加以下配置信息：

```
export FLINK_HOME=/opt/flink
export HADOOP_CLASSPATH='hadoop classpath'
export HADOOP_CONF_DIR=/opt/hadoop/etc/hadoop
export YARN_CONF_DIR=/opt/hadoop/etc/hadoop
export  PATH=$PATH:$FLINK_HOME/bin
```

**【小提示】**Flink 程序的运行需要配置 HADOOP_CLASSPATH、HADOOP_CONF_DIR 和 YARN_CONF_DIR 这 3 个环境变量。

运行命令，使设置生效，命令如下：

```
[root@master01 opt]# source /etc/profile
```

② 修改 Flink 配置文件 flink-conf.yaml。Flink 的配置文件在安装包的 conf 目录下，打开 flink-conf.yaml 文件，添加如下一行配置，将 Flink 集群的主节点配置为 master01 主机：

```
jobmanager.rpc.address: master01
```

③ 修改 Flink 配置文件 workers。将从节点的主机名配置到配置文件 workers 中。打开 conf 目录下的 workers 文件，添加以下内容：

```
worker01
worker02
```

④ 以上配置完成后，执行以下命令将配置好的 Flink 的安装包复制到两个从节点的/opt 目录下，命令如下：

```
[root@master01 opt]#scp -r flink  worker01:/opt
[root@master01 opt]#scp -r flink  worker02:/opt
```

4）启动 Flink 集群进程。Flink 安装包的 bin 目录下提供了操作 Flink 的命令，可以用于启动或关闭本地集群。运行启动集群的命令及结果如下：

```
[root@master01 opt]# cd /opt/flink
[root@master01 flink]# ./bin/start-cluster.sh
Starting cluster.
Starting standalonesession daemon on host master01.
Starting taskexecutor daemon on host worker01.
Starting taskexecutor daemon on host worker02.
```

【小提示】通过启动结果可以看出，在主节点 master01 上启动了 standalonesession 进程，在 worker01 和 worker02 节点上启动了 taskexecutor 进行。

通过 jps 命令查看主节点 master01 的进程结果，命令如下：

```
[root@master01 ~]# jps
2608 NameNode
6657 Jps
6594 StandaloneSessionClusterEntrypoint
3158 ResourceManager
2893 SecondaryNameNode
```

通过 jps 命令查看从节点 worker01 的进程结果，命令如下：

```
[root@worker01 ~]# jps
14193 Jps
7938 DataNode
14116 TaskManagerRunner
11852 NodeManager
```

5）运行词频统计样例程序。Flink 自带了许多的示例程序，放到了安装包的 examples 目录下。可以选择 examples/streaming 目录下的 WordCount.jar 实现内置文件的词频统计。使用 flink run 命令运行样例的程序及结果如下：

```
[root@worker01 flink]# ./bin/flink run examples/streaming/WordCount.jar
Executing WordCount example with default input data set.
Use --input to specify file input.
```

```
Printing result to stdout. Use --output to specify output path.
Job has been submitted with JobID b7bd3a95c0a32e263afba8d8aa1f5f4b
Program execution finished
Job with JobID b7bd3a95c0a32e263afba8d8aa1f5f4b has finished.
Job Runtime: 540 ms
```

词频统计的结果会默认存放在 Flink 的从节点执行日志文件中，可以进入从节点查看结果，命令如下：

```
[root@master01 ~]# ssh worker01
[root@worker01 flink]# tail /opt/flink/log/flink-root-taskexecutor-0-
worker01.out
(nymph,1)
(in,3)
(thy,1)
(orisons,1)
(be,4)
(all,2)
(my,1)
(sins,1)
(remember,1)
(d,4)
```

6）通过 Web UI 监控 Flink 任务的执行情况。Flink 的 Web 监控端口号是 8081，可以通过浏览器（Web UI）来监控 Flink 集群的运行状态和执行的作业情况。访问方法：打开浏览器，在地址栏输入“主节点主机名:8081”即可，如图 10-9 所示。

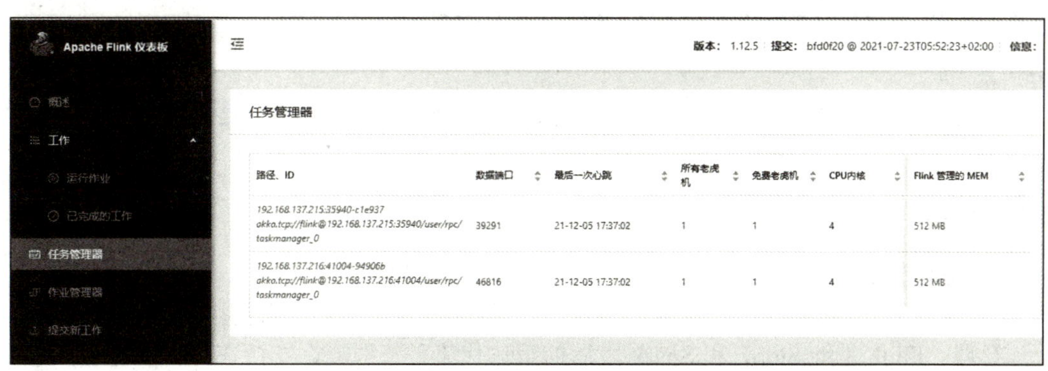


图 10-9　Flink 任务监控

7）停止 Flink 集群。完成任务后，可以通过命令停止 Flink 集群的进程。在主节点执行 stop-cluster.sh 命令即可，命令如下：

```
[root@master01 ~]# stop-cluster.sh
Stopping taskexecutor daemon (pid: 14116) on host worker01.
Stopping taskexecutor daemon (pid: 16476) on host worker02.
Stopping standalonesession daemon (pid: 6594) on host master01.
```

执行上述命令后，Flink 主节点和从节点的进程将同时被关闭。

## 任务评价

任务考核评价表

| 任务名称：部署独立模式 Flink 集群 | | | | | |
|---|---|---|---|---|---|
| 班级： | 学号： | 姓名： | | 日期： | |
| 评价内容 | 评价标准 | 评价方式 | | 分值 | 得分 |
| | | 小组评价（权重为 0.3） | 导师评价（权重为 0.7） | | |
| 职业素养 | 1）遵守学校管理规定，遵守纪律，按时完成工作任务<br>2）考勤情况<br>3）工作态度积极、勤学好问 | | | 20 | |
| 专业能力 | 1）能正确搭建 Flink 独立模式，各节点进程启动成功<br>2）部署的环境能够正常运行词频统计样例程序<br>3）样例程序的执行结果正确<br>4）能使用命令关闭 Flink 环境 | | | 70 | |
| 创新能力 | 1）能提出新方法或应用新技术等<br>2）其他类型的创新性业绩 | | | 10 | |
| 总分合计 | | | | | |
| 指导教师综合评语 | 指导教师签名：　　　　日期： | | | | |

# 任务 10.3　部署并运行 Flink on YARN 集群

## 任务情境

**【任务场景】**

小张：经理，Spark 独立运行模式的集群已经部署好，可以正常使用了。

经理：Flink 是继 Storm 和 Spark 之后的第三代流引擎框架，支持在有界和无界数据流上做有状态计算，以事件为单位，并且支持 SQL、State、WaterMark 等。它支持"exactly once"，即事件投递保证只有一次，数据的准确性能得到提升。相比 Storm，Flink 的吞吐量更高，延迟更低；相比 Spark Streaming，Flink 是真正意义上的实时计算，且所需的计算资源相对更少。但是我们部署的 Flink 独立模式能处理的数据量有限，主流的趋势还是 Flink 与 Hadoop 进行集成开发应用。

小张：好的，那我修改配置，基于 Hadoop 的 YARN 资源管理器来支持 Flink 的运行。

经理：好的，尽快掌握 Flink on YARN 的运行模式。

小张：好的，没问题。

**【任务布置】**

本任务要求完成 Flink on YARN 模式的部署和运行；基于 YARN 模式执行词频统计程序，将统计结果写入指定的文件；通过 YARN 的 Web 端口监控 Flink 任务的执行状态。

## 知识准备

### 10.3.1　Flink on YARN 的运行方法

Flink on YARN 的部署很简单，只要部署好 Hadoop 集群即可，我们只需要部署一个 Flink 客户端，然后从 Flink 客户端提交 Flink 任务即可。

Flink on YARN 有以下两种运行方式。

1）在 YARN 上启动一个 Flink 集群，Flink 就持有了 YARN 的资源（即使 Flink 上没有任何程序，YARN 的资源其他非 Flink 集群任务使用不了，造成资源浪费），在 Flink 集群上提交任务。除非把 Flink 集群停了，不然资源不会释放。也就是 yarn-session.sh（开辟资源）+flink run（提交任务）的运行方式。

yarn-session 命令的用法如表 10-4 所示。

表 10-4　yarn-session 命令的用法

| 选择 | 命令行参数 | 含义 |
|---|---|---|
| 必选 | -n,--container <arg> | 分配多少个 YARN 容器　(=TaskManager 的数量) |
| 可选 | -D <arg> | 动态属性 |
| 可选 | -d,--detached | -d、--detached |
| 可选 | -jm,--jobManagerMemory <arg> | JobManager 的内存　[in MB] |
| 可选 | -nm,--name | 在 YARN 上为一个自定义的应用设置一个名称 |
| 可选 | -q,--query | 显示 YARN 中可用的资源（内存、CPU 核数） |
| 可选 | -qu,--queue <arg> | 指定 YARN 队列 |
| 可选 | -s,--slots <arg> | 每个 TaskManager 使用的 slots 数量 |
| 可选 | -tm,--taskManagerMemory <arg> | 每个 TaskManager 的内存　[in MB] |
| 可选 | -z,--zookeeperNamespace <arg> | 针对 HA 模式在 ZooKeeper 上创建 NameSpace |
| 可选 | -id,--applicationId <yarnAppId> | YARN 集群上的任务 ID，附着到一个后台运行的 YARN session 中 |

启动一个一直运行的 Flink 集群，命令如下：

```
/bin/yarn-session.sh -n 2 -jm 1024 -tm 1024 [-d]
```

把任务附着到一个已存在的 Flink YARN session 中，命令如下：

```
./bin/yarn-session.sh -id application_1463870264508_0029
```

执行任务，命令如下：

```
./bin/flink run ./examples/batch/WordCount.jar
-input hdfs://hadoop100:9000/LICENSE
-output hdfs://hadoop100:9000/wordcount-result.txt
```

如果需要停止任务，则可以在 Web 界面停止或在命令行执行 cancel 命令。

2）每提交一个任务就在 YARN 上启动一个 Flink 小集群，通常推荐使用这种方法运行，任务运行完资源会自动释放。其主要使用的命令是“flink run -m yarn-cluster(开辟资源+提交任务)”，flink run 命令的用法如表 10-5 所示。

表 10-5　flink run 命令的用法

| 选择 | 命令行参数 | 含义 |
| --- | --- | --- |
| 必选 | -n,--container <arg> | 分配多少个 YARN 容器（=TaskManager 的数量） |
| 可选 | -D <arg> | 动态属性 |
| 可选 | -d,--detached | 独立运行 |
| 可选 | -jm,--jobManagerMemory <arg> | JobManager 的内存 [in MB] |
| 可选 | -nm,--name | 在 YARN 上为一个自定义的应用设置一个名称 |
| 可选 | -q,--query | 显示 YARN 中可用的资源（内存、CPU 核数） |
| 可选 | -qu,--queue <arg> | 指定 YARN 队列 |
| 可选 | -s,--slots <arg> | 每个 TaskManager 使用的 slots 数量 |
| 可选 | -tm,--taskManagerMemory <arg> | 每个 TaskManager 的内存 [in MB] |
| 可选 | -z,--zookeeperNamespace <arg> | 针对 HA 模式在 ZooKeeper 上创建 NameSpace |
| 可选 | -id,--applicationId <yarnAppId> | YARN 集群上的任务 ID，附着到一个后台运行的 YARN session 中 |

flink run [OPTIONS] <jar-file> <arguments>命令中 run 参数的含义如表 10-6 所示。

表 10-6　run 参数的含义

| 参数 | 含义 |
| --- | --- |
| -c,--class <classname> | 如果没有在 jar 包中指定入口类，则需要在这里通过该参数指定 |
| -m,--jobmanager <host:port> | 指定需要连接的 JobManager（主节点）地址，使用该参数可以指定一个不同于配置文件中的 JobManager |
| -p,--parallelism <parallelism> | 指定程序的并行度，可以覆盖配置文件中的默认值 |

默认查找当前 YARN 集群中已有的 YARN session 信息中的 jobmanager/tmp/.yarn-properties-root，命令如下：

```
./bin/flink run ./examples/batch/WordCount.jar
-input hdfs://hostname:port/hello.txt -output hdfs://hostname:port/result1
```

连接指定 host 和 port 的 JobManager，命令如下：

```
./bin/flink run -m hadoop100:1234 ./examples/batch/WordCount.jar
 -input hdfs://hostname:port/hello.txt
-output hdfs://hostname:port/result1
```

启动一个新的 YARN session，命令如下：

```
./bin/flink run -m yarn-cluster -yn 2 ./examples/batch/WordCount.jar
 -input hdfs://hostname:port/hello.txt
-output hdfs://hostname:port/result1
```

【小提示】YARN session 命令行的选项也可以使用./bin/flink 工具获得。它们都有一个 y 或 yarn 的前缀，如./bin/flink run -m yarn-cluster -yn 2 ./examples/batch/WordCount.jar。

### 10.3.2　故障调试与恢复

#### 1. Flink on YARN 的故障恢复

Flink 的 YARN 客户端通过下面的配置参数来控制容器的故障恢复。这些参数可以通过 conf/flink-conf.yaml 或在启动 YARN session 时通过-D 参数来指定。

yarn.reallocate-failed：该参数控制了 Flink 是否应该重新分配失败的 TaskManager 容器，默认是 true。

yarn.maximum-failed-containers：ApplicationMaster 可以接收的容器最大失败次数，达到这个参数，就会认为 YARN session 失败。默认这个次数和初始化请求的 TaskManager 数量相等（-n 参数指定的）。

yarn.application-attempts：ApplicationMaster 重试的次数。如果这个值被设置为 1（默认就是 1），当 ApplicationMaster 失败时，YARN session 也会失败。若设置一个比较大的值，则 YARN 会尝试重启 ApplicationMaster。

#### 2. 调试失败的 YARN session

一个 Flink YARN session 部署失败可能会有很多原因，如一个错误的 Hadoop 配置（HDFS 权限、YARN 配置）、版本不兼容（使用 CDH 中的 Hadoop 运行 Flink）或其他的错误。在某种情况下，Flink YARN session 部署失败是因为它自身的原因，用户必须依赖于 YARN 的日志来进行分析。最有用的就是 yarn log aggregation，启动它，用户必须在 yarn-site.xml 文件中设置 yarn.log-aggregation-enable 的属性为 true。一旦启用了，用户可以通过下面的命令来查看一个失败的 YARN session 的所有详细日志：yarn logs-applicationId <application ID>。如果错误发生在运行时（如某个 TaskManager 停止工作了一段时间），Flink YARN client 也会在控制台上打印一些错误信息。除此之外，YARN ResourceManager 的 Web 界面（默认端口是 8088），也可以在 YARN 程序运行期间或运行失败时查看日志定位问题。

## 任务实施

**【工作流程】**

部署 YARN 运行模式的 Flink 的基本工作流程如下。

部署运行 Flink on YARN

1）Flink 集群部署规划。

2）修改 YARN 配置文件。

3）以 Flink on YARN 模式运行词频统计的样例程序。

4）通过 YARN 的 Web UI 监控 Flink 任务执行情况。

**【操作步骤】**

1）Filnk 集群部署规划。Flink on YARN 模式需要依赖 Hadoop 集群，3 个节点的 Flink 集群规划如表 10-7 所示。

表 10-7　3 个节点的 Flink 集群规划

| 主机名 | 节点环境 | 用途 |
| --- | --- | --- |
| master01 | CentOS 7、JDK 1.8、Hadoop 3.1.1、Flink 客户端 | 主节点 |
| worker01 | CentOS 7、JDK 1.8、Hadoop 3.1.1 | 从节点 1 |
| worker02 | CentOS 7、JDK 1.8、Hadoop 3.1.1 | 从节点 2 |

2）修改 YARN 配置文件。修改 Hadoop 集群的 yarn-site.xml 配置文件，每个文件中增加以下配置内容：

```
<property>
    <name>yarn.nodemanger.pmem-check-enabled</name>
    <value>false</value>
    </property>
    <property>
    <name>yarn.nodemanger.vmem-check-enabled</name>
    <value>false</value>
    </property>
```

3）以 Flink on YARN 模式运行词频统计的样例程序。在终端通过 flink run 命令运行词频统计的样例程序，在命令行中通过--input 选项指定统计的源文件为/root/anaconda-ks.cfg，执行结果通过--output 指定/root/out1，命令如下：

```
[root@master01 bin]# flink run -m yarn-cluster ../examples/streaming/
WordCount.jar --input /root/anaconda-ks.cfg --output /root/out1
SLF4J: Class path contains multiple SLF4J bindings.
SLF4J: Found binding in [jar:file:/opt/flink/lib/log4j-slf4j-impl-
2.12.1.jar!/org/slf4j/impl/StaticLoggerBinder.class]
SLF4J: Found binding in [jar:file:/opt/hadoop/share/hadoop/common/
lib/slf4j-log4j12-1.7.25.jar!/org/slf4j/impl/StaticLoggerBinder.class]
SLF4J: See http://www.slf4j***.org/codes.html#multiple_bindings for an
explanation.
SLF4J: Actual binding is of type [org.apache.logging.slf4j.
Log4jLoggerFactory]
2021-12-05 09:09:08,014 WARN  org.apache.flink.yarn.configuration.
YarnLogConfigUtil        [] - The configuration directory ('/opt/flink/conf')
already contains a LOG4J config file.If you want to use logback, then please delete
or rename the log configuration file.
2021-12-05 09:09:08,086 INFO  org.apache.hadoop.yarn.client.RMProxy
[] - Connecting to ResourceManager at master01/192.168.137.214:8032
2021-12-05 09:09:08,319 INFO  org.apache.flink.yarn.YarnClusterDescriptor
[] - No path for the flink jar passed. Using the location of class
org.apache.flink.yarn.YarnClusterDescriptor to locate the jar
2021-12-05 09:09:08,493 INFO  org.apache.hadoop.conf.Configuration
[] - resource-types.xml not found
2021-12-05 09:09:08,493 INFO  org.apache.hadoop.yarn.util.resource.
```

```
ResourceUtils [] - Unable to find 'resource-types.xml'.
    2021-12-05 09:09:08,554 INFO  org.apache.flink.yarn.YarnClusterDescriptor
    [] - The configured JobManager memory is 1600 MB. YARN will allocate 2048
MB to make up an integer multiple of its minimum allocation memory (1024 MB,
configured via 'yarn.scheduler.minimum-allocation-mb'). The extra 448 MB may not
be used by Flink.
    2021-12-05 09:09:08,554 INFO  org.apache.flink.yarn.YarnClusterDescriptor
    [] - The configured TaskManager memory is 1728 MB. YARN will allocate 2048
MB to make up an integer multiple of its minimum allocation memory (1024 MB,
configured via 'yarn.scheduler.minimum-allocation-mb'). The extra 320 MB may not
be used by Flink.
    2021-12-05 09:09:08,554 INFO  org.apache.flink.yarn.YarnClusterDescriptor
    [] - Cluster specification: ClusterSpecification{masterMemoryMB=1600,
taskManagerMemoryMB=1728, slotsPerTaskManager=1}
    2021-12-05 09:09:11,101 INFO  org.apache.flink.yarn.YarnClusterDescriptor
    [] - Submitting application master application_1638511384318_0004
    2021-12-05 09:09:11,150 INFO  org.apache.hadoop.yarn.client.api.
impl.YarnClientImpl [] - Submitted application application_1638511384318_0004
    2021-12-05 09:09:11,150 INFO  org.apache.flink.yarn.YarnClusterDescriptor
    [] - Waiting for the cluster to be allocated
    2021-12-05 09:09:11,152 INFO  org.apache.flink.yarn.YarnClusterDescriptor
    [] - Deploying cluster, current state ACCEPTED
    2021-12-05 09:09:15,714 INFO  org.apache.flink.yarn.YarnClusterDescriptor
    [] - YARN application has been deployed successfully.
    2021-12-05 09:09:15,715 INFO  org.apache.flink.yarn.YarnClusterDescriptor
    [] - Found Web Interface worker01:42610 of application 'application_
1638511384318_0004'.
    Job has been submitted with JobID 2058ebe4b29ddfbc1d1f34bebaf8e378
    Program execution finished
    Job with JobID 2058ebe4b29ddfbc1d1f34bebaf8e378 has finished.
    Job Runtime: 9135 ms
```

词频统计的执行结果存放在从节点上，登录从节点 worker01，查看/root/out1 文件中的内容，命令如下：

```
[root@master01 ~]# ssh worker01
Last login: Sun Dec  5 09:12:48 2021 from master01
[root@worker01 ~]# tail /root/out1
(pwpolicy,3)
(luks,1)
(minlen,3)
(6,4)
(minquality,3)
(1,3)
(notstrict,3)
```

```
(nochanges,3)
(notempty,2)
(end,3)
```

4）通过 YARN 的 Web UI 监控 Flink 任务的执行情况。在 Flink on YARN 模式下运行任务，通过 YARN 来统一调度和管理任务执行，不需要启动 Flink 自身的 JobManager 和 TaskManager 进程，因此可以直接通过 YARN 的 Web UI 来监控 Flink 任务的执行状态，如图 10-10 所示。

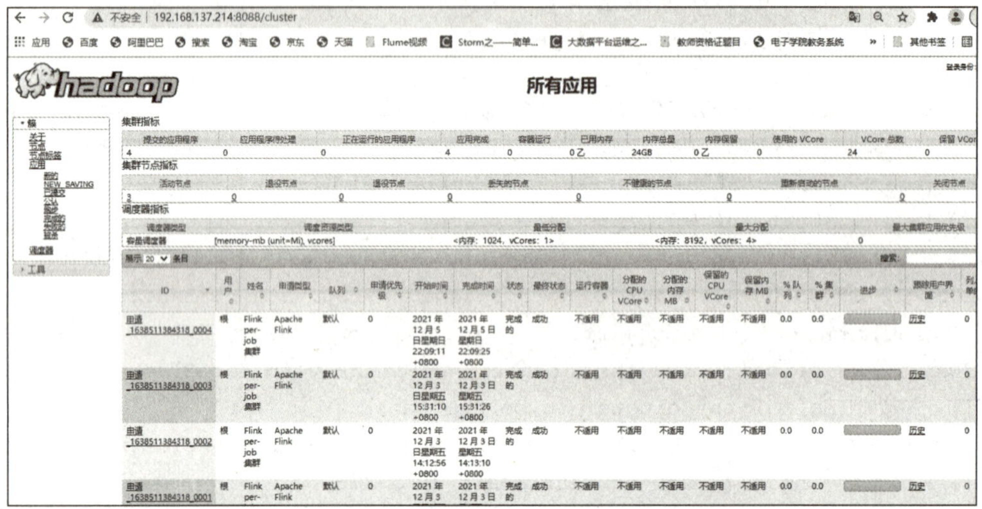


图 10-10　监控 Flink on YARN 任务的执行状态

## 任务评价

任务考核评价表

<table>
<tr><td colspan="6">任务名称：部署并运行 Flink on YARN 集群</td></tr>
<tr><td>班级：</td><td>学号：</td><td colspan="2">姓名：</td><td colspan="2">日期：</td></tr>
<tr><td rowspan="2">评价内容</td><td rowspan="2">评价标准</td><td colspan="2">评价方式</td><td rowspan="2">分值</td><td rowspan="2">得分</td></tr>
<tr><td>小组评价（权重为 0.3）</td><td>导师评价（权重为 0.7）</td></tr>
<tr><td>职业素养</td><td>1）遵守学校管理规定，遵守纪律，按时完成工作任务<br>2）考勤情况<br>3）工作态度积极、勤学好问</td><td></td><td></td><td>20</td><td></td></tr>
<tr><td>专业能力</td><td>1）能正确搭建 Flink on YARN 模式<br>2）能运行 YARN 模式的词频统计的样例程序<br>3）样例程序的执行结果正确<br>4）通过 YARN 的 Web UI 端口监控任务的执行</td><td></td><td></td><td>70</td><td></td></tr>
</table>

（续表）

| 评价内容 | 评价标准 | 评价方式 | | 分值 | 得分 |
|---|---|---|---|---|---|
| | | 小组评价（权重为 0.3） | 导师评价（权重为 0.7） | | |
| 创新能力 | 1）能提出新方法或应用新技术等<br>2）其他类型的创新性业绩 | | | 10 | |
| 总分合计 | | | | | |
| 指导教师综合评语 | 指导教师签名：　　日期： | | | | |

## 拓展小课堂

劳动创造幸福，实干成就伟业：2020 年 11 月，习近平总书记精辟阐释了劳模精神、劳动精神和工匠精神的科学内涵，分别是“爱岗敬业、争创一流、艰苦奋斗、勇于创新、淡泊名利、甘于奉献的劳模精神”、“崇尚劳动、热爱劳动、辛勤劳动、诚实劳动的劳动精神”和“执着专注、精益求精、一丝不苟、追求卓越的工匠精神”，强调它们是以爱国主义为核心的民族精神和以改革创新为核心的时代精神的生动体现，是鼓舞全党全国各族人民风雨无阻、勇敢前进的强大精神动力。人世间的一切成就、一切幸福都源于劳动和创造。回望历史，王进喜率领钻井队以“宁肯少活二十年，拼命也要拿下大油田”的意志和干劲，创造了年进尺 10 万米的世界钻井纪录；产业工人许振超苦练技术，练就绝活，先后 6 次打破集装箱装卸世界纪录……一代代劳动者，用拼搏奋斗实现人生梦想，以爱岗敬业为国家发展添砖加瓦。今天，随着经济社会的发展，劳动的方式在发生变化，但劳动的意义始终不变，“劳动开创未来”的道理永不过时。三百六十行，行行出状元。每个岗位有每个岗位的责任，每个职业有每个职业的担当，靠的都是一个“勤”字。只要肯学肯干肯钻研，练就一身真本领，掌握一手好技术，我们都可以在劳动中发现广阔的天地，在劳动中体现价值、展现风采、感受快乐。

## 单元总结

本单元的主要任务是完成 Flink 的安装部署，掌握其运行方法和操作方法。通过本单元的学习，应了解 Flink 安装的前提条件，掌握 Flink 不同安装方式的区别，掌握 Flink 独立模式和 Flink on YARN 模式的部署方法，能够通过 Web UI 监控 Flink 任务的运行状态。

## 在线测试

### 一、单选题

1．下列关于 Flink 的描述错误的是（　　）。

A．Flink 是一个分布式计算框架

B．Flink 通常和 Hadoop 配合使用

C．Flink 只能进行流式计算

D．Flink 没有数据存储功能

2．下列场景不适合使用 Flink 的是（　　）。

A．实时数据 pipeline 数据抽取

B．实时数据仓库和实时 ETL

C．事件驱动型场景，如告警、监控

D．大批量的数据进行离线 $t$+1 报表计算

3．下列关于 Flink on YARN 模式的描述，正确的是（　　）。

A．yarm-alone

B．包含 yarn-session 和 yarn-cluster 两种模式

C．包含 arn-cluster 和 yarn-alone 两种模式

D．Standalone

4．Flink 默认的 Web UI 端口号是（　　）。

A．8080　　B．8088　　C．50070　　D．8081

5．启动 Flink 所有进程的命令是（　　）。

A．start-all.sh　　B．start-dfs.sh　　C．start-cluster.sh　　D．start-scala-shell.sh

## 二、多选题

1．下列属于 Flink 部署模式的是（　　）。

A．Local 模式　　B．Standalone 模式

C．YARN 模式　　D．网络模式

2．下列属于 Flink 优势的是（　　）。

A．支持有状态计算　　B．同时支持高吞吐、低延迟、高性能

C．不支持增量迭代　　D．同时支持批处理和流处理

## 三、判断题

1．Flink 可以计算和操作 HDFS 下的数据。（　　）

2．Flink on YARN 运行模式需要启动 Flink 自己的进程。（　　）

# 技能训练

依靠已完成的 Hadoop 集群，按照以下步骤完成 Flink on YARN 集群的部署，并完成名著瓦尔登湖《walden.txt》中词频的统计，将每个步骤的过程和结果保存并提交。

1）进行 3 个节点的集群规划，画出规划表，表中的内容包括每个节点的主机名、IP 地址、机器环境。

2）每人在主节点进行 Flink 的解压、配置。

3）完成 Flink on YARN 的配置。

4）运行 Flink 流式计算程序，统计《walden.txt》中每个单词出现的次数。

5）查看统计结果。

6）通过 YARN 的 Web UI 监控 Flink 任务的运行情况。

将以上各步骤的操作记录成文档并提交。

# 单元11　O2O外卖服务大数据平台部署运维综合实训

## 单元背景

据央视财经报道，2020 年我国 O2O 市场规模突破万亿元，O2O 市场存在着巨大的潜力。特别是餐饮和外卖行业，占据市场较大份额，并且业务增长迅速。截至 2020 年底，全国外卖总体订单量已超过 171.2 亿单，同比增长 7.5%，全国外卖市场交易规模达到 8352 亿元，同比增长 14.8%。我国外卖用户规模已接近 5 亿人，其中 80 后、90 后是餐饮外卖服务的中坚消费力量，消费者使用餐饮外卖服务也不再局限于传统的一日三餐，下午茶和夜宵逐渐成为消费者的外卖新宠。为了把握这一商业机遇，ChinaSkills 公司计划进驻外卖平台市场，现需要对大规模成熟外卖平台进行详细的评估调研，采集多方多维度数据，寻找行业痛点，摸清市场需求，以技术为手段为投资保驾护航。为完成该项工作，你所在的小组将应用大数据技术，以 Java、Scala 作为整个项目的基础开发语言，基于大数据平台综合利用 Hadoop、HBase、Hive、Spark、Flink 等，对数据进行获取、处理、清洗、挖掘、分析、可视化呈现，力求实现对公司未来的重点战略方向提出建议。你们作为该小组的平台部署运维技术人员，请按照下列任务完成本次平台部署运维工作，为后续的大数据存储分析打下基础。

平台部署规划的要求如下。

1）每 3～5 个学生为一组，部署 3～5 个节点的大数据集群，每个学生负责集群的一个节点。

2）各节点之间可以通过客户端 XShell 等工具进行 SSH 访问。

3）各小组完成如表 11-1 所示的集群规划表，其中节点类型如果为主节点，则节点类型为 Master；如果为从节点，则节点类型为 Worker×，其中×表示 1 开始的编号。

表 11-1　集群规划表

| 编号 | 节点类型 | 节点 IP 地址 | 用户名 | 密码 |
|---|---|---|---|---|
| | | | | |
| | | | | |
| | | | | |
| | | | | |
| | | | | |

## 任务实施

### 1. Hadoop 完全分布式部署管理

本任务需要使用 root 用户完成相关配置，安装 Hadoop 时需要配置前置环境。命令中要求使用绝对路径，具体部署要求如下。

1）将 Master 节点 JDK 安装包解压并移动到/usr/local/src 路径，将命令复制并粘贴至提交结果.docx 中对应的任务序号下。

2）修改/root/.bash_profile 文件，设置 JDK 环境变量，配置完毕后在 Master 节点分别执行“java”和“javac”命令，将命令行的执行结果分别截图并粘贴至提交结果.docx 中对应的任务序号下。

3）请完成 host 相关配置，将所有节点的主机名分别命名为规划表中的名称，从主节点复制上面步骤配置的 JDK 环境变量文件及 JDK 解压后的安装文件到从节点，然后将复制的内容粘贴至提交结果.docx 中对应的任务序号下。

4）配置 SSH 免密登录，实现从 Master 登录从节点，将登录命令和执行结果复制粘贴至提交结果.docx 中对应的任务序号下。

5）将配置文件 hadoop-env.sh 中的变更内容复制并粘贴至提交结果.docx 中对应的任务序号下。

6）将配置文件 core-site.xml 中的变更内容复制并粘贴至提交结果.docx 中对应的任务序号下。

7）初始化 Hadoop 环境 NameNode，将命令及初始化结果复制并粘贴至提交结果.docx 中对应的任务序号下。

8）查看 Master 节点的 jps 进程，将查看结果复制并粘贴至提交结果.docx 中对应的任务序号下。

### 2. Spark 组件部署管理（Standalone 模式）

本任务需要使用 root 用户完成相关配置，具体部署要求如下。

1）在 Master 节点解压 scala 安装包，将解压后的安装文件移动到“/usr/local/src”路径下并重命名为 scala，将全部内容复制并粘贴至提交结果.docx 中对应的任务序号下。

2）设置 scala 环境变量，并使环境变量只对 root 用户生效，将变量配置内容复制并粘贴至提交结果.docx 中对应的任务序号下。

3）进入 scala 命令行界面，将结果截图并粘贴至提交结果.docx 中对应的任务序号下。

4）在 Master 节点解压 Spark 安装包，将解压后的安装文件移动到“usr/local/src”路径下，并重命名为 spark，将全部内容复制并粘贴至提交结果.docx 中对应的任务序号下。

5）修改 spark-env.sh.template 为 spark-env.sh，并在其中配置 Spark 的 Master 节点主机名、端口、Worker 节点的核数和内存，将修改的配置内容复制并粘贴至提交结果.docx 中对应的任务序号下。

6）完善其他配置并启动 Spark（Standalone 模式）集群，启动 SparkShell 连接集群，将连接结果截图（截图中需要包含连接命令）并粘贴至提交结果.docx 中对应的任务序号下。

### 3. Hive 组件部署管理

本任务需要使用 root 用户完成相关配置，具体部署要求如下。

1）将 Master 节点 Hive 安装包解压并移动到/usr/local/src 下，将命令复制并粘贴至提交结果.docx 中对应的任务序号下。

2）把解压后的 apache-hive-1.2.2-bin 文件夹重命名为 hive；进入 hive 文件夹，使用 ls 命令进行查看，并将结果复制并粘贴至提交结果.docx 中对应的任务序号下。

3）设置 Hive 环境变量，使环境变量只对当前 root 用户生效；并将环境变量配置内容复制并粘贴至提交结果.docx 中对应的任务序号下。

4）将 Hive 安装目录中的 hive-default.xml.template 文件重命名为 hive-site.xml；并将更改命令复制并粘贴至提交结果.docx 中对应的任务序号下。

5）修改 hive-site.xml 配置文件，将 MySQL 数据库作为 Hive 元数据库。将配置文件中配置 Hive 元存储的相关内容复制并粘贴至提交结果.docx 中对应的任务序号下。

6）初始化 Hive 元数据，将 MySQL 数据库 JDBC 驱动复制到 Hive 安装目录的 lib 文件夹下；并通过 schematool 相关命令执行初始化，将初始化结果复制粘贴至提交结果.docx 中对应的任务序号下。

7）完善其他配置并启动 Hive，将命令行的输出结果截图并粘贴至提交结果.docx 中对应的任务序号下。

### 4. ZooKeeper 安装配置

本任务需要使用 root 用户完成相关配置，已安装 Hadoop 并需要配置前置环境，具体要求如下。

1）在 Master 节点解压 ZooKeeper 安装包到/opt 目录下。

2）设置 ZOOKEEPER_HOME 环境变量，并使环境变量只对当前用户生效，将环境变量内容复制并粘贴至对应报告中。

3）配置“zoo.cfg”配置文件，将 dataDir 配置为/tmp/zookeeper，将文件变更内容复制并粘贴至对应报告中。

4）启动每个虚拟机上的 ZooKeeper 节点，启动完成之后查看 Master 节点的 zkServer 服务状态，将查看命令及结果复制并粘贴至对应报告中。

### 5. HBase 完全分布式集群部署

1）解压 HBase 安装包到“/usr/local/src”路径，并修改解压后的文件夹名为 hbase，截图并保存结果。

2）设置 HBase 环境变量，并使环境变量只对当前 root 用户生效，截图并保存结果。

3）修改 HBase 相应文件，截图并保存结果。

4）把 Hadoop 的相应文件放到 hbase/conf 下，截图并保存结果。

5）启动 HBase 并保存命令输出结果，截图并保存结果。

6）创建 HBase 数据库表，截图并保存结果。

7）将给定数据导入数据库表中，截图并保存结果。

8）查看 HBase 版本信息，截图并保存结果。

### 6. Flink on YARN 部署管理

本任务需要使用 root 用户完成相关配置，已安装 Hadoop，并需要配置前置环境，具体要求如下。

1）将 Flink 包解压到路径/opt 目录下，将完整命令复制并粘贴至对应报告中。

2）修改/root/profile 文件，设置 Flink 环境变量，并使环境变量生效，将环境变量配置内容复制并粘贴至对应报告中。

3）开启 Hadoop 集群，在 YARN 上以 per job 模式（即 job 分离模式，不使用 session 模式）运行$FLINK_HOME/examples/batch/WordCount.jar，将运行结果的最后 10 行复制并粘贴至对应报告中。

例如：

```
flink run -m yarn-cluster -p 2 -yjm 2G -ytm 2G $FLINK_HOME/examples/batch/WordCount.jar
```

## 任务评价

任务考核评价表

| 考核项目 | 考核方法 | 考评内容 | 分值 |
|---|---|---|---|
| 出勤情况、课设态度、职业道德素质 | 教师、小组长根据出勤情况和课堂表现考评 | 职业素质、实训态度、效率观念、协作精神 | 10 |
| 项目实施情况 | 教师根据学生的操作实际情况考评 | 1）操作的正确性 | 40 |
| | | 2）操作是否规范 | 10 |
| | | 3）排版是否合理 | 5 |
| | | 4）是否有注释 | 5 |
| 答辩情况 | 教师针对课设结果对学生提问，学生回答或演示 | 学生的口头表达能力、应变能力及知识运用能力 | 10 |
| 课设报告 | 教师根据学生的课程设计报告的规范性和认真程度考评 | 文档编写能力、文档的规范性、学生的总结归纳能力 | 20 |